AIoT數位轉型 在中小製造企業的實踐

中華亞太智慧物聯發展協會
裴有恆／陳泳睿——著

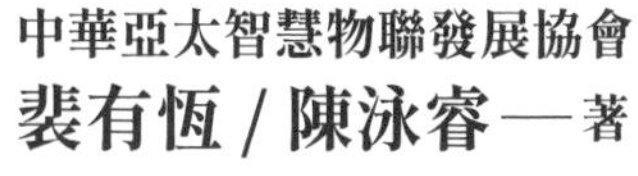

以世界級智慧工業作法和企業數位轉型案例，讓讀者秒懂製造業的數位科技化。

聯・合・推・薦（順序依姓名字）

王定愷
亞馬遜網路服務有限公司香港暨台灣總經理／行政院數位國家創新經濟推動小組民諮會委員／數位智慧服務推動聯盟會長

李紹唐
二代大學校長／中華亞太智慧物聯發展協會榮譽顧問

林茂昌
中華亞太智慧物聯發展協會智慧製造首席顧問／新漢股份有限公司 董事長

林敬賓
震旦行雲端事業部及金儀股份有限公司總經理

張善政
財團法人善科教育基金會董事長／前行政院院長／中華亞太智慧物聯發展協會榮譽顧問

陳來助
台灣數位企業總會理事長

陳尚仲
宏正科技董事長

陳美伶
中信金融管理學院講座教授／前國發會主任委員／中華亞太智慧物聯發展協會榮譽顧問

陳忠仁
台大工商管理學系暨商學研究所特聘教授／台大科技政策與產業發展研究中心主任

彭亭玉
憶聲電子董事長

詹文男
臺灣大學商學研究所兼任教授／前資策會產業情報研究所所長

蔡明順
台灣人工智慧學校校務長

博碩文化

作　　者：裴有恆、陳泳睿 著
責任編輯：賴彥穎

董 事 長：陳來勝
總 編 輯：陳錦輝

出　　版：博碩文化股份有限公司
地　　址：221 新北市汐止區新台五路一段 112 號 10 樓 A 棟
電話 (02) 2696-2869　傳真 (02) 2696-2867

發　　行：博碩文化股份有限公司
郵撥帳號：17484299　戶名：博碩文化股份有限公司
博碩網站：http://www.drmaster.com.tw
讀者服務信箱：dr26962869@gmail.com
訂購服務專線：(02) 2696-2869 分機 238、519
（週一至週五 09:30 ～ 12:00；13:30 ～ 17:00）

版　　次：2021 年 7 月初版

建議零售價：新台幣 420 元
I S B N：978-986-434-847-3
律師顧問：鳴權法律事務所 陳曉鳴律師

本書如有破損或裝訂錯誤，請寄回本公司更換

國家圖書館出版品預行編目資料

AIoT 數位轉型在中小製造企業的實踐 / 裴有恆，陳泳睿著 . -- 初版 . -- 新北市：博碩文化股份有限公司，2021.07

面；　公分

ISBN 978-986-434-847-3(平裝)

1.製造業 2.數位科技 3.產業發展 4.個案研究

487　　110011146

Printed in Taiwan

博碩粉絲團

推薦序

中華亞太智慧物聯發展協會理事長裴有恆和協會的專家陳泳睿合作出書了！單單看協會的名稱，就看得出主事者的雄心：既是人工智慧又有物聯網，區域也不限於台灣，把兩岸和亞太都包含進去了。

我有幸在去年（2020 年）參與協會舉辦的夏季研討會，盛況空前，看不出是一個剛成立未久的組織。這都要歸功於理事長裴有恆和一些協會幹部，從協會成立之初到研討會，就來與我諮商不止一次，態度非常積極。一開始時，我其實內心是抱持著好奇而保留的態度，因為與人工智慧或物聯網相關的協會組織已有不少，他們如何能創造出自己的特色？後來事實證明，事在人為，以裴有恆理事長積極的態度，以及他本人所從事的相關實務工作，協會逐漸嶄露頭角實乃必然。

這本《AIoT 數位轉型在中小製造企業的實踐》，有幾個特點。從書名來看，他是針對台灣及亞太區特有的中小企業業態，非常不容易，畢竟成功案例不多。台積電或鴻海在智慧製造、數位轉型的成功不足為奇，但是中小企業能否掌握智慧物聯網的成功就是完全另一回事。台灣中小企業素來對數位涉獵就比較淺，這本書書名賦予寫作內容的挑戰實在不小。

本書由外而內，先回顧美日德中四國的智慧製造，再檢視台灣的智慧機械，進而再介紹台灣一些成功的案例。這些案例，應該都有裴有恆理事長的實務參與，第一手的經驗非常寶貴。最後，本書再總結數位轉型的未來趨勢，以及台灣幾家可以和做的伙伴企業，給要轉型的企業一個指引。

很欽佩裴有恆理事長等人的用心，相信這本書會是協助台灣產業數位進階的重要指引。各界都說台積電是台灣的護國神山，或是努力在找第二個護國神山。但是要創造全國多數人可以共享的財富，不能只靠台積電等少數公司，只有普遍的中小企業都能數位化、智慧化，台灣才有機會成為真正享受數位利益的地方。期盼這本書變成許多微型護國小神山的孕育之母！

張善政

中華亞太智慧物聯發展協會 榮譽顧問

財團法人善科教育基金會 董事長

前行政院院長

推薦序

我在二代大學或其他受邀演講的活動中，不斷強調數位轉型的重要性，在面對無常變化的經濟環境與後畜情世界的到臨，只有數位轉型得以生存。

這是一個充斥數位的年代，數位的快速、不失真、容易複製的特性，正是接班者的特性，如何相對在父執輩創業到有成歷程的短暫時間下學成出山，並將其畢身功力集於二代身，數位轉型就如同絕世武功，吸收企業過去的精華轉為數位資訊注入企業的六督任脈，拿起轉型的屠龍寶刀砍向疫情走出一條康莊大道，不僅是二代大學的主軸之一，更是二代接班最好的利基。

此書由二代大學第一屆學長新呈工業總經理陳泳睿，在學習有成與身體力行下將其寶貴經驗與裴有恆老師，特別為中小企業所寫的錦囊。收集美國工業互聯網 IIoT，德國工業 4.0 Industrie 4.0，中國製造，日本工業價值鏈 IVI 與台灣智慧機械的觀點和架構，提供給中小企業在數位轉型的規劃下有所依循。從這幾個國家所提架構可以看出，數位轉型皆從基層透過 IoT 提取數據，分析與利用，再將其應用在產品全生命週期，使其產品研發提早上市、創新功能、使用者體驗回饋，通過智慧工廠創造客製化、即時、少量多樣、熄燈工廠樣貌的未來企業。如果企業可以預先達到境界，將無人出其右搶得先機佔領至高點，不僅接班有成更將企業發揚光大。

此書還有另外一個重點，收集中小企業的案例分析，希冀透過不同產業樣態，組織結構、數位轉型架構和歷程、讓讀者了解原來數位轉型可以這樣做，激發企業想像力，開始著手計畫，並且導入數位轉型，為後疫情時代準備。在案例中二代大學第一屆優秀的學長新呈工業和安口實業，在學校就已展現優異表現，透過學程更加強數位轉型執行力，在自己的產業超前部屬，最終取得優秀的成績，實在令人感到榮幸與驕傲。

台灣企業現在正面臨二代傳承接班，外部商業世界變化比以往更加快速，加上疫情攪和，實屬不容易，過往類比世代連續性、相較緩慢和容易失真已經跟不上時代，如果要永續經營，數位轉型是企業必要之項。

李紹唐

二代大學校長

中華亞太智慧物聯發展協會榮譽顧問

推薦序

承續前三本大作《AIoT 人工智慧在物聯網的應用與商機》、《白話 AIoT 數位轉型》、《AIoT 數位轉型策略與實務》，有恆兄這幾年馬不停蹄，除了不定期走訪產官學各界，分享並輔導人工智慧與 IOT 最新的發展趨勢，並導入實作方法；成立了中華亞太智慧物聯發展協會，推動各行各業的轉型發展與應用；更不忘筆耕墨耘，每年都將新的心得轉化成文字發表，供各界人士學習參考。在此很高興也恭喜有恆今年力作——《AIoT 數位轉型在中小製造企業的實踐》付梓。

自從新冠肺炎疫情爆發，在全球擴散，過去這一年多來，人類的生活秩序與經濟發展受到很大的衝擊挑戰。正當許多國家因展現疫苗研製成果，漸漸改善疫情之際，台灣反而因防疫上的缺口，開始提升警戒層級；造成許多民眾除了在經濟利益的損失之外，甚至因此付出生命與身體健康之代價。直至本書付梓之際，由於疫苗的自主研發尚未完成，政府與民間還在為取得足夠的疫苗於國際間奔走努力；而疫情提升期間，許多公家機關、學校教育與私人企業，為了持續提供服務，維持正常運作，也必須仰賴科技的協助來達成。從而可知，科技對於民眾的生命、身體與健康，對於國家的經濟發展，對於產業的國際競爭力，重要性不言而喻。

很榮幸亞馬遜的雲端技術在此次疫情當中扮演了重要的角色，協助全球許多組織維持甚至加速運作，諸如：公民營機構的居家辦公、教育單位的停課不停學、跨國界的大型線上活動、各國政府的公眾服務，以及醫療行業如莫德納與阿斯特捷利康等國際藥廠的疫苗研發等等。新經濟發展的特色是快速變動，近期因疫情之故而與線上更緊密連結，也讓許多組織與決策者看到雲端服務對於因應未來的重要性與其戰略價值。

在這個關鍵時刻出版的《AIoT 數位轉型在中小製造企業的實踐》，作者分別在指標國家的智慧製造作法、中小製造企業的數位轉型實際案例、如何成就數位轉型的未來以及可考慮的合作夥伴包括亞馬遜 AWS 在內等的各個面向，提出詳實且深入的分析。快速變動、網路當令以及未來不確定性逐漸增高，已經是一種新的常態；有恆兄針對因疫情而加速的數位轉型，提供了相關實例與世界級作法，宛如一盞暗夜明燈，足為各界人士在數位轉型的渾沌迷霧中指引出正確的方向。

王定愷

亞馬遜網路服務有限公司香港暨台灣總經理

行政院數位國家創新經濟推動小組民諮會委員

數位智慧服務推動聯盟會長

推薦序

新呈工業的總經理陳泳睿是我們在二代大學的第一屆學生，也是現在在台灣數位企業總會（TDEA）的會員，我們從二代接班到數位轉型認識合作多年，我一直很贊佩他在工業 4.0 的深入研究，以及推動自己公司數位轉型的堅持與努力。也很高興他願意將這幾年的心得與實際的經驗和裴有恆理事長共同出書。裴有恆理事長也是認識多年好友，他成立中華亞太智慧物聯發展協會，致力於將 AIOT 推廣到臺灣產業 , 也累積了很多理論跟實際應用結合的經驗。

這本書將各國發展工業 4.0 的歷程及經驗整理起來，對很多想要進入工業 4.0 的中小製造企業是一個很好的教科書。

近幾年來由於人口老化及少子化，加上數位科技呈指數型的成長。這些因素推動世界製造大國紛紛的提出工業 4.0 的架構。藉以推動國內的產業升級以因應時代及商業模式變遷。本書能夠詳實的整理德國，美國，日本及台灣在工業 4.0 的發展歷程以及推動的架構，讓讀者可以有效的瞭解全世界產業升級的大趨勢。

臺灣中小企業很多是以外銷為基礎，過去擅長大量製造，將高性價比（Cost/Performance）產品銷售到全世界。近年來由於資訊科技的進步，社群行銷，訂閱制，少量多樣，大量客制化，用戶直接製造（C2M , Customer-to-Manufacturer），短鏈供應…，等等全球新商業模式驅動下，台灣的中小企業勢必要做轉型及升級。本書的第一部分剛好可以讓中小企業從業人員瞭解全世界的智慧製造演進以及架構。

我個人覺得書中最精彩的是第二部分【中小製造企業數位轉型實例】。工業 4.0 由於架構龐大複雜，對很多中小製造企業往往不得其門而入，只能當做遠在天邊的夢想。透過本書中 5 家企業的實際案例，讀者可以知道如何逐步的架構公司的數位轉型。以我熟悉泳睿公司的新呈工業，在整個轉型過程花了多年的時間，逐步從數位化到數位優化再進入數位轉型的階段。泳睿本身對數位科技的專業以及堅持，讓新呈工業在數位轉型的架構藍圖非常的清楚能夠依次展開逐步串建成功。對於還沒有進入數位轉型的中小製造業，他們的模式是很值得參考以及學習。安口企業也是我熟悉的公司，也是歷經二代接班到數位轉型。歐陽總經理對於流程再造十分有經驗，透過數位轉型金三角將組織以及系統用流程串接在一起，也是很多中小企業可以參考的方向。

我常常說轉型的三大關鍵就是【組織、流程、系統】，書中這些案例我覺得都是符合台灣的產業特性，很實際的【數位轉型里程】。有些公司在推動轉型過程中成立新組織或者是像新漢一樣成立新的公司。利用組織力來推動變革。很多公司在轉型只強調工具，最後推動如逆水行舟，事倍功半。本書中有很多實際的案例，可以讓讀者好好思考。

2020 年新冠肺炎爆發至今已經一年多，台灣很多中小企業在這一波疫情期間由於政府的三級警戒，許多企業採取分倉分流，或者是居家辦公的模式，企業上下深深的感受到數位轉型及升級的必要性。因此對數位轉型的需求大增。這本書的內容剛剛好在對的時間讓中小企業可以有一個數位轉型參考的依據。期待本書可以啟發更多中小企業進入數位轉型，讓企業發展能夠和世界接軌。

陳來助

台灣數位企業總會理事長

推薦序

「中華亞太智慧物聯發展協會」理事長裴有恆兄，長期為中小企業提供轉型顧問服務。為此而出版了一系列有關物聯網與 AIoT 數位轉型的書，透過協會，與台灣人工智慧學校及其廣大校友，以及相關的 AI 新創公司，大力推動台灣各行各業的 AIoT 數位轉型工程，卓著成效、信譽鵲起！

頃推出最新力作《AIoT 數位轉型 在中小製造企業的實踐》，並邀我作序，遂得先睹為快。本書從大處著眼，先介紹德、中、美、日等主要國家在智慧製造與 AIoT 數位轉型的主張，讓讀者掌握到全球大趨勢，與其共同元素；然後從小處著手，具體介紹幾家代表性公司的數位轉型之路，與其得失甘苦，最後介紹台灣中小企業欲進行數位轉型的最適合夥伴。讓我在逐漸迷失於日常雜務與雜念之際，又拉回思緒，重又對這個格局龐大，內容豐富，商機無窮，卻也充滿挑戰的工業 4.0 或 AIoT 產業大轉型有了清晰的概念與各國共通的主張。

工業 4.0，或者說 AIoT 數位轉型，是人類有史以來最大的產業升級工程。我們談到所謂的數位分身〈Digital Twins〉，就是要為每一個企業打造一個「數位分身」，也就是要將每一個企業，每一個工廠，乃至於每一個作業現場，都要全面改造，好讓實體的世界，可以呈現在虛擬的空間，然後運用數位科技與人工智慧的巨大威力，加持、賦能、與優化，讓這個實體的工廠、實體的企業脫胎換骨，整個企業如身之使臂、臂之使指，可以即時應變，甚至預知應變，加上 AI，更可以不斷自我學習，自我優化！

現代人如果沒有手機，大概無法生活了！現代企業，如果沒有網際網路，也無法生存了！因為這些工具讓個人與企業可以近乎及時 (in time) 應變！現在我要說，十年之內，企業如果沒有完成 AIoT 數位轉型，大概也難存活了！當競爭者都能夠即時 (real time) 應變，甚至預知應變，而且快速演化、一日千里，你不跟上，只好被時代淘汰了！

值得慶幸的是，如作者書中介紹，結合台灣的技術夥伴，我們已經有了 AIoT 數位轉型的台灣方案！基於開放標準，台灣已有能力提供工業 4.0 智慧製造與數位轉型的整廠方案，而且完全模組化，可以分階段實施！比之於昂貴又封閉的外國方案，我們的解決方案更適合急於升級為智慧製造的台灣企業，尤其是中小企業！

本書的出版，不只為台灣中小企業帶來數位轉型的趨勢、觀念、與通用架構，更提供案例、解方、與實施夥伴！感謝裴理事長對台灣中小企業的又一貢獻！

林茂昌

中華亞太智慧物聯發展協會智慧製造首席顧問

新漢股份有限公司 董事長

推薦序

二年前，在一場讀書會演講中，台上的我正在分享公司轉型的經驗，引起台下裴老師對我的關注，透過會後的交談我們成為好朋友，因為我們有著共同的話題一起探討數位轉型的議題和深度交流，從這本 AIOT 數位轉型書中，將能帶給我們不同的事業觀、價值觀和世界觀的三度思維，並可作為在公司轉型的路上，能順利過彎的指引及導航。

震旦雲，在我還沒正式就任前，我手上就收到整個事業部超過二分之一的人遞出的辭職單，對許多人而言，這絕對是一個沉重的挑戰，事業經營年度損益如何從負八位數到正八位數，在不可思議的旅程，我充滿感恩但卻也深深的感到恐懼，而現在轉型的故事仍持續上映中，在這書裡，裴老師以系統化和深度的表述，分享震旦雲是如何穩健地走到現在，讓您有他山之石可以攻錯的參考價值。

談到數位轉型，首先，我們要談到的就是需要具備有正確的思維，那就是「時代精神 Zeitgeist」，要瞭解未來發展的趨勢，我們應具有的邏輯，書中裴老師也明確指出，轉型真正的敵人並不是外部的競爭者，而是自己的心智及與時間競賽，如何將過程透明化，讓每一個員工都清楚定位並獲得老闆的支持，這是重要關鍵。

其次思考，我們如何成為一個具備跨領域的人才 Interdisciplinary，不要只做會讓你拿高分的領域，而是要去接觸不會讓你拿低分的機會，唯有勇敢走出去才有成長的支點，讓您透過支點翻轉世界。

齊立文主編曾說：「未來各行各業都是科技業」，這一句話讓我們思考未來的商業發展是以 +Tech ？還是 Tech+ 的模式？舉例：愛迪生發明燈泡，而飛利浦和奇異創造了照明產業，這啟發我們大膽地和伙伴鳳凰互動一起走入 AI 面試 HRDA 的發展，成為這個領域的專家系統。

成就數位轉型的未來，裴老師將帶著大家，從客戶的需求和痛點，去洞察那些未被提供的體驗和滿足客戶，讓你看到、找到、提早到未來的利基市場，讓您成為市場的成長駭客。

林敬寶

震旦行雲端事業部及金儀股份有限公司總經理

推薦序

智慧製造是目前的顯學。在新冠疫情仍然嚴峻，美中貿易及科技戰持續的陰霾下，如何建構一個可持續營運、強韌的產業供應鏈，已經是各國政府產業政策關鍵中的關鍵。

而觀察主要國家在推動智慧製造的過程中，都有以下幾個重點：

首先，是以產業及地方聯盟為主，亦即政府角色轉至幕後，而以民間的需求為主導。例如在智慧工廠推動經費上的出資比例，企業出資的比例將逐漸提高，以提升企業主的承諾。在地方部分，則由區域的產政學研相關單位組成推動聯盟來推動，獲得智慧工廠肯定的中小企業，政府則提供研發補助及優惠利率貸款，鼓勵企業積極投入工廠升級。

其二是建立典範及分級轉型。透過相關技術的開發，包括大數據、5G 及人工智能等科技，希望建構先進智慧工廠典範，進一步進行推廣與擴散。對於有興趣但不知如何著手的企業，則開發智慧工廠成熟度診斷模型，協助企業自行檢視應該如何進行導入；而資料儲存及管理人力不足的企業，輔導並補助導入雲端型智慧工廠；

另一方面，對於智慧工廠的建置已有基礎的廠商，政府篩選創造就業機會多、經營成長佳的企業，提供技術研發、貸款優惠、行銷補助等措施，並提供智慧工廠系統資訊安全弱點檢測及諮詢服務，鼓勵其取得資訊安全管理制度的認證。同時也協助這些廠商整合組成聯盟，共同拓展海外市場。

其三是專業及相關人才的培訓與強化。除了勞工回流再教育之外，藉由新興科技，例如 VR 及 AR 將各領域的智慧工廠導入經驗記錄並傳承，提供較佳的訓練效果。而在正式教育方面，更向下推展到高中，以培育未來需要的智慧工廠人才。

從以上的重點分析，政策、聯盟、典範及人才是智慧工廠推動的關鍵。而讀者手上這本書，即由兩位積極以在地方推動智慧工廠的「聯盟」領袖，透過他們的經驗，介紹各國的推動『政策』，並提供可資學習的「典範」，希望透過這本書來提升人才的素質。相信讀者能夠從這本書裡找到自己走向智慧工廠的藍圖！

詹文男

臺灣大學商學研究所兼任教授

前資策會產業情報研究所所長

作者序

我自 2016 年開始出科技應用與商業模式的書，先是物聯網方面開始相關的兩本書《改變世界的力量 台灣物聯網大商機》、《IoT 物聯網無限商機 產業概論與實務應用》，後來進入 AIoT 時代，我又出了《AIoT 人工智慧在物聯網的應用與商機》、《白話 AIoT 數位轉型 一個掌握創新升級商機的故事》兩本書，2020 年底更出了我將我輔導的作法整合的書《AIoT 數位轉型策略與實務——從市場定位、產品開發到執行，升級企業順應潮流》，希望真正幫企業能夠開始按照書上步驟一步步前進。今年，我決定出案例書，讓大家了解到台灣在智慧製造上的數位轉型，其實已經有不錯的中小企業案例，以及對應的適合中小企業解決方案的提供商。

今年的 Covid-19 疫情比去年更嚴重，無接觸應用與遠距課程及會議，成了日常必要：透過影像辨識與紅外線偵測，加以 AI 分析，可以識別被辨識者是否發燒，但新冠肺炎 Alpha 跟 Delta 種更狡猾，靠發燒只能檢出一部分；餐飲外送、外帶變成必要，而外送的數據協助了 Food Panda、Uber Eat 提供了更好的服務；做職業講師及顧問的，因為三級緊戒無法前往實地講課輔導，紛紛改成在線上用 Zoom、Google Meet、Cisco WebEx、LINE，再搭配 Google 的 Jamboard，想辦法讓線上課程有可以接近線下課程的效果。因應 Covid-19 而產生的新應用。逐漸讓大家養成新習慣，難怪網路上一直說道，數位轉型的最佳推手是 Covid-19。

針對這本《AIoT 數位轉型在中小製造企業的實踐》，我特別找了真正從事數位轉型，也對德國工業 4.0 有深入研究的新呈工業的總經理陳泳睿一起來著作，讓這本書可以真正從國際上各大作法：「德國工業 4.0」、「中國製造」、「美國工業互聯網」、「日本工業價值鏈」，以及台灣智慧製造的政策「智慧機械」政策，讓大家了解智慧製造世界與台灣標準。再結合五個中小企業或近中小企業案例：「新呈工業」、「安口食品」、「華夏玻璃」、「震旦雲」，以及「新漢集團的智慧製造子公司們」。以國際作法輔以國內實際案例，讓大家明白台灣正在這條道路上，而這樣的中小企業其實存在一些典範，希望藉此可以增加大家的了解，提振信心，並且為疫後的數位轉型行動開始動作佈局。

這次出書，我特別要感謝「中華亞太智慧物聯發展協會」的榮譽顧問群：前行政院長 張善政、國發會前主任委員 陳美伶、二代大學校長 李紹唐、台灣人工智慧學校校務長 蔡明順，以及新漢股份有限公司 董事長 林茂昌（也是中華亞太智慧物聯發展協

會 智慧製造首席顧問）等顧問的支持；還有被訪談的華夏玻璃總經理廖冠傑以及副總經理廖唯傑、震旦行雲端事業部及金儀股份有限公司總經理林敬寶，以及林茂昌董事長的接受訪談及提供資料，才能完成這些案例。還有協會成員的提供資料以完成解決方案章節。當然也要特別謝謝一起寫書的陳泳睿總經理，因為他的努力，才有「德國工業 4.0」、「中國製造」的詳盡內容，以及以身作則提供「新呈工業」，並訪談得到了「安口食品」的精彩案例。

當然也要感謝王定愷大哥、陳來助老師、詹文男老師、陳忠仁老師、宏正科技董事長陳尚仲，以及憶聲電子董事長彭亭玉等社會賢達，在這本書付印前，願意支持推薦，提供推薦序或具名推薦。

這次由 5G、工業 4.0、物聯網、區塊鏈、雲端運算、人工智慧與大數據掀起的數位轉型浪潮，正在深深地影響著我們的生活，而對應的各產業數位轉型經過疫情的催促，更加緊了腳步。希望這本書的出版，能夠讓台灣製造業對數位轉型能以更堅實的步伐邁進，在未來成功地完成數位轉型。 而需要相關輔導與演講的朋友，也歡迎透過臉書粉絲專頁「Rich 老師的創新天堂 -AIoT 物聯網顧問與研發創新教練 裴有恆的溝通專頁」或公司「昱創企管顧問有限公司」官網跟我聯繫。也歡迎加入「i 聯網（用智慧、創新、個性化做 AIoT 數位轉型）」臉書社團跟我們一起數位轉型。需要「中華亞太智慧物聯發展協會」協助數位轉型的朋友，也請透過協會官網跟我們協會聯繫。

裴有恆 Rich

中華亞太智慧物聯發展協會 理事長

好食好事基金會業師

臉書社團：i 聯網、智慧健康與醫療 創辦者

昱創企管顧問有限公司總經理

中華亞太智慧物聯發展協會官網

i聯網

Rich老師的創新天堂

昱創企管顧問公司

作者序

台灣現在正面臨企業轉型交棒的過程，二代接班是這幾年重要的議題，層級已經達到國安問題。要如何讓接班順利永續經營，數位轉型智慧製造至關重要，這不僅是世界未來趨勢，更是讓那些數位原住民願意繼續投入企業的動力。

我自新呈導入智慧製造後，開始脫胎換骨，透徹的營運，讓經營效率得以提升；受得客戶全面性的信任，在疫情肆虐下業績不斷創新；品質變得更加穩定；基於智慧製造技術下，不僅爭取更多訂單，同仁面對數位戰情室的公平、公正、公開合理的管理制度，表示認同與支持；甚至對於企業願意投身為 AI 相關技術，不只得到很大的協助，也引以為榮。

17 年前從資訊業回到自家企業新呈工業，我的初心就是希望透過自身資訊的專業幫助新呈提高競爭力，第一份工作就是 MIS，為這資訊沙漠的工廠建立 email 伺服器、檔案服務器、網站、ERP 等。為了未來接班鋪路，到生產車間、廠務、業務、導入 IATF 品質系統，才發現一家企業要能夠運作起來是非常複雜的。部門間因為資訊不對稱，經常吵起來；營運、成本、會計隨著企業從小變大，流程越來越繁瑣，好在我有資訊專業能力，經由程式設計外掛許多小程式，改善供司許多作業，隨後我又根據自身觀察與企業的需求，委外或自行開發許多系統，如 MES、Cloud CAD、機聯網、智慧排程、AI 品質異常、AI 面板參數辨識等。

2012 年去參加漢諾威工業展，德國在展覽現場大力推動工業 4.0，引起我的興趣，在會場上看到很多先進自動化設備，讓我誤以為這些就是工業 4.0，很想也引進到新呈，卻始終找不到線材產業可以自動化的設備，我開始懷疑工業 4.0 並不是所有產業都可以導入，但又不能確認。就在這時台灣也開始推動生產力 4.0，深埋在我心中的那個種子，引領我開始參加相關的課程。

2017 工研院與德國達姆施塔特工業大學（德語：Technische Universität Darmstadt）合作開設工業 4.0 的課程，開啟我對於工業 4.0 正確認識，從德國工業 4.0 平台的網站下載許多工業 4.0 公報閱讀，有幸 2019 年工研院與達姆施塔特工業大學到德國實習成行，為期五天學習、Workshop 和參訪。感謝舉辦的工研院王總監和佳晏邀請，將其上課濃縮為兩天與同行的高總，一起分享給有意執行智慧製造的朋友們。

此書感謝裴理事長邀約與合作，將我這幾年來對於工業 4.0 與中國製造政策的見解和實作，並將新呈工業這十幾年來的數位化過程與成果分析給讀者，希冀可以正視工業 4.0 智慧製造的觀念，讓中小企業也可以導入工業 4.0 智慧製造。

感謝父母親和老婆慢慢可以理解，我堅持導入的 CPS，這路程挺漫長，不斷受到質疑，雖然我們還在路上，工業 4.0 智慧製造一定是未來，我也希望讀者可以跟我交流，一起為台灣智慧製造盡一份心力。

陳泳睿

新呈工業總經理

目錄

1 引言與章節安排說明

Part 1

四大智慧工業與台灣智慧機械的作法

2 德國工業 4.0

3 中國製造的智慧化進程

4 美國的工業網際網路

5 日本的工業價值鏈 IVI

6 台灣的智慧機械

Part 2

中小製造企業的數位轉型實例

7 工業 4.0 與數位轉型案例之新呈工業

8 安口食品的數位轉型案例

9 華夏玻璃如何做到數位優化，接下來逐步轉型

10 震旦行旗下的震旦雲如何做到數位轉型

11 新漢股份有限公司及他的數位轉型子公司們

Part 3

往數位轉型的下一步

12 成就數位轉型的未來

13 中小企業在智慧工業數位轉型上可考慮的合作夥伴

A 55 種商業模式列表說明

B 新呈工業數位轉型工具的詳細介紹

C 參考資料

引言與章節安排說明

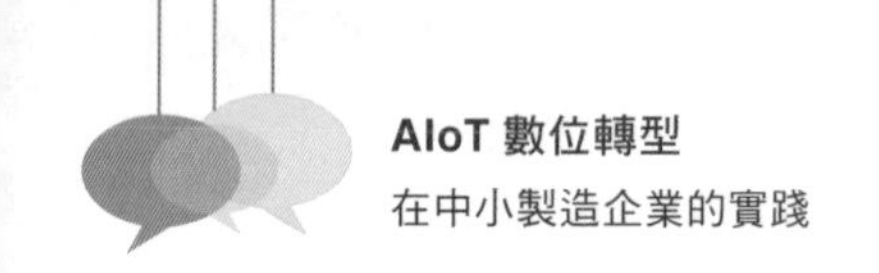

1.1 數位轉型與智慧工業

談到數位轉型，在西元 2000 年就開始這個議題，那時提到企業一定要有官網，後來又說企業要有 ERP[1]/CRM[2]/SCM[3] 軟體才有好的效率，幾年前說要有社群小編。但是很多企業主覺得自己之前沒做也就這麼過來了，也因此懷疑這次是否真的需要去做。不過因為這次新冠肺炎的爆發，大家開始正視這件事情，首先是跟國內外客戶開會都改用遠距視訊會議；而到餐廳吃飯，因為有一段時間，大家怕群聚造成莫名感染，所以餐飲外帶或外送變成風潮，這讓 Uber Eats 跟 Food Panda 都大發利市；同時在中國，如果不會上網訂餐會被餓死，所以連老年人都開始用手機上網訂外送餐飲。而很多公司為了生意仍要運作，但因為擔心群聚感染，就啟動異地辦公，讓員工分開工作（部分在家工作、部分在公司工作），員工就算被感染或隔離，公司也只是暫時損失部分勞動力，不會因此停擺。而這次的數位工具大量被使用，也讓企業對數位轉型開始產生需求。

在工業上的數位優化與轉型，會導向智慧工業，而這會包含產品服務的研發與工廠場域的智慧化。而人工智慧跟物聯網是這次數位轉型的重要新興科技，產品研發與場域部署會往如何去結合這類新興科技為焦點，才能抓到這個浪潮。這次由人工智慧引領各種科技造成的數位轉型，之所以能夠提供更好的體驗與服務，關鍵是由物聯網設備，收集到了巨量資料，透過人工智慧所建的具備優良預測能力的模型，提升決策以及很多方面的效率，降低成本；或是幫助企業更加瞭解客戶，提供更好體驗。而這樣的資料，需要好好地做資料規劃，依此部署感測器，收取資料，透過人工智慧建模，然後針對每家公司狀況做修正，迭代多次才能完成。

要談智慧工業上的數位轉型，也得先了解智慧工業的世界趨勢和發展，在下一節會有詳細敘述。

---

1 ERP：Enterprise Resource Planning，企業資源規劃。

2 CRM：Customer Relation Management，客戶關係管理。

3 SCM：Supply Chain Management，供應鏈管理。

1.2 智慧工業的發展

AIoT 是人工智慧與物聯網的整合，可以用圖 1.1 的 AIoT 五層架構來看，其中，實體層為內建感測器的裝置、智慧機器、數位攝影機（IP Cam）、工業或服務機器人（無人機／無人車）…等：其內部包含感測器，也就是感知層；這些設備透過 Wi-Fi、藍牙、Zigbee 或固定線路，傳到智慧閘道器，再透過行動網路 3G/4G/5G（以上皆屬網路層）傳輸到雲端的平台層。平台層有很多的伺服器進行雲端運算、資料處理、人工智慧分析，導出的結果產生洞見與自動決策，轉為各類應用，包含智慧製造、智慧醫療、智慧家庭、智慧交通、智慧物流…等。而這些應用以工業的角度來看，就是智慧工業。

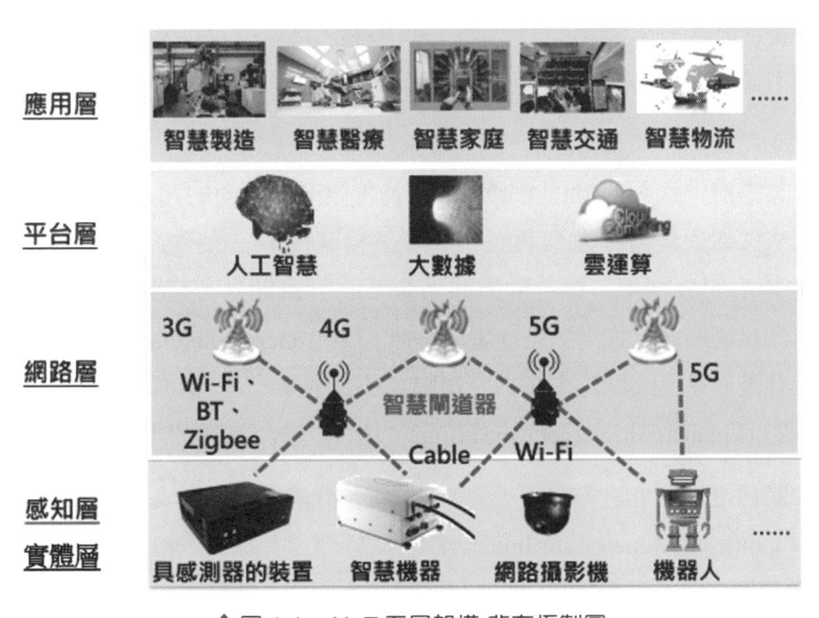

圖 1.1　AIoT 五層架構 裴有恆製圖

談到智慧工業，就得從 20 世紀工業時代開始談，那時美、德、日就已是世界製造強國，事實上，美國一直以技術與資料處理見長，即使現在它所生產的產品總產值僅次於中國。雖然中國製造業產值全球最高，但美國一直掌握著關鍵技術，例如手機中的 iOS 及 Android 作業系統，以及如高通（Qualcomm）此類晶片大廠，

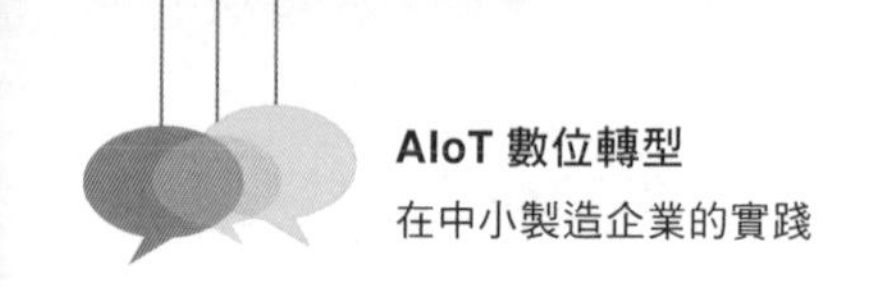

透過專利授權取得市場大部分的利潤。不過因為中國對美國出超，所以引發中美貿易戰。

至於德國在製造業以工藝（流程）與設備見長，其先進設備和自動化的生產線更是舉世聞名。因產品優秀的品質和可靠性，使德國製造業擁有非常好的品牌口碑，其長處就是把各種創新整合到各式零件、裝置和設備，讓生產系統不斷升級，也就是在機械硬體上不斷強化。

日本製造業則強調文化與管理方式，以豐田汽車（Toyota）為代表的精實生產與及時生產（Just In Time；JIT），強調匠人精神、職人精神的文化，讓「人」成為日本製造的核心，透過不斷的改善及精實管理方式，強化其製造。

中國在早年因人工費用低廉、政府政策推動、基礎設施完善等因素，成為世界上最大的製造地區，產品產值居世界第一，不過因為員工薪資大大上漲，加上中美貿易戰引起的產業移出影響下，讓中國必須產業升級，搭配內循環面對此嚴酷挑戰。

到了知識經濟世代，針對以工業物聯網為主要考慮方向的連網製造系統，德、中、美、日都依自身需求與專長，發展了相關標準。德國於 2012 年喊出工業 4.0，並藉由開放標準、整合歐盟的力量，欲引領世界智慧製造浪潮；美國在 2011 年即以國家角度推出「先進製造夥伴」（Advanced Manufacture Partnership；AMP）計畫，在民間則是由奇異公司聯合多家企業，在 2014 年成立「工業網際網路聯盟」（Industrial Internet Consortium；IIC），聯合主導相關工業標準。

日本在 2015 年開始非官方的「工業 4.1J」實驗計畫，同年也成立「工業價值鏈促進會」（Industrial Value Chain Initiative；IVI），產生相關工業標準，現在更以社會 5.0 為整個國家在人工智慧時代的前進方針。中國官方在第十三次五年計畫中，制定了十年的智慧製造策略「中國製造 2025」，並於 2015 年正式發表，不只想成為世界製造大國，而是成為世界製造強國，為達此目的，中國透過德國密切合作，讓德國協助訂定標準，與導入相關廠商。後來中美貿易大戰，美國對於「中國製造 2025」諸多反感，中國近年來不再提「中國製造 2025」，而改為「中國製造」取代。

台灣政府也發展了自己的策略，於 2015 年 9 月 17 日台灣行政院核定推動「行政院生產力 4.0 發展方案」，包含製造業 4.0、農業 4.0，以及商業 4.0。2016 年新政府上台將製造業 4.0 轉成「智慧機械產業推動方案」。

台灣的智慧工業發展深受德美日中以及台灣本身的產業政策影響，而有鑒於 2020 年開始有轉型案例的書籍，但是一直沒有針對台灣本地的中小製造業案例在智慧工業上做深入探討，以及沒有較詳細說明相關智慧製造標準及政策的書籍，本書因此誕生。

1.3 本書章節安排

本書由裴有恆與陳泳睿共同著作，本章由裴有恆完成，另外本書其他的規劃有三大部分，而三大部分的介紹內文也由裴有恆完成：

第一部分、四大智慧工業國與台灣在智慧製造的作法：包含「德國工業 4.0」、「中國製造的智慧化進程」、「美國的工業網際網路」、「日本的工業價值鏈 IVI」，以及「台灣的智慧機械」共五章，其中「德國工業 4.0」、「中國製造的智慧化進程」由陳泳睿完成，其他三章由裴有恆完成。

第二部分、中小製造企業的數位轉型實例：包含五種不同作法的企業數位轉型案例，有「新呈工業」、「安口食品機械」、「華夏玻璃」、「震旦雲」，以及「新漢集團旗下企業」共五段談及中小企業或接近中小企業的規模的廠商，寫成五章。其中「新呈工業」及「安口食品機械」的主體（不含 Rich 顧問的案例分析）由陳泳睿完成，其他三章及各章中「Rich 顧問的案例分析」由裴有恆完成，而其中引用的商業模式圖，請參考《獲利世代》一書；引用的 AIoT 五層架構圖，請參考《AIoT 數位轉型策略與實務——從市場定位、產品開發到執行，升級企業順應潮流》一書。

第三部分、接下來的作法：包含「成就數位轉型的未來」，以及「中小企業在智慧工業數位轉型時可考慮的合作夥伴」兩章，均由裴有恆完成。

數位轉型正在進行中，本書提供相關的實例與世界級智慧工業作法，希望幫助想在製造業進行數位轉型的朋友們點亮一盞明燈，提示未來的前進方向。

MEMO

四大智慧工業與台灣智慧機械的作法

這一部分的第二章到第六章談到四大智慧工業國與台灣在智慧製造的作法：包含「德國工業 4.0」、「中國製造的智慧化進程」、「美國的工業網際網路」、「日本的工業價值鏈 IVI」，以及「台灣的智慧機械」。

這五章有各自的內容，前四章均包含參考 / 系統架構與商業模式，而「台灣的智慧機械」談政策上的智慧機械推動方案。

在實務上，這五章的作法已經影響也對應到台灣內部的製造業的數位轉型的作法，這在第二部分會有更深一層的描述。

德國工業 4.0

2.1 德國工業 4.0 發展

工業 4.0 指的是第四次工業革命，它因為德國的工業 4.0 計畫而聞名。工業革命蒸汽機創新改革為起點，根據每一時代技術與組織演變為分界點。

人類歷史從 200 多年前，全世界產品幾乎都是由手工具完成，主要是依靠人畜的肌肉力量，有時候搭配著水力和風力，但 1764 年第一台珍妮紡紗機的發明，20 年後 1784 瓦特改良蒸汽機使其動力效率提升，機械取代勞動力的年代隨之來臨，我們也稱為工業革命之始，也就是所謂工業 1.0 機器化時期。

約百年後 1870 年美國辛辛那提（Cincinnati）屠宰場出現前所未有的流水線方式，讓整個製造效率更上一層樓，著名的亨利福特汽車在 1913 年將其導入在汽車生產，不僅提升效率，降低成本，生產出親民的 T 型汽車，讓汽車得以普及；在這時期又一個讓我們可以在黑夜看到光亮的發明，那就是電燈，我們熟知的愛迪生，其實這並不是他最重要的發明，而是電氣商業化，1879 年改良燈心成功讓電燈得以長時間照明的同時，具有商業頭腦的他，也將世界上第一條電網鋪在紐約曼哈頓，電力的普及加上流水線結合，才讓生產效率飛躍般的成長，這就所謂的工業 2.0 電氣化時期，大批量生產來到最頂峰。

1936 年代圖靈研發了圖靈機，協助美國在二次世界大戰解開德國密碼，計算機隨後不斷演化，1946 年真空管取代繼電器真正電子的電腦出現，但就僅止於計算，直到 1964 年工業使用的 PLC 被發明出來，對於工業製造自動化帶來莫大幫助，同時電腦資訊不斷演進，加上美國發明網際網路（Internet），讓資訊快速傳遞，進一步的自動化，我們稱為工業 3.0 資訊化時期。

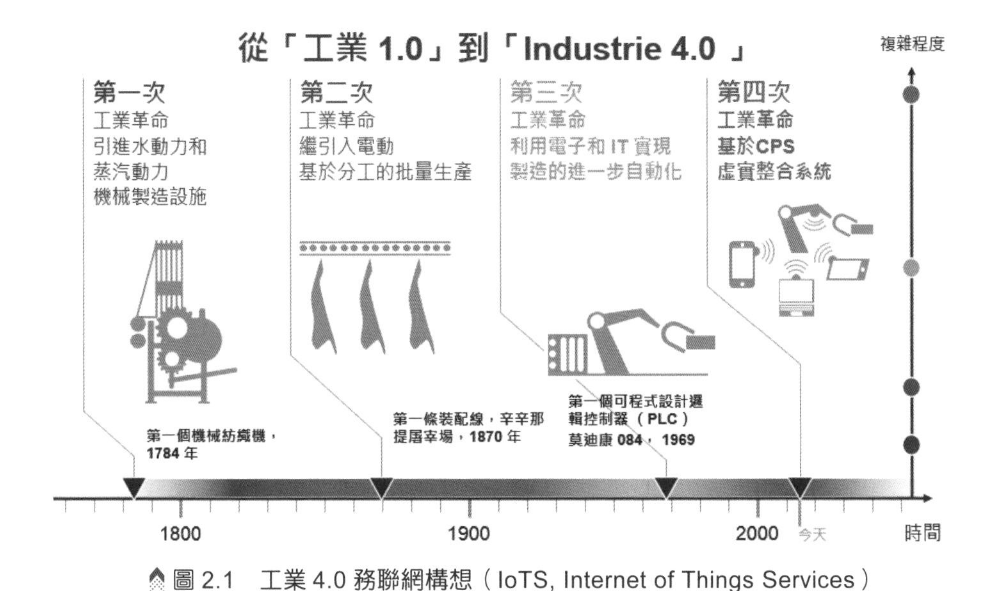

圖 2.1　工業 4.0 務聯網構想（IoTS, Internet of Things Services）

資料來源：ZVEI/PwC

20 世紀末 1990 年後互聯網的誕生帶動 ICT 產業，不僅工業自動化，訊息也變得更有效率。就在 30 年後 IoT 推波助瀾之下，德國 2010 年研究新一個經濟區動力，推出工業 4.0 也就是 CPS 虛實整合或是有些人稱為智能化，有意帶領歐盟國家走出長久經濟成長趨緩，創造出新的光景，同時全世界也將高科技創新驅動國家經濟帶向高潮。

2.2 德國工業 4.0 背景、政府組織與資源

德國在思考全球高科技定位時，基於互聯網下的地位、歐債經濟下歐盟領導者、高齡化社會人民職涯規劃，希望透過高科技策略，在互聯網時代下的製造佔據領導者地位，創造歐盟的經濟再次繁榮光景，延展人民工作年限。2011 年 Wolfgang Wahlster，Henning Kagermann，Wolf-Dieter Lukas 教授在漢諾威工業展共同創造「工業 4.0」概念，旨在傳統單向生產模式已經無法滿足未來市場需求，產品除了生產過程需要資本投入，在產品提供服務的過程中，也就是在產品壽命內，消

費者透過產品仍然需要或是更需要企業資本投入，供應鏈的概念要轉變成消費回饋（Customized Feedback），所以第四次工業革命的商業潛力不僅只存在於經營過程的最佳化過程，而且在於其產品生命週期範圍下所構成的各種應用服務。[1] 並於 2013 年正式將工業 4.0 納入德國聯邦政府的「新高科技策略（Neue Hightech-Strategie）」政策。

德國在這樣氛圍下，為創造提升製造業智慧化的水平，建立具有自主性、資源效率最優化的智慧製造，整合客戶及商業夥伴的商業流程及價值工程，而提出以虛實整合（CPS, Cyber Physical System）為基礎，將供應、製造、銷售數據化、智慧化，達到即時、有效、個性化產品供應。

2.2.1 政府組織

德國政府為了推行工業 4.0，由德國聯邦經濟事務和能源部（German Federal Ministry of Economic Affairs and Energy, BMWi）及德國聯邦教育及研究部（Germany's Federal Ministry of Education and Research, BMBF）共同組成工業 4.0 架構，其中德國聯邦教育部及四大行業協會組織 BITKOM（德國電信和新媒體協會）、acatech（德國國家科學與工程院）、VDMA（德國機械設備製造業聯合會）和 ZVEI（德國電子工業協會）參與其中，同時也發表德國工業 4.0 平台（Plattform Industrie 4.0），為推動工業第四次革命而成立。為了推廣工業 4.0，也協助法國、義大利、西班牙國家，出錢出力建立起組織。

2.2.2 工業 4.0 資源

工業 4.0 是一個開放性議題，除上述所說的 Plattform Industrie 4.0，四大協會都在自己網站上放入研究資訊。全世界對於工業 4.0 也是相當關注，紛紛成立相關研究，也將部分研究放入網頁，預計提升國人認知，進而導入提升國家製造競爭力。

1 從「工業 4.0」到「工作 4.0」，資料來源：http://arbeiten40.blogspot.com/2017/12/4040.html，(2017)。

2.3 德國工業 4.0 定義、架構和標準

2.3.1 工業 4.0 定義

工業 4.0 的定義可以從背景中了解，提升經濟、延伸職涯、讓德國在工業上再次輝煌，涉及企業內部和外部的價值鏈。因此在德國的「工業 4.0 策略實施」（Implementation Strategy Industrie 4.0）報告中說明了定義：工業 4.0 概念指第四次工業革命，意味著在產品生命週期內對整個價值創造鏈的組織和控制再進一步，即意味著創意、訂單到研發、生產、終端客戶產品交付，再到廢物循環利用，包括與之緊密聯繫的各服務行業，在各個價值段都能更好滿足日益個性化的客戶需求。所有參與價值創造的相關實體形成網路，獲得隨時從數據中創造最大價值流的能力，從而實現所有相關信息的即時共享。並以此為基礎，通過人、實現企業價值網路的動態建立、即時優化和自組織 [2]，根據不同的標準和自組織、對成本、效率和能耗進行優化。

2.3.2 工業 4.0 策略與目標

為了繼續推動德國經濟與科學研究聯盟的活動並確保跨部門協同行動，德國信息技術、電信和新媒體協會（BITKOM）、德國機械設備製造業聯合會（VDMA）、德國電氣與電子工業協會（ZVEI）共同製定了 " 工業 4.0 平台計劃 "。工業 4.0 平台的目標是由三個協會共同推動工業 4.0 願景的發展，並以此保持和鞏固德國在製造業的領軍地位。

2 自組織：也稱為自我組織，是一系統內部組織化的過程，通常是一開放系統，在沒有外部來源引導或管理之下會自行增加其複雜性。資料來源：維基百科

2.3.3 架構

Plattform Industrie 4.0 利益相關者已經開發了 RAMI 4.0 參考架構模型。RAMI 4.0 是一個三維坐標系，用於顯示工業 4.0 的複雜交互，即 IT、產品生命週期和自動化層次結構。該系統在 DIN 規範 DIN SPEC 91345 中提出，並在國際上引起了很多關注。一段時間以來，國際標準〔例如國際標準化組織（ISO）和國際電工委員會（IEC）〕已經對其進行了討論。Plattform Industrie 4.0 的第 1 工作組旨在推動標準化。最近它為工業 4.0 組件提出了一個所謂的交互模型。從該模型可以得知機械，感測器和產品之間相互作用的規則。[3]

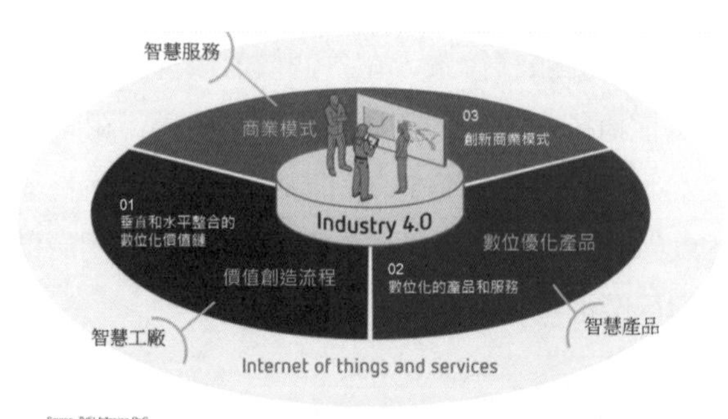

圖 2.2　工業 4.0 務聯網構想（IoTS, Internet of Things Services）

資料來源：ZVEI/PwC

RAMI 讓實施工業 4.0 有一個清晰的參考架構，達到以下目的：

- 描述物理世界，以期將映射到訊息世界的目的
- 實現訊息世界中的物理世界
- 組件識別
- 組件相互連接
- 組件協同作業
- 建構物理世界與訊息世界的網路結構

3　Plattform Industrie 4.0，A consistent focus on the needs of SMEs。

2.3.4 工業 4.0 組成要素

從工業 4.0 結構來看不難看出來工業 4.0 必須要有以下幾項技術要素：

- 智慧機器、裝置和工件（Intelligent Machine、Device and Component）
- 機器與機器溝通（M2M / Machine-to-Machine）
- 物聯網（IoT / Internet of Technology）
- 大數據（Big Data）
- 自學系統（Self-learning System）
- 人機介面（HMI[4]）：虛擬實境（VR[5]）、擴增實境（AR[6]）、混合實境（MR[7]）

第一、在智慧機器、智慧裝置和智慧工件來看，CPS 事情中的核心重點，一旦有相對應的感測器，控制器和軟體，這些硬體就會變得「智慧」起來而成為不同運用的基礎，而可以透過 M2M 傳輸訊息溝通。

第二、M2M 指的是機器對機器（Machine-to-Machine），也就是說機器之間可以相互溝通，傳輸資料，甚至可以將資料傳送給 IT 系統。

第三、第一項所提到智慧化的基礎，是基於物聯網（IoT）技術使其得以溝通，在物聯網下是萬物聯網，讓智慧形成一個智慧網路。

第四、當萬物聯網時候，數據量將形成大數據（Big Data），透過建模和演算法助力，將可以預測、推論事件的下一個樣貌。

---

4 人機介面（Human Machine Interface，簡稱 HMI）是一種提供操作者與機械設備溝通的裝置。

5 虛擬實境（Virtual Reality，簡稱 VR）簡稱虛擬技術，也稱虛擬環境，是利用電腦類比產生一個三維空間的虛擬世界，提供使用者關於視覺等感官的類比，讓使用者感覺彷彿身歷其境，可以即時、沒有限制地觀察三維空間內的事物。

6 擴增實境（Augmented Reality，簡稱 AR），也有對應 VR 虛擬實境一詞的轉譯稱為實擬虛境或擴張現實，是指透過攝影機影像的位置及角度精算並加上圖像分析技術，讓螢幕上的虛擬世界能夠與現實世界場景進行結合與互動的技術。

7 混合實境（Mixed Reality，簡稱 MR）指的是結合真實和虛擬世界創造了新的環境和視覺化，物理實體和數字物件共存並能即時相互作用，以用來類比真實物體。混合了現實、擴增實境、增強虛擬和虛擬實境技術。

第五、自學系統（Self-learning system）可以獨立根據大數據分析、機器學習和AI 演算做出相對獨立的判斷。

第六、虛擬實境（VR）、擴增實境（AR）、混合實境（MR）也就是透過眼罩或眼鏡的形式將虛擬的物體、提示、狀態讓穿戴者得以透過數據驅動學習和互動。[8]

2.3.5 RAMI 4.0 工業 4.0 參考架構模型

RAMI 4.0 參考架構模型和 Industrie 4.0 組件為企業未來產品和商業模式提供了框架。RAMI 4.0 是一個三維的圖形，這三維分別為第一軸縱軸「層（Layers）」（資產特性描述）、第二軸橫軸「產品生命週期與價值流（Life Cycle & Value Stream）」、第三軸 Z 軸「層級（Hierarchy Levels）」（智慧製造層面）。此結構也在 2015 年的漢諾威工業博覽會展出，並且已經成為 DIN SPEC 91345、ISO 42010 的標準。在這三維的結構下可以確保工業 4.0 的討論與活動都在通用的框架下運行。

RAMI 4.0 的架構承接服務導向的結構（SOA, Service Oriented Architecture[9]），其中應用程式組件通過網路上的通訊協議向其他組件提供服務。SOA 的基本原理獨立於供應商，產品和技術。目標是將複雜的流程分解為易於掌握的軟體開發，包括數據隱私和資訊技術（IT[10]）安全性。

工業 4.0 參考架構模型（RAMI 4.0）其中思路就是在一個一個共同的模型當中體現不同的方面。工廠內的縱向整合是指生產資料的網絡化，例如自動化設備或服務的聯網。產品和工件是在工業 4.0 的背景下必須考慮的新方面，相關的模型必

8 Timothy Kaufmann，Geschäftsmodelle in Industrie 4.0 und dem Internet der Dinge，Springer Vieweg，(2015)。

9 服務導向架構（Service-Oriented Architecture，縮寫：SOA）並不特指一種技術，而是一種分散式運算的軟體設計方法。資料來源：維基百科

10 資訊科技（Information Technology，縮寫：IT）也稱資訊和通訊技術（Information and Communications Technology，ICT），是主要用於管理和處理資訊所採用的各種技術總稱，主要是應用計算機科學和通訊技術來設計、開發、安裝和部署資訊系統及應用軟體。資料來源：維基百科

需反映這一點。工業 4.0 還涉及第二個方面，價值鏈的整體工程，意味著：在整個價值鏈中，有關一台生產設備或一個工件的所有技術、管理和商業數據都被持久地保存，並且隨時可以通過網絡訪問。工業 4.0 的第三個方面就是價值網絡的橫向集成，即跨越單個工廠的界限，動態地組成價值網絡，並且在一個共同的模型中體現上述這些方面。在這個模型中，控制迴路以毫秒為周期進行採樣，從商業問題求解的角度，描述共同的價值網絡中多個工廠之間的動態協作。也就是說，要從不同應用領域的視角去理解，抓住其本質並統一體現在一個模型中。

在研究工業 4.0 參考架構模型（RAMI 4.0）的具體工作開始之前，有必要大致了解現有的路徑和方法。我們具體地探討各個路徑：

通信層（Communication）的實現路徑：

- 過程控制標準統一框架（OPC UA[11]）：基於 IEC62541

信息層（Information）的實現路徑：

- 國際電工委員會「通用數據詞典」（IEC CDD[12]）（IEC 61360 系列 /ISO13584-42）
- 參考 eCI@ss 的屬性、分類和工具
- 電子設備描述（EDD）
- 現場設備工具（FDT）

功能和信息層（Function）的實現路徑：

- 現場設備集成（FDI）作為集成技術整體工程的實現路徑：

整體工程的實現路徑

- AutomationML

11 OPC UA 的全名是 OPC Unified Architecture（OPC 統一架構）。是 OPC 基金會應用在自動化技術的機器對機器網絡傳輸協議。資料來源：維基百科

12 IEC 通用數據字典（縮寫為：IEC CDD）是基於 IEC 61360-2 / ISO 13584-42 中定義的數據模型的元數據註冊表，並增強了其從 IEC 62656-1 中採用的建模能力。IEC 61360-1 中給出了詞典開發人員，尤其是電工領域的詞典開發人員的數據模型的說明。資料來源：維基百科

- ProSTEP iViP
- eCl@ss（characteristics）

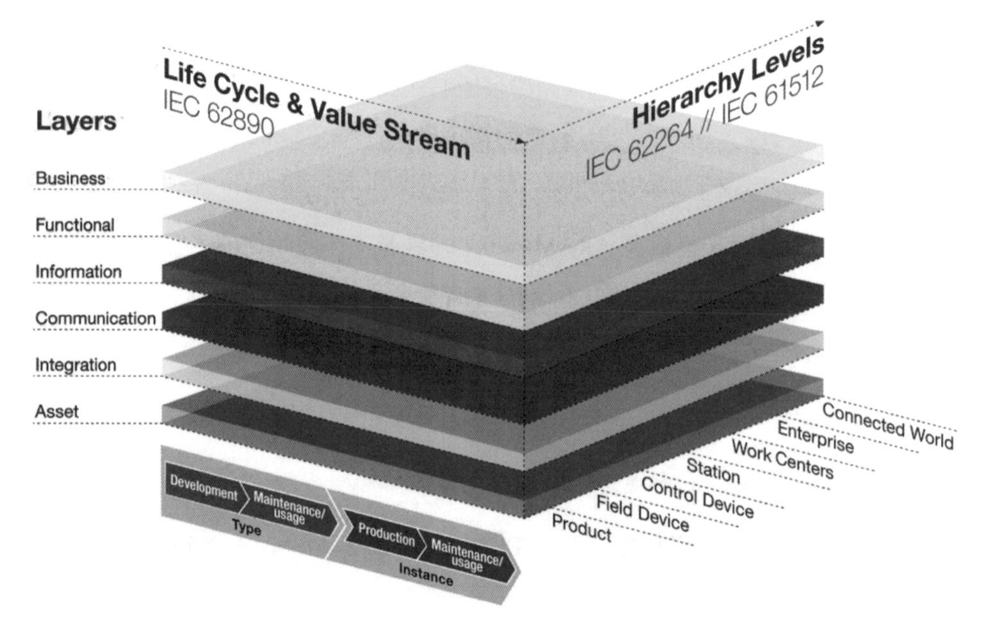

圖 2.3　Reference Architecture Model Industrie 4.0 (RAMI 4.0)[13]

在工業 4.0 中，產品開發和生產場景處於中心位置的，因此必須對其中的開發流程、生產線、生產機器、現場設備和產品自動生產的情況（即整個運作過程）加以描述。

所有組件，不管是生產機器還是產品，涉及的不僅僅是信息通信技術功能。例如，在模擬一台完整的機器（一個系統）時，需要考慮到當中的電纜、線性驅動器以及其他機械結構。它們是真實世界的一部分，但無法主動通信，因此它們的信息必須通過虛擬表示來呈現和使用，例如通過二維碼被動地與數據庫條目聯繫起來。

13 Implementation Strategy Industrie 4.0. (2016).

為了更好地描述機器、組件和工廠，工業 4.0 參考結構模型在設備層上添加了整合層。通過這樣可以對設備進行數位化，從而實現虛擬表示。通信層負責處理日誌以及傳輸數據和文件；信息層處理相關數據；功能層則包含所有必需的（形式化描述的）功能；商業層展示了相關的商業流程。

多個系統構成一個更大的總系統，各個系統和總系統必須在這個參考體系結構模型的基礎上構建，各個層面的內容必須能夠相互兼容。

在工業 4.0 中有價值的物體稱為「資產（Asset）」，當資產被稱作一個「名稱」時候，而不論其外觀形式如何。工業 4.0 組成部分的概念將資產與資訊世界聯繫起來。這種雙重性對於關係的基本概念也很重要。當工業 4.0 的資產被稱為一個名稱或一個術語（Term）時候，在工業 4.0 的系統內就會馬上被認識了解。

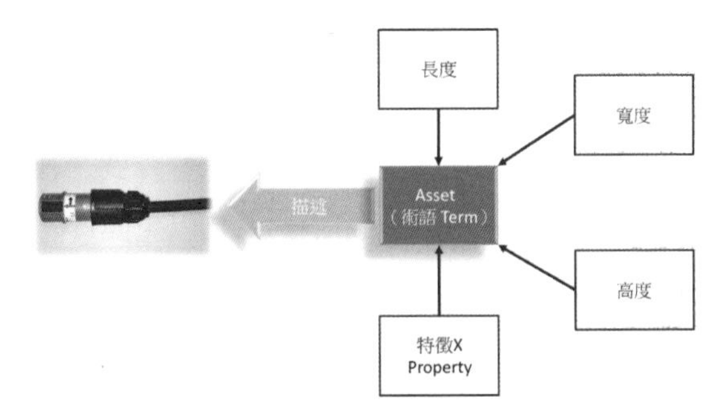

圖 2.4　工業 4.0 使用特徵術語描述實體世界電纜示意圖

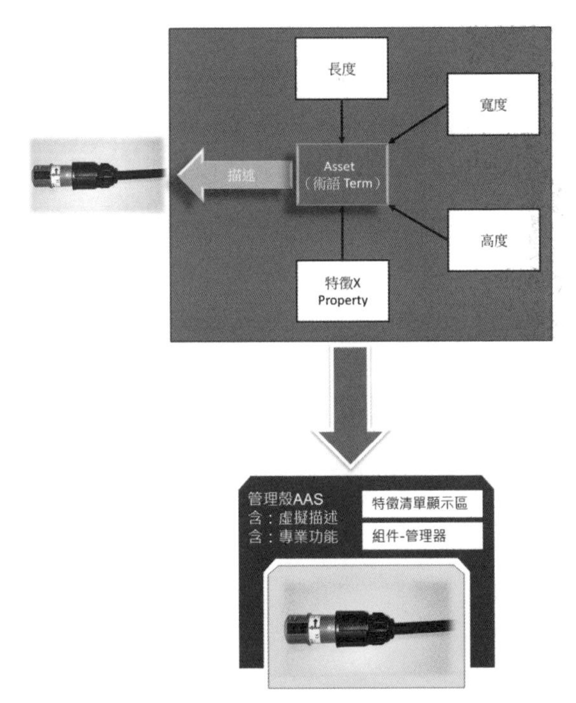

圖 2.5　工業 4.0 組件描述實體世界電纜示意圖

從 IT 的視角描述實體世界的模樣，工業 4.0 借助軟體開發的 UML[14] 視角去描繪出實體在虛擬世界的概念，其中每個物體的特性，如尺寸、重量、材質、電壓、成分、耐用度、顏色、說明…等等，在程式語言物件導向開發中都會定義一個 Class（類別）中的特徵（Property），可以想像實體產品的說明書中的規格。

現實生活中對於規格的說法，在每個地區、行業、時空背景下都會有不同，例如美國通用的英制與公制的單位，最特別就是明明是中文，台灣稱橫向為列，縱向為行；大陸用語橫向稱為行，縱向稱為列，類似這樣的不同比比皆是。因此我們需要一個標準，才能溝通順暢。

如此對於特徵的術語標準化就非常重要，工業 4.0 的特性術語使用 eCI@ss, IEC 61360 公共數據字典 CDD（Common Data Dictionary，IEC 61360 CDD）或 ISO 13584-42 就可以被認為符合要求。如果你在術語寫了一個 "Jaguar" 美洲豹時候，會被認為是汽車品牌的美洲豹，不是一隻動物。

有價值的資產在工業 4.0 被切切實實的紀錄在資產管理外殼（Asset Administration Shell，AAS），AAS 將會放在客戶可以儲存的網絡中，符合工業 4.0 產品（Industrie 4.0 Product）的標準，在工業 4.0 公報中也有說明。這個 AAS 也就是構成工業 4.0 產品最重要的 I4.0 組件（I4.0 Component）的虛擬描述架構，貫串 RAMI 4.0 所有體系，在產品視角可以做為樂高般的想像，在生產製造管理視角可以視為訊息提取的入口，從產生生命週期視角可以視為數位映像貫穿全週期。

14 統一塑模語言（Unified Modeling Language，縮寫 UML）是非專利的第三代塑模和規約語言。資料來源：維基百科

2.4 工業 4.0 組件（I4.0 Component）

工業 4.0 組件又簡稱為 I4.0 組件，實現工業 4.0 實體資產在訊息世界中產生一個數位映射，也可以說是虛擬分身，通過 I4.0 組件才有可能把相關訊息存放在一起，將分散的增值服務整合進系統內。未來的商業模型可以在這一技術上建構。I4.0 組件憑藉其協同的可能性將變成新的應用場景，伴隨著 I4.0 組件而來才是真正第四工業革命。

I4.0 組件（I4.0 Component）的基本思想是將每一個資產都有一個「資產管理殼（Asset Administration Shell）」，使其能夠在資訊世界中能夠以最基本但充分的描述的 I4.0 資產或應用。資產管理殼將在 RAMI 4.0 層 Layer 軸的 5 個層面（整合、通信、信息、功能、商業）映射。

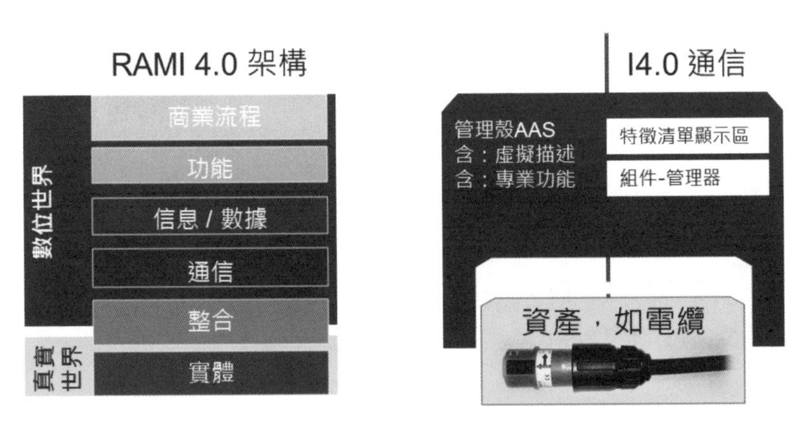

圖 2.6 RAMI 4.0 縱軸層對映工業 4.0 組件

對於一個機器設備，將是由許許多多的 I4.0 組件所構成，每一個組件都有自己一個 AAS，每一個組件都有標準工業 4.0 通訊 API 界面作為存取數據之用。

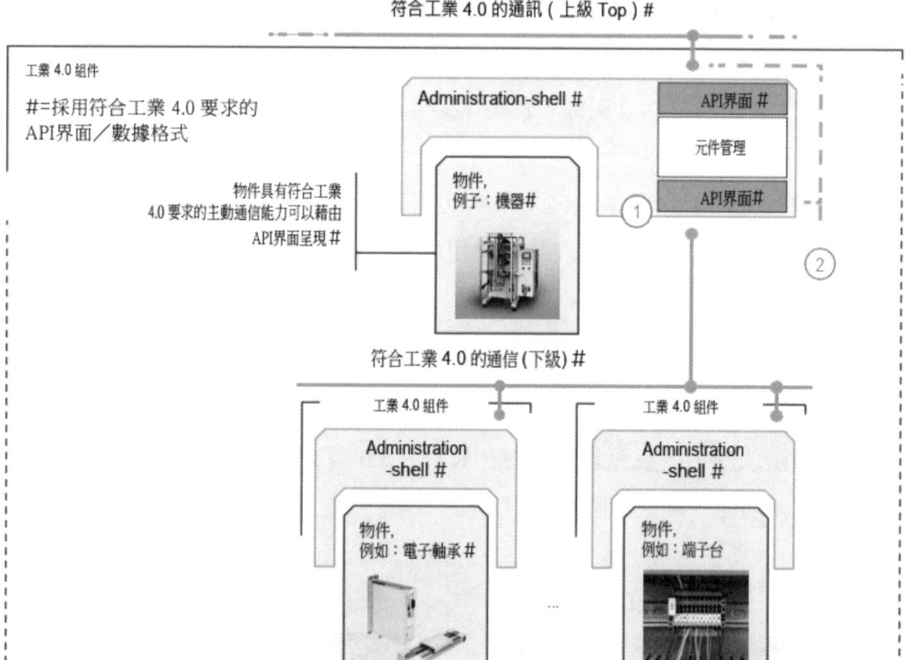

圖 2.7　工業 4.0 組件組合示意圖 [15]

透過 API 可以存取機器設備上感測器的數據，這些數據就可以拿來做增值服務，例如預兆診斷（PHM[16]/ PdM[17]）等。

15 Bitkom. 2016

16 PHM 是 Prognostic and Health Management 的縮寫，即故障預測與健康管理。PHM 是指故障預測和健康管理，為了滿足自主保障、自主診斷的要求提出來的，是基於狀態的維修 CBM（視情維修，condition based maintenance）的升級發展。其核心是利用先進傳感器的集成，藉助各種算法和智能模型來預測、監控和管理系統的健康狀態。

17 預測性維修（Predictive Maintenance，簡稱 PdM）是以狀態為依據（Condition Based）的維修，在機器運行時，對它的主要（或需要）部位進行定期（或連續）的狀態監測和故障診斷，判定裝備所處的狀態，預測裝備狀態未來的發展趨勢，依據裝備的狀態發展趨勢和可能的故障模式，預先制定預測性維修計劃，確定機器應該修理的時間、內容、方式和必需的技術和物資支持。

有了 I4.0 組件描述，不管是在產品設計開發、生產製造、最終使用都可以被虛擬的描述在網絡上，這意味著，這些資產可以提供功能與增值服務，既使尚未被實體組裝應用都可以透過資料庫存取零部件的屬性，縮短開發試錯的時間，透過既有界面 API 存取數據對於工廠管理、最終使用著數據收集相對非工業 4.0 設備裝置來得容易，最終數據驅動服務才會被實現。

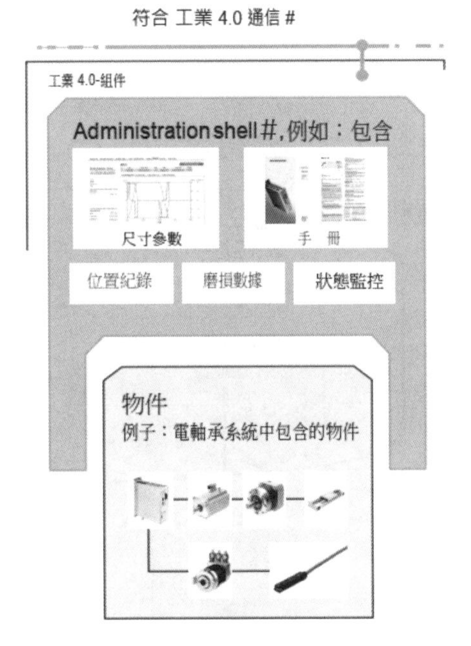

圖 2.8　多個工業 4.0 組件組成的工業 4.0 產品[18]

工業 4.0 組件的資產管理殼是結構至少包含兩個要素，第一是由資產本身提供，第二由某一個中央資料庫提供。對於主動通信能力的物件，資產本身必須主動提供相對應的資產管理殼的存取說明。對於被動通信能力的物件，I4.0 組件的資產管理殼是被儲存在某一個資料庫中。資產在全世界具有唯一的識別性，管理殼在資料庫中被連接，所以憑藉唯一性的識別就可以從製造廠取得管理殼連接。這樣一個場景對於產品生命週期而言，保證了管理殼的高可用性和實現性。

18 Bitkom. 2016.

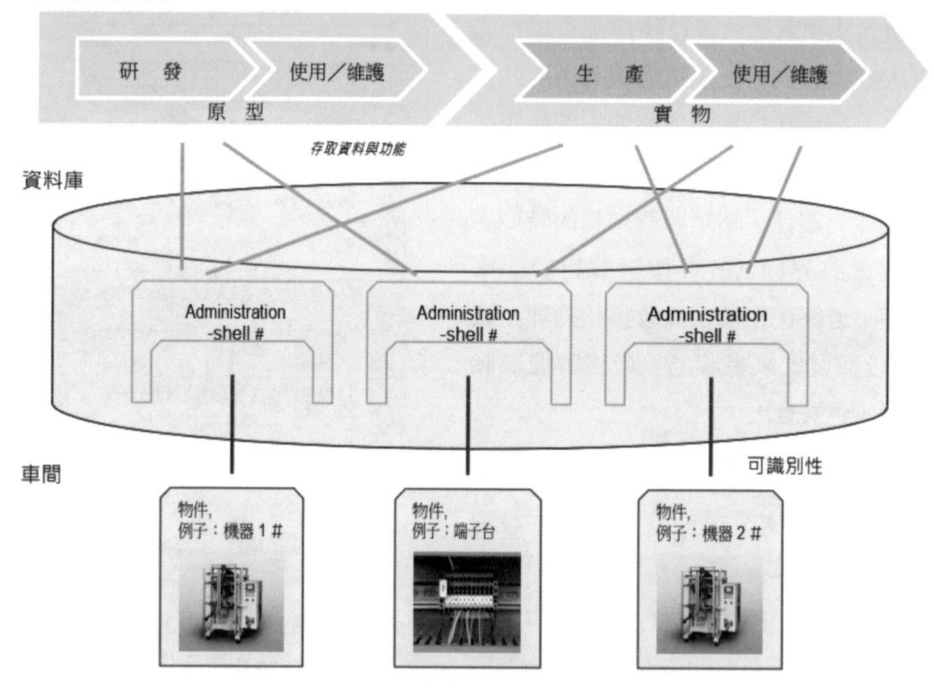

圖 2.9 資料庫中對映工業 4.0 組件[19]

為了使符合工業 4.0 通信的進一步應用成為可能，工業 4.0 標準化了資產管理殼中的術語來識別。這些標準可以參考國際註冊數據標示符（IRDI[20]）或統一資源標示符（URI[21]）。對於一個生產廠內部使用在子模型上的術語是可以自行定義，只要是有別於上述兩個標準即可，在沒有人為限制下，憑藉相應的知識就有可能從外部存取。

19 Bitkom. 2016

20 國際註冊數據標識符（IRDI，The international registration data identifier）是一個國際用於數據元素唯一標識。資料來源：維基百科

21 統一資源標誌符（Uniform Resource Identifier，縮寫：URI）在電腦術語中是用於標識某一網際網路資源名稱的字串。資料來源：維基百科

資產與管理殼的唯一識別碼可以通過「統一資源定位器（URL[22]）」來確認，URL 是 URI 的其中一個分類別，也可以透過網頁形式來做存取，並且可以透過 SPARQL[23] 語言查詢。

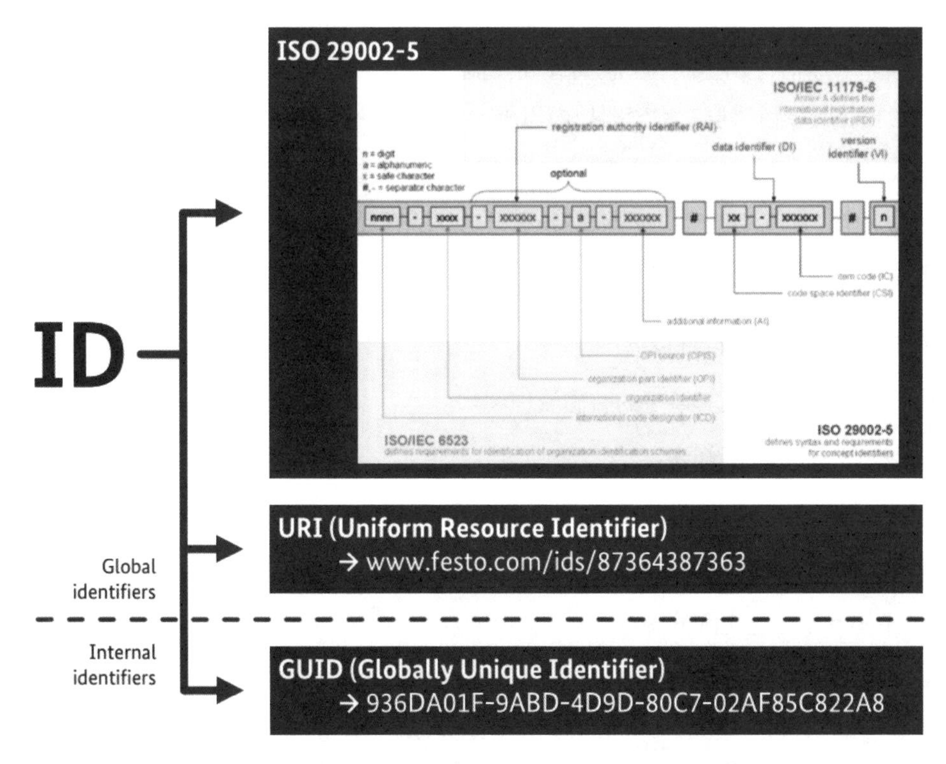

圖 2.10　工業 4.0 全球標識符和其他內部標識[24]

22 統一資源定位符（Uniform Resource Locator，縮寫：URL；或稱統一資源定位器、定位位址、URL 位址，俗稱網頁位址或簡稱網址）是網際網路上標準的資源的地址，如同在網路上的門牌。資料來源：維基百科

23 SPARQL（讀做「sparkle」、「史巴－摳」）是一種用於資源描述框架上的查詢語言，它的名字是一個遞迴縮寫，代表「SPARQL Protocol and RDF Query Language（SPARQL 協定與 RDF 查詢語言）」。資料來源：維基百科

24 Structure of the Administration Shell. (2016).

2.4.1 縱軸層（Layers）

在 RAMI 4.0 中 Layer（層）是第一主軸，這不僅是 CPS 最重要的支柱，也是 AIoT 的基礎。從這層面我們可以在虛擬的視角探視實體的數據，從實體的視角傳達訊息到虛擬世界，縱軸上的各個層面用於描述不同的視角，如：數據映像、功能描述、通信行為、硬體 / 設備或商業流程。這十分符合「在易於管理的單元中包含複雜的項目集群」的資訊技術思維。

RAMI 4.0 縱軸層（Layers）分為六層：

2.4.2 商業層

- 確保價值流中功能的完整性。
- 繪製商業模式及其產生的整體流程。
- 法律和監管框架條件。
- 對系統必須遵循的規則進行建模。
- 功能層中服務的協調。
- 不同商業流程之間的聯繫。
- 接收用於推進商業流程的事件。

商業層並不是指企業資源計劃（ERP）等具體的系統。企業資源計劃（ERP）功能在商業流程背景中運作，通常屬於功能層。[25]

2.4.3 功能層

- 功能的形式描述。
- 橫向整合各種功能的平臺。
- 支援商業流程的服務時的執行和建模環境。

---

25 Bitkom. 2016

- 應用程式和技術功能的執行環境。[26]

規則和決策邏輯是在功能層中生成的。根據使用情況，這些也可以在下層（資訊層或集成層）執行。進行遠端存取和橫向整合只能在功能層內。這是為了確保技術整合和流程對於資訊和條件的完整性，但在沒有資安問題下，資產層和整合層也可以出於維護的目的臨時存取。例子包括感測器 / 執行器的閃光，或者說，在這一過程中，我們可以看到，我們的產品是在一個很好的環境中進行的。如果是程式設計師或是有學過程式語言，可以很簡單的將功能層當作是一個 API 的概念來看到。

2.4.4 信息層

- 事件（預）處理的執行環境
- 執行與事件相關的規則
- 規則的形式化描述
- 事件的預先處理

在信息層，一個或多個事件會根據規則進一步產生一個或更多的事件，然後觸發功能層來處理這些事件。

- 長期保存由模型所顯示的數據
- 確保數據的完整性
- 持續整合不同數據
- 獲取更高價值的新數據（數據、信息、知識）
- 透過服務界面提供結構化數據
- 接收事件，對數據進行適當轉換，使其可用於功能層的應用 [27]

26 Bitkom. 2016.

27 Bitkom. 2016.

信息層將一個資產的相關數據與特徵綑綁在一起，收集了賦予功能的數據，包括儲存位置，例如雲端儲存。對於不符合工業 4.0 的信息可以儲存在整合層中，對其可選擇性開放；如果對於符合工業 4.0 的信息，則儲存在信息層中，同樣可以對其選擇性的開放存取。

2.4.5 通信層

- 在統一的數據格式下對通信進行標準化，使通信層的數據格式與信息層一致
- 提供控制整合層的功能[28]

在強調網絡效應的工業 4.0 對於通信十分重視，特別是傳輸協定，可以想像如果傳輸協定不一致，就如同講不同語言的兩個人要如何溝通。在包羅萬象的網絡規模明顯超過至今的規模。特別工業 4.0 強調「即插即用（Plug and Play）」的能力、數據的即時性、傳輸品質、資訊安全等等。通信層都扮演著舉足輕重的角色。

2.4.6 整合層

- 提供電腦可處理的物理設備、硬體、文件或軟體等的信息
- 電腦輔助的技術流程控制
- 在設備中生成事件
- 包含與信息技術相關的組件，如射頻識別讀取器（RFID[29]）、感測器（Sensor）、人機界面（HMI）等[30]

整合層是一個資產的實體世界與工業 4.0 的信息世界間的連接器，它是實體世界與信息世界的一種翻譯器。透過數位轉換器將類比訊號轉換為數位訊號，例如一

28 Bitkom. 2016.

29 無線射頻辨識（Radio Frequency IDentification，縮寫：RFID）是一種無線通訊技術，可以通過無線電訊號識別特定目標並讀寫相關數據，而無需識別系統與特定目標之間建立機械或者光學接觸。資料來源：維基百科

30 Bitkom. 2016.

個閥的開關訊號轉為數位訊號可以是 0 與 1 方可轉換為數據傳輸，這個訊號可以轉換為信息世界的一個事件，讓商業決策來做相關處理。

2.4.7 資產層

- 資產層代表了真實實體世界，例如線性驅動器、金屬零件、紙張文件、原理圖、創意、檔案等物理要素
- 人員也是資產層的組成部分，通過整合層與虛擬信息世界連接
- 資產通過條碼等方式與整合層被動連接

以 RAMI 4.0 參考架構顯示一個伺服 - 液壓軸的範例

以下用一個例子來說明 RAMI 4.0 不同層面上的功能分布。

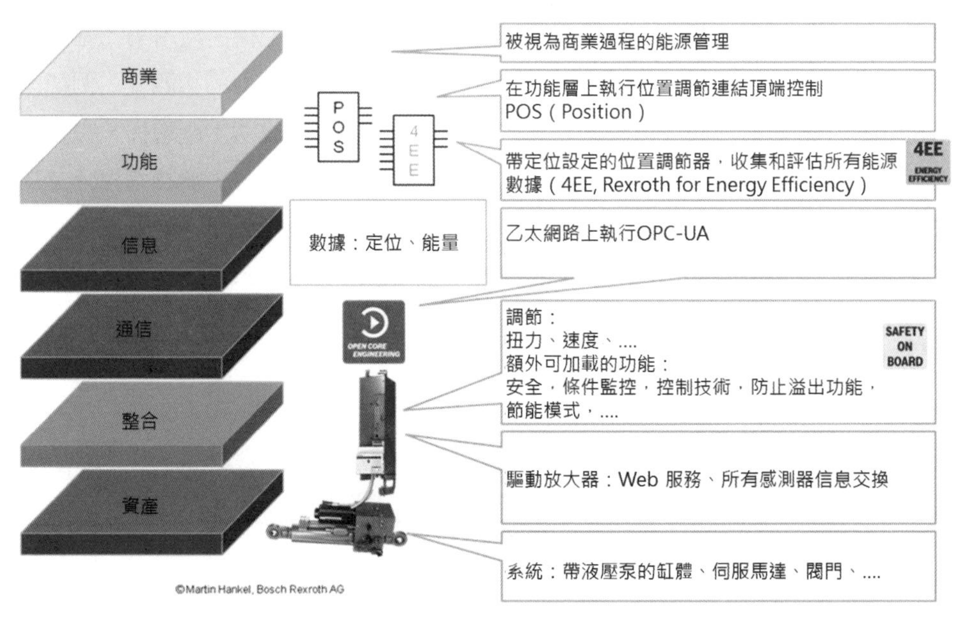

圖 2.11 伺服 - 液壓軸在 RAMI 4.0 縱軸層的範例 [31]

31 Martin Hankel，ZVEI: RAMI 4.0 – next steps und das IIRA des IIC im Vergleich，(2015)。

伺服 - 液壓軸是一個由若干組件組成的系統。他們的資產，如液壓缸、伺服馬達等，通過一個電纜連接到驅動放大器。驅動放大器也是一個資產，其作用就是連接電動伺服馬達，硬體部分屬於資產層，數位部分則透過整合層將訊號轉換為數據傳輸到上層。商業層的能源管理，為了達到節能，於是透過功能層的 API 存取數據做決策，其數據透過通信層的 OPC-UA 傳達到信息層，此時 API 將其數據取回到商業層做決策。[32]

2.5 產品生命週期與價值流（Life Cycle & Value Stream）

工業 4.0 為產品、機器、工廠等的全生命週期帶來巨大的優化潛力。為了使生命週期中涉及的關係和連接可視化和標準化，工業 4.0 參考架構模型用第二軸橫軸代表了產品生命週期和相應的價值鏈，可以清晰地看出各方面的相關性，例如全生命週期中的數據收集。這橫軸參考的標準是 IEC 62890 說明生產過程，完整的生命週期從規劃、設計、模擬、製造，銷售、售後服務和回收，並將過程分為類型（Type）與實例（Instance）兩個階段，強調不同階段思考點不同。產品從設計到最後回收過程一個類型（Type）會對映一個實例（Instance），相反的一個實例（Instance）也是對應一個類型（Type），這樣的機制貫穿價值流程。

32 Roland Heidel Udo Döbrich, Martin Hankel，Industrie 4.0: The Reference Architecture Model RAMI 4.0 and the Industrie 4.0 component，Beuth Verlag，(October 15, 2019)。

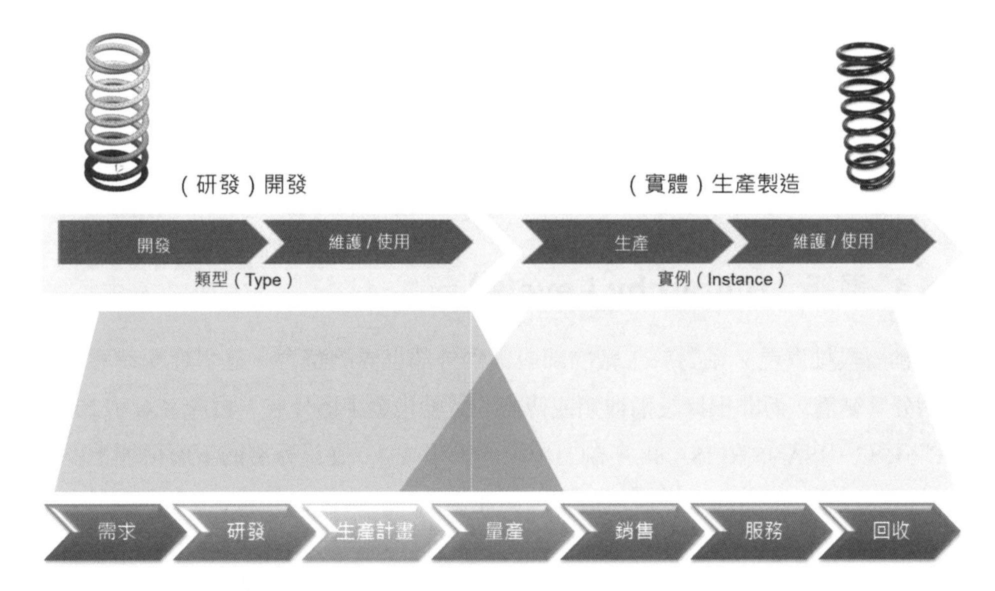

圖 2.12　產品生命週期與 RAMI 4.0 橫軸之對映

在工業 4.0 中每個物件、每個機台、每個軟體，在經歷一次次價值創造過程中記錄著不同履歷，根據不同的行業或資產類型，也會產生不同術語，不過大致上可以分為兩大主要階段，第一階段設計思考到研發過程的類型（Type），第二階段為實例（Instance）這也根據前期開發的「類型」的使用，這階段的產生了「實例」，所有「實例」源自「類型」資訊，「實例」則將實際情況的「使用」數據訊息附加上去，例如質量、何時、何地、費用等。「類型」與「實例」對應關係是一對多，也就是在大量生產時候，一個「類型」可以產生上千萬的「實例」。

從另外一個角度來看，數據使用對於「類型」而言非常重要，「類型」憑藉數據分析獲得進步與改善的空間，提供更好的服務與產品。因此，「類型」通過產品生命週期而改變，這就是維護和持續改善的基礎。生命週期與價值流軸分為四個階段，分別為：

- 研發（類型）
- 維護 / 使用（類型）
- 生產（實例）
- 維護 / 使用（實例）

圖 2.13　RAMI 4.0 產品生命週期與價值鏈（履歷）結構[33]

2.5.1 層級（Hierarchy Levels）

第三軸層級軸實現 Z 軸對於工廠內部設備到外部世界的整合。這個維度參考了功能的分層結構，而非根據設備種類或傳統的自動化金字塔分層，根據 IEC 62264、IEC 61512、ISA 95 和 ISA 88 所制訂出來的。工業 4.0 在這分層的下層再加上現場裝置層與智慧產品，在最上層增加了一個連接世界的層級。

對於工業 3.0 世界，其特徵是：

- 基於硬體的結構
- 綁定硬體的功能
- 基於層次的溝通
- 隔離產品

圖 2.14　工業 3.0 自動化金字塔[34]

33 Bitkom. 2016

34 Digitising Manufacturing 2016 RAMI4.0 – Reference Architecture Model Industry 4.0. (2016).

工業 4.0 特別在工業 3.0 加入兩個層，最下層包含現場裝置層（Field Device）與智慧產品（Product Level），現場裝置用來考慮作為實體世界與信息世界之間的連接件，尤其指感測器與執行器，他們是實體世界與信息世界的關鍵橋梁。智慧產品層最主要著眼在未來智慧產品將主動決策生產過程。新增連接世界（Connected World）的層級，是為了跨越車間連向世界的協同作業，這對於工業 4.0 至關重要。

2.5.2 RAMI 4.0 整體視角

最後我們透過宏觀的視角來看下圖來看工業 4.0 參考架構模式，「層」軸由 I4.0 組件構成的虛實整合 CPS（Cyber Physical System），德國則加入生產 Production 成為 CPPS（Cyber Physical Production System）強調工業製造，I4.0 的虛實整合能力對於製造業在「產品全生命週期和價值鏈」帶來了融合，憑藉數據通信的能力達成數據驅動商業模式創新。在「層級」軸 I4.0 組件更憑藉通信與嵌入式彈性，為製造企業帶來靈活性、個性化產品、即時性、跨企業協作、M2M 機器自主性溝通競爭力。

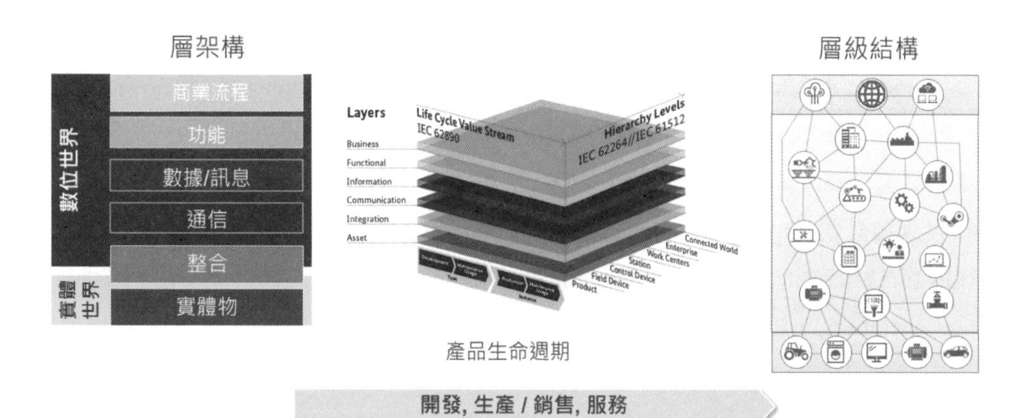

圖 2.15 綜觀 RAMI 4.0 與其他軸之關係[35]

35 RAMI4.0 - a reference framework for digitalisation. (2018).

下一章節我將透過商業的視角為各位解說工業 4.0 如何為商業流程上增值。

2.6 德國工業 4.0 下的應用場景與商業模式

初接觸工業 4.0 的人，絕大多數對於 CPS 智能化，都有很多的想像，在了解工業 4.0 的架構之後，還是對於自己的所處的產業既有的習慣、文化、營運、商業模式有著一知半解的疑惑。為了解決這些疑惑，在工業 4.0 公報中，特別將工業 4.0 如何應用，應用的場景講述出來，讓想要導入或實作的企業主可以有一個圖像在腦海中，更可以透過公報中的圖形、流程圖與說明和同仁討論，好透過圖像是說明激發想像力，達到目標一致。工業 4.0 應用場景共有 9 種情境，每一種都是獨特的方式，實施工業 4.0 技術的企業，不需要每一種都要實現，根據自身企業的營運模式、商業模式最佳化的導入完成工業 4.0 就可以。

工業 4.0 公報中描述產品全生命週期整體價值鏈的新組織與管理水準，並假設這些新的水準可以透過數位轉型來管理。因此，對製造企業的核心增值過程形成共同的認識是非常重要。有各種不同的方法可以做到這一點，但這些方法可以相互映射。首先工業 4.0 將產品生命週期分為：行銷（marketing）、產品研發（product development）、產品線計畫（product line planning）、產品線維護（Product line maintenance）、解約管理（discontinuation management）、工廠與生產計畫（factory and production planning）、生產工程（production engineering）、維修與改造計畫（maintenance and disposal planning）、回收 / 循環（recycling）、售後服務（after-sales services）、設備製造（Erection）、生產（production）、設備運行（operation）、維修（maintenance）、改造（disposal）等環節。

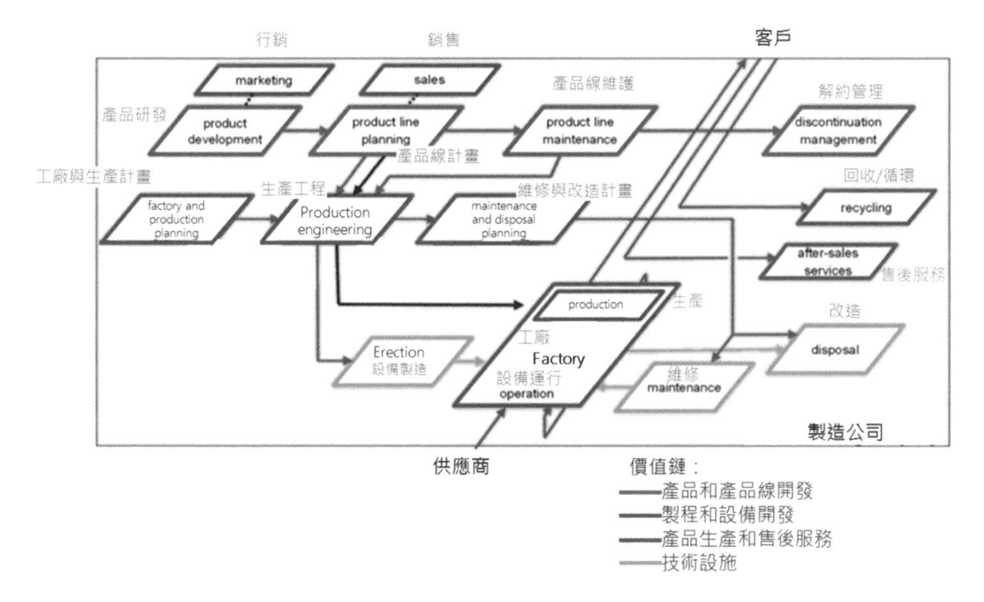

圖 2.16　工業 4.0 產品全生命週期與價值鏈[36]

從技術角度來看，產品生命週期共有四種增值流程：

- 產品生命週期管理（PLM，Product Lifecycle Management）：涉及產品類型（type）的開發。在整個生命週期從最初的想法和要求，開發、生產，最終回收利用。除了建立原型等活動外，這種增值是在虛擬世界中創造的。這些活動在圖中以紅色標記。

- 生產系統生命週期管理（PSLM，Production System Lifecycle Management）：製造企業生產實體產品可以創建或使用生產設備生產的系統（工廠或車間）。生產系統生命週期管理考慮的是生產系統的整個生命週期，從概念開始，然後是工程、建構和試車、運行。維護並最終退役。這包括虛擬世界中的附加值，如概念創建、工程設計或維護計畫等。（圖中藍色標示），或在現實世界中的增值，如施工、維護工作或退役（圖中標為橙色）。

36 Industrie 4.0 Wertschöpfungsketten. (2014).

- 供應鏈管理（SCM，Supply Chain Management）：所有與訂單相關的增值流程，包括訂單規劃和控制、整個物流流程和供應管理。這些活動都是標記綠色的圖。
- 服務（Service）：這一方面包括產品交付後增值流程產品相關服務（如備件或軟體更新），以及基於 Web 的服務（如可用性保證，「即服務 as-a-service」業務模式），另一方面包括生產系統相關服務（如生產系統的優化）。這些活動在圖中標記為紫色。

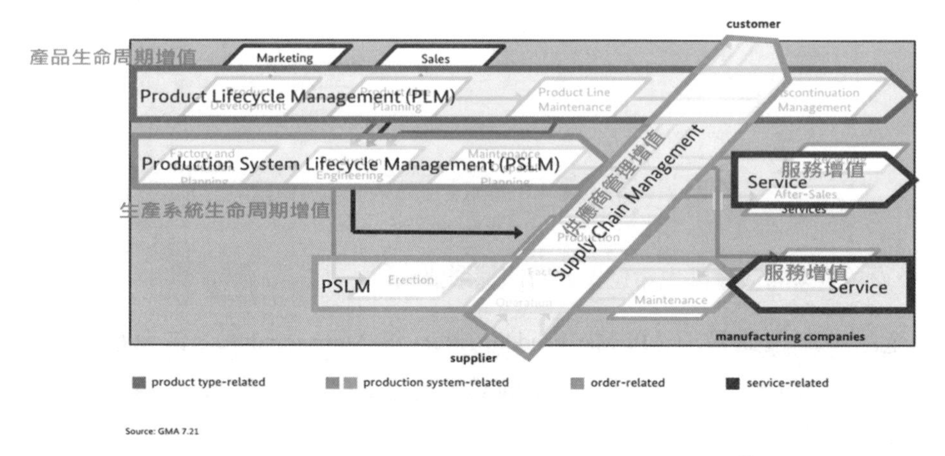

圖 2.17　工業 4.0 產品全生命週期與四個增值鏈 [37]

根據工業 4.0 研究指出，一旦導入工業 4.0 技術將會在這產品全生命週期四個價值鏈上的節點產生 9 個不同應用場景。這 9 個場景如下：

37 Aspects of the Research Roadmap in Application Scenarios. (2016).

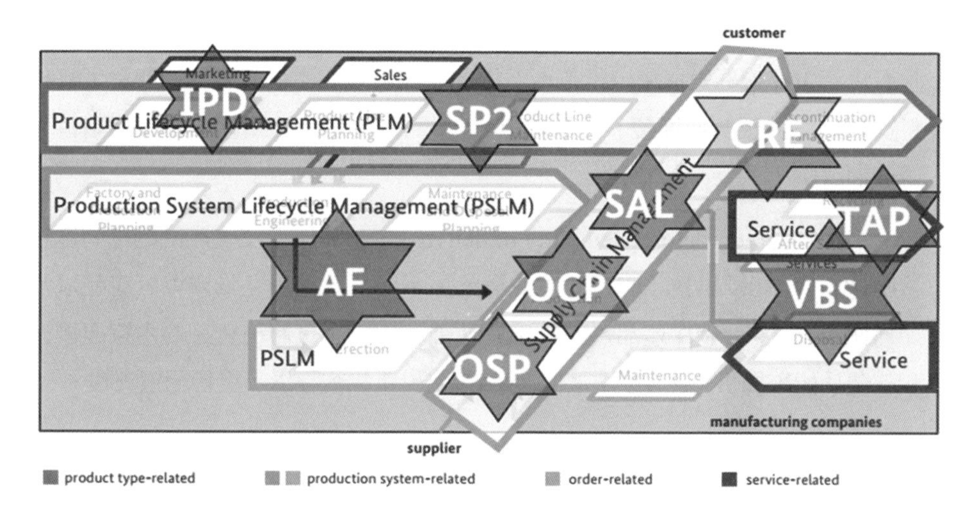

圖 2.18 工業 4.0 產品全生命週期四個價值鏈環節上的應用場景 [38]

- OCP（Order Controlled Production）訂單控制生產：此應用場景以訂單為主題，並介紹如何動態組織訂單所需的生產資源。換句話說，基於單個客戶訂單而不是庫存目標的生產資源的計劃和組織。
- AF（Adaptive Factory）自適應工廠：與 OCP 方案（側重於訂單）不同，此應用場景側重於特定的生產資源，並解釋了如何使其具有適應性（適應力強的意思），以及這如何影響資源供應商和系統整合商。自適應工廠通過模塊化，可重新配置和自我描述的機器實現即插即用，這些機器可以自動相互整合和協作。
- SAL（Self Organising Adaptive Logistics）自組織自適應物流：此應用程式方案與 OCP 應用場景密切相關，範圍從供應鏈合作夥伴到工廠內部機器之間的內部物流。

38 Group). 2016.

- VBS（Valuse Based Services）基於價值的服務：此應用程式方案描述了使用從生產資產中捕獲的數據來分析資產並提高產品質量和生產率，例如通過了解材料質量或提供預測性維護，通過資訊在 IT 雲端平台上可用性，將服務整合到價值網路中。

- TAP（Transparency and Adaptability of delivered Products）交付產品的透明度和適應性：與 VBS 場景（側重於價值網路）不同，此應用場景側重於產品以及如何使用 IT 平台確保產品透明且適應性強。如使用實體消費品的內置連接性和軟體功能來提供售後服務，例如狀態監視更新和維護以及重新配置支援。

- OSP（Operator Support in Production）生產中的作業員的支援：此應用場景描述了新技術如何為生產操作員提供支援。使人們能夠有效安全地與實體網絡世界中，適應性和複雜性日益增長的生產資產進行協作，即與可重新配置的機器人，機器和軟件系統協作。

- SP2（Smart Product development for Smart Production）給智慧產線的智慧產品開發：此應用場景描述了基於產品需求的協作產品工程，旨在創建無縫的工程流程，使生產和服務能夠存取它們需要的資訊。主要用於智慧生產，可重複使用產品設計中的數據來設計生產流程並建立供應鏈，還可以標記產品使用者的使用數據，以方便實際產品的使用。

- IPD（Innovation Product Development）創新產品開發：此應用場景描述了產品開發中的新方法和流程，並側重於產品開發的早期階段。動態地建立跨學科的分佈式專家團隊，以構思和設計新穎的產品及相關的生產設施，並結合滿足當前市場需求所需的確切專業知識，以在短時間內將正確的產品推向市場。

- CRE（Circular Economy）循環經濟：此應用場景將（交付的）產品分解到其實體元件中，通過重複使用，維修或翻新二手產品或至少對包含的材料進行升級來實現產品性能的封閉循環。

2.6.1 工業 4.0 創新商業模式

工業 4.0 商業模式中，客戶以及需要解決的問題是整個商業模式是重中之重。許多新需求都是那些非常有創造力的製造商提出來，對於製造商來說，如何圍繞著它的產品和服務打造相對應的商業模式，以及如何讓它的供應商都參與到價值鏈裡至關重要。零件供應商通常都願意自己給終端用戶提供相關的數據服務。而這個數據服務只有和下游製造商協同作業才是有意義的。此外，沒有零售商或服務商的參與，工業 4.0 的商業模式也不會順風順水的進行。因此，有了工業 4.0，也就會產生一大批新參與的企業，這將大大影響到現有價值鏈體系。[39]

工業 4.0 商業模式可以從四個層面來看。

第一、現場

第二、數據

第三、流程和價值鏈

第四、商業模式

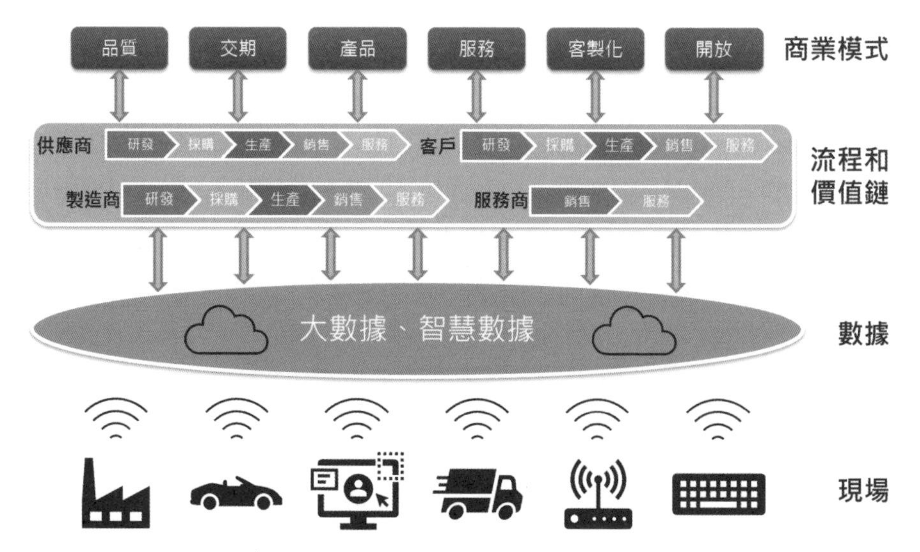

圖 2.18　工業 4.0 商業模式的四個層面

39 Kaufmann，同前註，p.

這四個層面是相輔相成。最底層現場泛指生產車間、設備、智慧裝置，透過M2M、感測器、標準通訊協議高度整合在一起，會生產出大量的數據（Big Data）。這些數據不但可以用來整合供應商、製造商和零售商創新組成新的價值鏈體系，而且在企業管理流程中也可以發揮有效的作用，最終提高企業產品附加價值，用戶在新的數據運用中得到創新服務。這就是所謂數據驅動服務，也是工業4.0 智慧化下創新商業模式。

根據「航向成功企業的 55 種商業模式」一書中，使用了以下四個維度闡述商業模式：

1. **客戶（Customer）**：我們的目標客群是誰？一定要充分了解那些客群是要掌握的，你的商業模式要針對誰。客戶位於任何商業模式的中心—永遠如此！絕無例外。
2. **價值主張（Value Proposition）**：我們提供什麼給客戶？這個面向界定了貴公司所提供的（產品與服務），並且描述了滿足目標客群的方法。
3. **價值鏈（Value Chain）**：我們如何製造我們的產品與服務？要落實價值主張，必須先落實一連串的流程與活動，再配合相關資源、能力，即構成商業模式第三面向。
4. **獲利機制（Profit Mechanism）**：這個面向包含成本結構以及生財機制，由財務面揭櫫一個商業模式的立足點。如何為股東利益關係人（Stakeholder）帶來價值？或講得更簡單：這個商業模式行得通嗎？這是每家公司最核心的問題。[40]

---

40 葛思曼,弗朗根柏格,劉慧玉 & 塞克，航向成功企業的55種商業模式，Vol One；，初版 ed，橡實文化，(2017)。

根據這四個維度劃出一個三角形的模式。

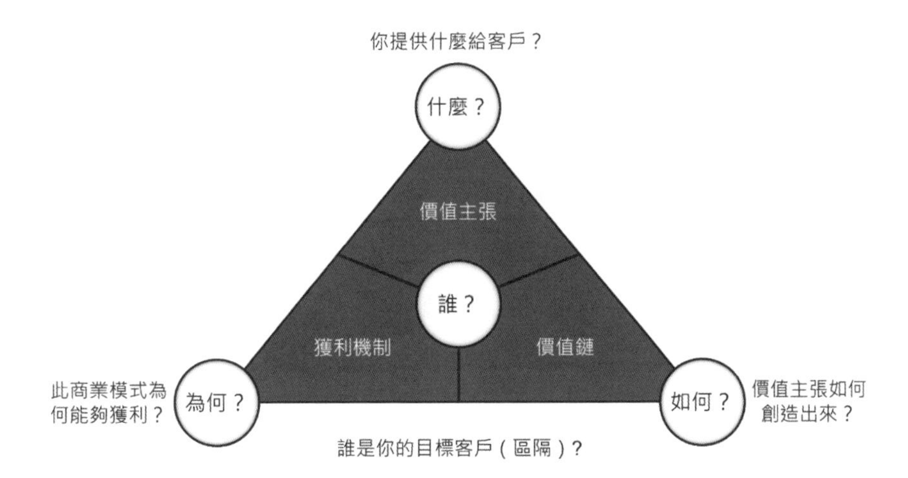

圖 2.19 「航向成功企業的 55 種商業模式」一書的四個維度闡述商業模式的三角形

通過工業 4.0 的應用場景可以洞察出三大類商業模式：

- 基於現有模式加以創新：新模式對於本行可能是創新，但對於其他行業來講並不陌生。
- 基於現有模式加以改良：在上述四維度商業模式中改變其中一個。
- 完全創新：至今還沒有被發明出來的商業模式。

筆者將創新商業模式結合工業 4.0 應用場景，讓讀者可以比較容易了解，如何透過工業 4.0 應用場景實施商業模式創新。

2.6.2 基於現有模式加以創新

基於現有模式加以創新，歸納出來有以下幾種模式：

智慧產品

企業在導入工業 4.0 技術與實現應用場景 SP2 或 IPD，為其他應用場景帶來工業 4.0 技術的應用。透過一種新的工程流程和活動協作，最後產生出新的智慧產品，

這智慧產品不僅是透過工業 4.0 技術誕生，也支撐其他應用場景，如 AF、OSP、TAP、VBS、SAL 等等。

在這樣商業模式下，對於四個維度的影響以及使用在工業 4.0 應用場景分別：

- 應用場景：AF、OSP、TAP、VBS、SAL。
- 客戶：對於想要導入工業 4.0 應用場景 AF、OSP、TAP、VBS、SAL 的客戶特別有吸引力。
- 價值主張：一個智慧產品所帶來的附加價值，也就是數據能夠串流加值，最後對企業與使用者帶來利潤或利益。
- 價值鏈：在產品生產與開發過程，對於 SP2 或 IPD 所生產出來的產品將會產生不同的價值鏈，甚至選用材料的不同也將會產生不同價值鏈的連結。
- 獲利機制：除了借助智慧產品既有功能加值提高售價；另外智慧產品更能夠吸引新客戶群，從而提升營業額。
- 小結：新增加的客戶，再加上智慧服務的相互配合，雙管齊下，智慧產品將對企業商業模式有著積極性的影響。

智慧服務

藉由智慧產品形成的一個數位網路，結合平台技術為服務加值的智慧服務，應用場景有 VBS、TAP、SAL、AF 等。

在這樣商業模式下，對於四個維度的影響以及使用在工業 4.0 應用場景分別：

- 應用場景：VBS、TAP、SAL、AF。
- 客戶：客戶可以通過特定的數據服務增值，為企業帶來更多客戶。
- 價值主張：設計上可以有分為四種價值供客戶選擇，標竿管理（Benchmarks）、按消費計費、按結果計費、增值服務等。標竿管理是指針對不同客戶，在產品、服務、流程等提供比較，進而提出最佳化的建議，例如設備平均能耗、維修率、效率發揮、備品消耗等等分析；按消費計費，顧名思義也就是用多少付多少，例如空壓器使用多少立方米壓縮空氣、馬達使用多少小時、駕駛多遠等等；按結果計費則是根據使用結果評斷收費標準，例如開車習慣對於保險費用的高低、關鍵字按熱門程度定價等；增值服務基於累積大量數據，例如鄧白氏的 Hoovers 全球商業資料庫、Google Map 使用人越多越能夠知道哪裡塞車等。

- 價值鏈：通過設備數據的監測，企業可以明顯改善自身產品、生產、流程和服務的完善性。
- 獲利機制：數據服務不僅創造新的營收，更吸引新客戶的加入，為企業營業額提升。
- 小結：商業模式四個維度透過數據服務，不僅提升服務增值更創造新的價值，是立即可以創新的商業模式很好的選項之一。

個性化產品

記得小時候 30 年前別人有的東西，我都會期望跟著擁有，在那物質缺乏的年代，有代表實力。近年來如果你撞衫，那可能會被人笑，自己也會覺得難堪，除非對方是達顯人物。因此個性化的需求越來越明顯。個性化也是工業 4.0 核心需求之一，因此對於生產的靈活性，即時性特別要求。

在這樣商業模式下，對於四個維度的影響以及使用在工業 4.0 應用場景分別：

- 應用場景：IPD、SP2、TAP、VBS 和 OCP。
- 客戶：因為照顧到新客戶群的需求而增加。
- 價值主張：客製化商品滿足客戶個性化需求，進而讓企業與客戶關係更為貼近。
- 價值鏈：對於個性化需求的生產必須要更有彈性、更高自動化，才能在一個合理成本下生產。
- 獲利機制：對於個性化商品的售價相對大宗物品有較好的價格收入。
- 小結：相對於許多製造業來說，個性化產品是一個全新商業模式，想要突破需要投資與改革，但這個趨勢是不可逆的。

開放的商業模式

開放式創新與開源是不同的形式，開源是將原始碼開放，開放式創新則是利用公開的介面（Open API[41]）與外部的參與者的連接上，參與者根據商業上的需求，創新使用開放式產品的資訊、功能，讓產品得以跳脫工程人員或企業沒有想過的方式展現，藉此產生新服務或改變企業既有商業模式。最常見的例子就是智慧型手機，外部參與者開發出各式各樣的 APP 來增值，讓手機更有生命力。另外一個例子是線上現貨市場（Spot Market）銷售的貨物都可以在線上直接看到倉庫裡的數量，並且可以極低於原製造商要求（MOQ[42]）的數量購買，對於要研發、DIY、維修等活動非常有幫助，因此市面上相關的電商一直蓬勃發展。這些現貨市場他們就有把自己庫存量、材料資料、規格書開放給需要的人串接，通常只要把資料表上傳，就可以下載一份他們提供的所有物料單價，藉此讓使用者可以更快速購買產品。有一雲端平台商（Octopart）看到這商機，將上百家現貨市場的 API 連結起來，使用者只要單一面對 Octopart 就可以得到線上百家資料，並且可以透過 API 串接，利用其雲端強大的運算能力將其比較的單價或是否有庫存的資料與自家的 BOM 表結合，取得相對低、有材料、規格書，加快生產前置作業的效率，讓生產製造有更充裕時間。

在開放式模式下，讓商業行為得以水平展開，吸引有 IT 技術人員將其服務放在雲端上，透過 Open API 的串接和雲端強大運算能力，再加上不同的參與者，如供應商、製造商、經銷商等之間數據的互聯互通，創造出一個生態系，這是工業 4.0 現行最熱門的創新商業模式。

工業 4.0 應用場景 VBS、TAP、AF、SAL、SP2 和 IPD 都可以看到這樣應用平台的影子。

41 API 應用程式介面（Application Programming Interface），縮寫為 API，是一種計算介面，它定義多個軟體中介之間的互動，以及可以進行的呼叫（call）或請求（request）的種類，如何進行呼叫或發出請求，應使用的資料格式，應遵循的慣例等。資料來源：維基百科

42 （Minimum Order Quantity，簡稱為 MOQ）貨物的最小訂單量

在這樣商業模式下，對於四個維度的影響以及使用在工業 4.0 應用場景分別：

- 應用場景：VBS、TAP、AF、SAL、SP2 和 IPD。
- 客戶：開放式市場就面對整個價值鏈上關係人，與此同時，這個市場也需要物流、生產、服務和研發各方面的參與和服務。
- 價值主張：開放式商業模式，形成了新的生態系為企業提供了全新的價值主張，讓所有參與者緊密互動，相互合作。
- 價值鏈：開放式的生態系涵蓋所有價值鏈。
- 獲利機制：每個參與者在生態系上都有不同的獲利方式，除了既有服務，更可以進一步透過平台上數據創新提供新服務給客戶。
- 小結：傳統上的企業，為了避免競爭，一家獨大，大都是以封閉式經營。在過去資訊不對稱的年代這種方法是主流，然而互聯網的誕生改變的消費習慣，更改變了商業型態，如電子商務，在數位技術越發達，開放性市場將成為主流。

2.7 AI in Industrie 4.0

2019 年 11 月 29 日，德國經濟部和能源部長彼得、阿特麥爾（Peter Altmaier）更是宣布工業 4.0 與人工智慧為「國家工業戰略 2030」的目標。可以見得人工智慧的地位等同於工業 4.0。

德國工業 4.0 是從產業視角來看 AI，人工智慧技術應該被理解為使技術系統能夠感知其環境、處理所感知到的東西、獨立解決問題、尋找解決問題的新方法、做出決策的方法，特別是從經驗中學習，以便更精通完成任務和行動。一般的想法是，工業過程的更高自主性只能通過認知能力來實現，而這些自主性可以通過人工智慧技術提供。基於人工智慧的決策過程，這些決策過程是在人類定義的系統邊界內進行的，並且採用由人類監測的人工智慧技術運作。[43]

43 Technology Scenario 'Artificial Intelligence in Industrie 4.0'. (March 2019).

人工智慧在其機械學習、類神經網絡達成認知技術已協助工業生產製程的自主化。工業 4.0 就是以虛實整合（CPS）所驅動的智慧化工業，CPS 涵義有控制、回饋、通信、協同、虛擬、人機互動和共創，CPS 不僅此一個系統，更是一個網絡，這與 AI 是相輔相成，特別是 CPS 中的數據驅動更是 AI 的基礎。不過現行人工智慧還是處於弱人工智慧，並且在某些分類上還是被分為認知科學的一部份，所以德國工業 4.0 是針對認知科學在工業 4.0 技術中做為評估，由認知科學所構成的技術系統稱為自主系統，不只包含人工智慧，也包含流程機器人（RPA）、聊天機器人（ChatBot）等。

德國工業 4.0 公報中說明，為了讓人們可以理解自主化技術現在是處於何種階段，當客戶要要導入認知技術協助工業自主化時候可以評估，通過使用自主指數來確定生產系統的最佳自主程度，該自主指數定義了自主過程階段與工業過程的過程階段之間的關係。自主系統自主性在不同應用場景中應用的強弱，當作是自主化程度的評斷標準。工業 4.0 將自主決策分為六個級別，每個級別都有對於工業自主化的增值有不同程度的描述。級別 0 是完全沒有使用到 AI 技術；級別 0 ～ 2 某些（部分）有可能式自主性動作，但是這還是有限度的，人保持主動控制和絕大份的責任；級別 3 定義了一種過渡情況，由人類確認某些決策，在這級別中系統到級別 5 就必須對工作環境做監控，以便對於意外時有所因應；級別 4 ～ 5，自主系統承擔的責任高過於人類，從部分區域到全部的責任，因此對於自主系統的可靠性要求非常的高。1 ～ 4 則會使用到不同程度的 AI 技術，過程中人仍然需要部份的介入，而級別 5 則是完全由 AI 掌控，沒有人的介入。從這可以發覺這六個級別是將生產作業責任從人過渡到自主化系統。

- 級別 0：說明工業生產並沒有使用人工智慧的協助，人類可以完全控制製程和設備，相對也必須對其負全責。當然在這級別，設備還是可以透過 PLC，工業 3.0 技術達成自動化效果。

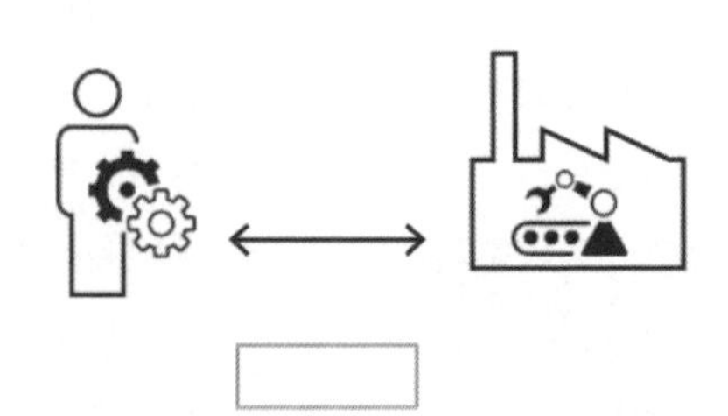

- 級別 1：生產製程上使不使用 AI 由人決定，人類還是負全部責任。

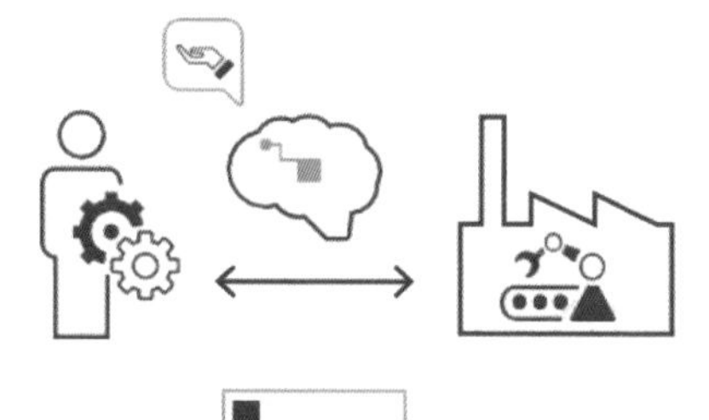

- 級別 2：對於自主化有明確界定，人類與系統個別負起部分責任。

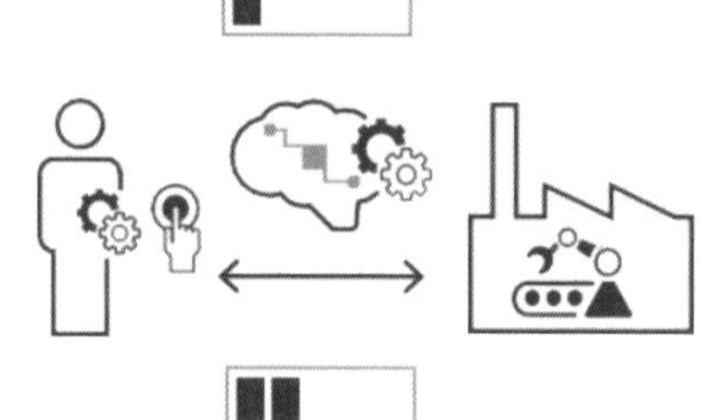

- 級別 3：在這級別開始，自主系統就必須對環境所有因素有所監控，以免有意外風險的發生。自主系統相較於級別 2 有較大的區域運用，如果發生問題，系統會發生警告，讓人在後台可以確認或建議系統的決策。

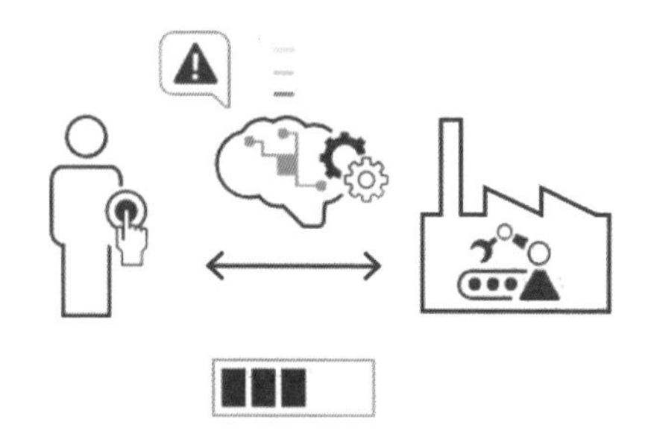

- 級別 4：自主系統在系統的邊界內自主和自適應運行，除非非常緊急，人類才可以進行監督或干預。

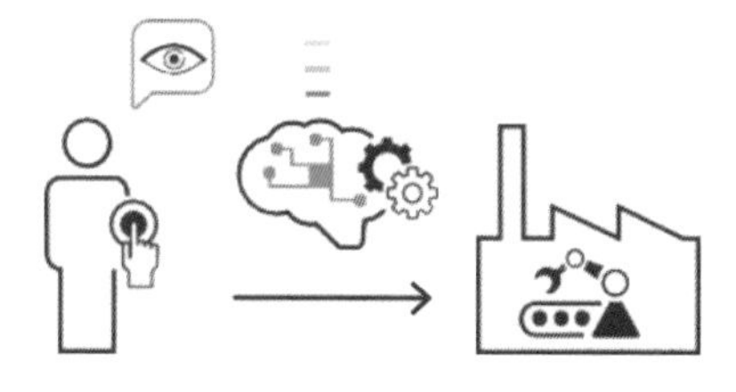

- 級別 5：自主系統接管所有自主化活動，在這場景下，可以不需要人在場。

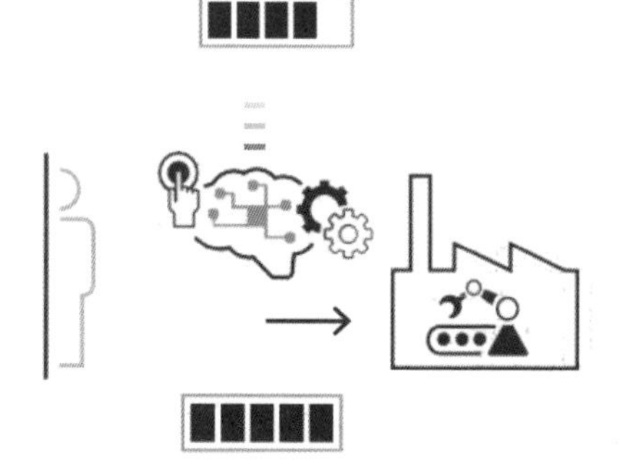

2.8 德國工業 4.0 Toolbox

工業 4.0 在製造業中變得越來越重要，往往會認為這是跨國大企業的前景，為了消弭這樣的誤解，工業 4.0 平台（Industrie 4.0 Platform）的一份文件「工業 4.0 指導（Guideline Industrie 4.0）」開發出來一個工具箱（Toolbox）給預備導入工業 4.0 的中小企業使用。這個 Toolbox 是一個過程模型，不僅讓決策者理出一個指引，更可以幫助企業在工業 4.0 環境下成功開發創新並將其推向企業。目的在於總體上對開發新產品、流程、服務或商業模式的變革。

Toolbox 結合了產品創新和生產相關技術應用，在每個應用項目分為五個技術應用和順序開發階段，為公司提供的專業知識領域進行分類的起點，並作為工業 4.0 實施過程中心思路的基礎。可以從以下圖示了解（附件將更有詳細的圖示）。

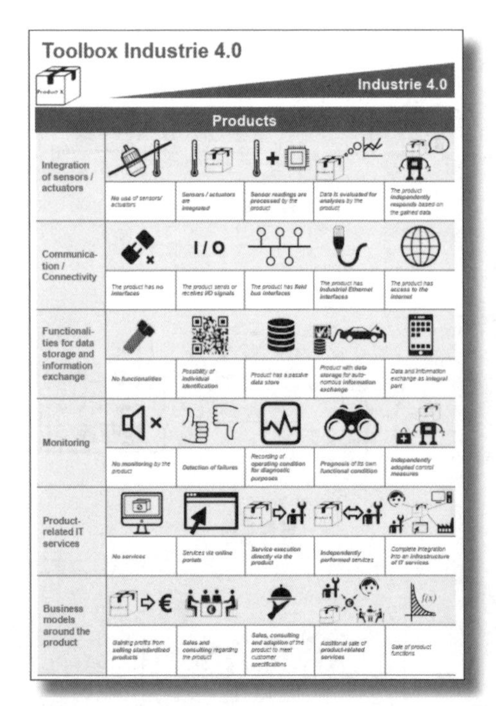

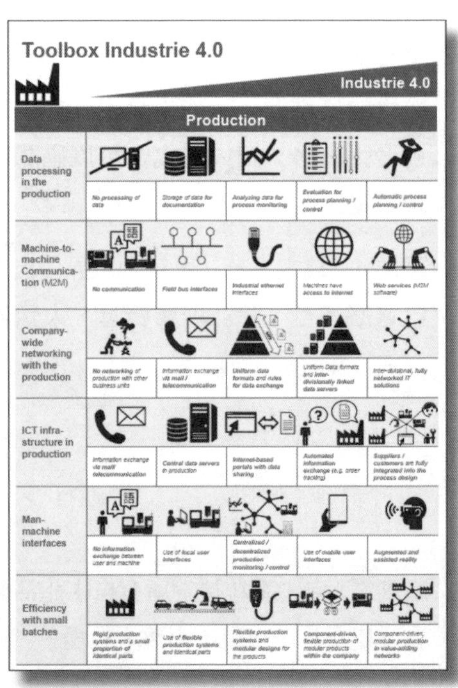

圖 2.20　產品與生產的 Toolbox[44]

44　VDMA Industrie 4.0 Forum，Guideline Industrie 4.0，VDMA Verlag GmbH，(2016)。

這兩張圖分別說明工業 4.0 的產品與生產，但這些只是部分場景，就筆者收集至今 Toolbox 加上這兩個場景，共有 10 個不同產業或場景的 Toolbox 將列於底下，有興趣的讀者可以上網去搜尋。

- 產品 Product
- 生產 Production
- 內部流程 Intralogistics
- 感測器 Sensor
- 物流 Logistics
- 工程開發 Engineering Development
- 商業模式 Business Model
- 勞動力 Work Force
- 供應商 Supplier
- 全球生產網絡 GPN（Global Production Network）

Toolbox 是給企業內部使用，需要跨部門共同討論，並由高層領導與支持。第一步就是要組建一個合適的專案團隊，基本部門需要有生產、資訊技術以及開發員工共同組成，如果有管理或財務的參與會更好。討論過程盡可能讓資訊部門與其他部門想法交流激盪，研討 Toolbox 上的每一個應用程度在短中長期中應該要達到什麼階段做出決定，畫出藍圖與里程碑，再由高層管理與支持，最終達到目的完成導入工業 4.0。

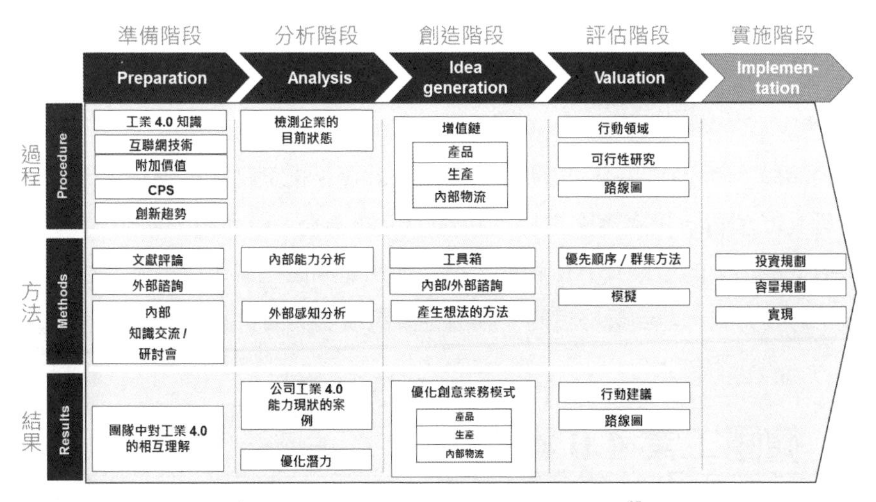

圖 2.21　工業 4.0 一般性導入模型[45]

45 Gong Wang Yübo Wang, and Reiner Anderl，Generic Procedure Model to Introduce Industrie 4.0 in Small and Medium-sized Enterprises，(2016)，p.2. Pages。

導入工業 4.0 分為五個步驟，每個步驟必須由一個專案團隊負責，該團隊為研討會籌備工作和組織，可以按照以下圖示從準備到執行。

1. **準備階段**：在準備階段，團隊可以先學習什麼是工業 4.0、互聯網技術有那些、會有哪些附加價值、什麼是 RAMI 4.0 和 CPS、工業 4.0 成熟度、工業 4.0 的應用場景、創新趨勢有哪些等，透過學習讓團隊可以達成共識。

2. **分析階段**：在分析階段來分析公司在產業中處於什麼樣的角色、狀態、能力，企業人力結構、在工業 4.0 成熟度處於什麼樣的階層，確定團隊專案的人員組成和工業 4.0 專業技術，並將企業所處的階段在 Toolbox 中圈選起來。

3. **創造階段**：創造階段的目的是產生新的想法，並隨後為商業制定概念，所以可以舉行腦力風暴或尋求外部顧問，發想企業的流程、產品或服務可以再創造那些價值，走到工業 4.0 的哪個程度，有沒有什麼新的商業模式或智慧產品可以創造，在 Toolbox 中的程度中圈選起來，作為實施的目標。

   團隊人員可以使用 St.Gallen 商業模式瀏覽器，也就是上一章節所介紹的三角形的模式來檢視，創新商業模式是否完善。

4. **評估階段**：評估先前討論出來的商業模式或智慧產品的概念，可行性研究，是要一次到位，還是要分為三五年階段性到位，那些技術必須優先執行，需要那些人才，最後產出路線圖。

5. **實施階段**：將上述四個階段所討論出來的計畫書提交給高層覆議，確定各時程階段 KPI 項目，指定專案主持人負責，定期審查，筆者建議使用 MVP（最小有價值產出）的滾段式方法管理，透過使用者回饋可以了解方向是否正確，好提早修正方向，達到最終目的，創造企業新價值與創新商業模式。

2.9 德國工業 4.0 案例

這章節將透過 Platform Industrie 4.0 網站上兩個工業 4.0 案例跟大家介紹德國工業 4.0 的成果。

2.9.1 預測性維護成為智能服務

Platform Industrie 4.0 上輸入想要了解相關工業 4.0 解決方案的關鍵字可以找到如以下的畫面，可以點選上面紅色的地點符號，將會秀出相關的案例。

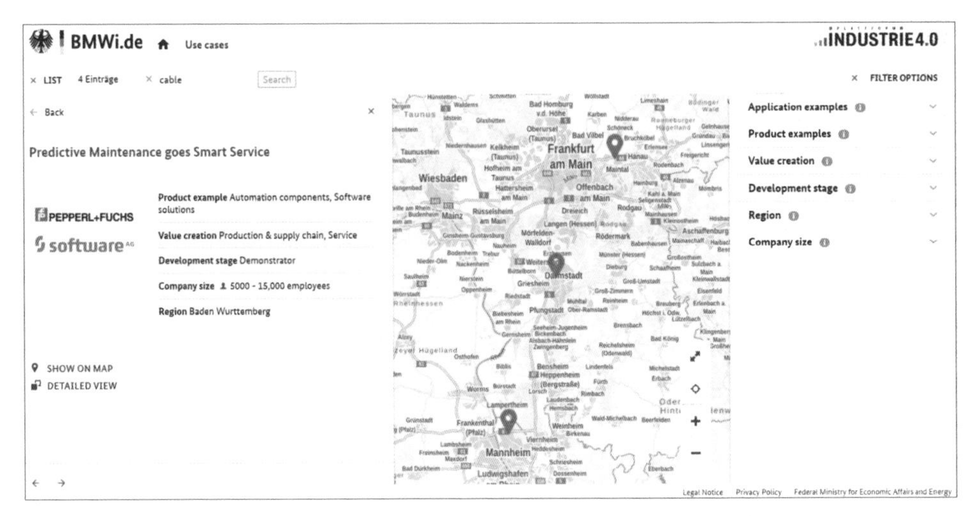

圖 2.22　Platform Industrie 4.0 網頁上的案例[46]

圖 2.35　PERPPERL+FUCHS 與 software Ag 的 Logo[47]

46 Plattform Industrie 4.0，Predictive Maintenance goes Smart Service，資料來源：https://www.plattform-i40.de/PI40/Navigation/Karte/SiteGlobals/Forms/Formulare/EN/map-use-cases-formular.html。

47 Plattform Industrie 4.0，Predictive Maintenance goes Smart Service，Plattform Industrie 4.0。

德國倍加福 Pepperl+Fuchs 公司，1945 年成立，由 Walter Pepperl 與 Ludwig Fuchs 兩位所創辦無線電修理廠，現在專攻於感測器的領域。此案例將透過工業 4.0 挑戰和取得什麼具體效益、

工業 4.0 認知、可以實現什麼效益、已經有什麼案例說明。

工業 4.0 的挑戰和取得什麼具體效益

製作感測器的倍加福公司認為工業 4.0 最重要的數據的收集，但是這數據的收集往往需要系統整合商，透過重重機制才能取得，非常不方便，例如裝設工業電腦，工業電腦又不能放在設備旁邊，如果有大量感測器，就必須有不同網路架構。

倍加福借助 Software AG 的工業 4.0 解決方案開發出一個裝置，只要將感測器連接在裝置上就可以透過無線傳輸取得數據，並透過移動裝置就可以獲得。這一套系統就是 SmartBridege，只要移動裝置透過藍芽就可以立即獲得數據。

工業 4.0 的認知

倍加福的解決方案在 RAMI 4.0 中層級軸的自動化金字塔創造了垂直透明度。生產，產品和企業 IT 通過製造服務總線結合在一起。通過創新的 SmartBridge 技術可以存取現有的感測器。設備的主要功能在此過程中不會受到影響。即時分析（感測器）數據，並將其用於歷史分析。透過服務導向的體系（SOA）使用現有資產，因此可以快速實現新的商業模式，並與合作夥伴的數據和網頁服務也可以整合在一起。因此 SmartBridge 是一個完整端到端的解決方案。

圖 2.23 SmartBridge 解決方案 [48]

48 PEPPERL+FUCHS，"SmartBridge®" from Pepperl+Fuchs Wins the 2016 "Best of Industry" Award，PEPPERL+FUCHS，2016

可以實現什麼效益

透過 SmartBridge 的技術可以快速將感測器連結為一個無線感測器網絡，快速獲取有 IT 等級的設備、系統和流程的狀態，並在必要時進行更正。及時提供全面的數據，不僅可以進行磨損檢測和預測性維護，還可以優化資源規劃。無縫紀錄工廠和系統運行的狀態，根據這些數據進一步優化。這樣，與產品的相關的商業模式可以轉型為服務導向的新商業模式。

借助 SmartBridge 技術，可以將感測器數據直接傳輸到辦公室的透通，整合到系統中，不須另外一層控制層轉接，這不僅適合新的安裝，也適合結合舊的設備和系統。

已經有什麼案例

倍加福的空氣壓縮系統包含一個電子比例閥和一個空氣壓縮機馬達，並且轉速將通過感測器記錄下來。兩個 SmartBridge 裝置在 Software AG 的企業 IT 系統和工廠之間傳輸記錄的感測器數據。例如，這包括目標和實際的 RPM 以及閥門壓力。然後，IT 系統確定壓力和 RPM 之間的相關性，生成警報並根據先前定義的規則計算維護間隔。這些值顯示在易於使用的用戶界面中。企業 IT 可以隨時通過不同的目標值規範來更改系統的運行狀態。

2.9.2 德國工業 4.0 國際化

德國工業 4.0 標準也受到國際上的認可，世界上強國也協議合作，串起全球的工業互聯往。德國成功繪製國際認可的前標準 RAMI 4.0（IEC PAS 63088）與其他國家 / 地區開發的參考架構圖。以下列出各國與德國合作和推出工業 4.0 相關的時間與項目。

- 美國：
  - 2016 年：與工業互聯網聯盟（IIC）合作
  - 2017 年：白皮書：RAMI 4.0 和工業互聯網參考架構（IIRA）的演示與比較

- 2018 年：加強雙邊合作
- 2019 年：聯合討論工業 4.0 組件與資產管理殼

- 歐洲共同體（2014~2017 年）：
  - 「2020 年地平線 Horizon」➔「2030 年地平線 Horizon」
  - 用 80 歐元的資金確保歐洲的全球競爭力。工業動力 Industrial Dynamics 的新要求
- 德國、法國和義大利：
  - 法國未來工業聯盟（Alliance Industrie du Future France）和義大利國家商業製造書 4.0（Piano Impresa 4.0 Italy）在若干領域開展三方合作和聯合工作組，包括參考架構。
- 英國：
  - 「製造業的未來（Future of Manufacturing）」，金融經濟與實體經濟的再平衡
- 台灣：
  - 2015 年：「生產力 4.0」十年期計畫上路初期，將優先在工具機、3C、醫療、農業等七領域，導入物聯網、智慧機器人及大數據
  - 2016 年：「智慧機械」從「精密機械」進步為「智慧機械」，並全方位帶動產業智慧化升級轉型，以達成「智機產業化」及「產業智機化」
- 中國：
  - 2015 年：中國頒布「中國製造 2025」
  - 2016 年：「世界工廠 World factory」收購了德國庫卡機器人，躍入工業 4.0
  - 2017 年：在幾個工作組的合作
  - 2018 年：完成報告，協調 RAMI 4.0 與中方對應機構 IMSA
- 日本：
  - RAMI 4.0 和日本對應的 IVRA 的初步協調，並制定與德國工業 4.0 架構一致的產業價值鏈計劃（IVI）

- 印度：
  - 「在印度製造（Make in India）」在全國各地部署互聯網走廊的「軟體辦公室（software office）」
- 韓國：
  - 「創意經濟（Creative Economy）」，為發展未來韓國「引擎（Engine）」的創業生態圈提供資金支持

參考文獻

1. 從「工業 4.0」到「工作 4.0」，資料來源：http://arbeiten40.blogspot.com/2017/12/ 4040.html，(2017)。
2. P. I. 4.0，A consistent focus on the needs of SMEs。
3. P. I. 4.0，Predictive Maintenance goes Smart Service，資料來源：https://www.plattform- i40.de/PI40/Navigation/Karte/SiteGlobals/Forms/Formulare/EN/map-use-cases-formular.html。
4. V. I. Forum，Guideline Industrie 4.0，VDMA Verlag GmbH，(2016)。
5. M. Hankel，ZVEI: RAMI 4.0 – next steps und das IIRA des IIC im Vergleich，(2015)。
6. T. Kaufmann，Geschäftsmodelle in Industrie 4.0 und dem Internet der Dinge，Springer Vieweg，(2015)。
7. R. H. Udo Döbrich, Martin Hankel，Industrie 4.0: The Reference Architecture Model RAMI 4.0 and the Industrie 4.0 component，Beuth Verlag，(October 15, 2019)。
8. G. W. Yübo Wang, and Reiner Anderl，Generic Procedure Model to Introduce Industrie 4.0 in Small and Medium-sized Enterprises，2016，Pages。

9. 葛思曼，弗朗根柏格，劉慧玉 and 塞克，航向成功企業的 55 種商業模式，Vol One，初版 ed，橡實文化，(2017)。

10. P. I. 4.0. Predictive Maintenance goes Smart Service: Plattform Industrie 4.0.

11. P. I. 4.0.(2018). RAMI4.0 - a reference framework for digitalisation. Retrieved from Plattform Industrie 4.0:

12. P. I. 4.0. (March 2019). Technology Scenario 'Artificial Intelligence in Industrie 4.0'. Retrieved from

13. V. V.-G. M.-u. Automatisierungstechnik.(2014). Industrie 4.0 Wertschöpfungsketten. Retrieved from VDI/VDE-Gesellschaft Mess: https://www.vdi.de/ueber-uns/presse/publikationen/details/industrie-40-wertschoepfungsketten

14. V. Bitkom, ZVEI. (2016). Implementation Strategy Industrie 4.0. Retrieved from

15. P. I. A. R. D. W. Group. (2016). Aspects of the Research Roadmap in Application Scenarios. Retrieved from

16. M. Hankel. (2016). Digitising Manufacturing 2016 RAMI4.0 – Reference Architecture Model Industry 4.0. Retrieved from https://www.google.com/url?sa=t&rct=j&q=&esrc=s&source=web&cd=&cad=rja&uact=8&ved=2ahUKEwjV6YWflufuAhUHqpQKHYVRDDoQFjAAegQIAhAC&url=http%3A%2F%2Fwww.the-mtc.org%2FEvents%2FDigitising_Manufacturing_2016%2F4-2_RAMI-Martin-Hankel.pdf&usg=AOvVaw040dZkkIhcv_xtQZaKc8Lm

17. PEPPERL+FUCHS.(2016). "SmartBridge®" from Pepperl+Fuchs Wins the 2016 "Best of Industry" Award: PEPPERL+FUCHS.

18. Z. Plattform Industrie 4.0.(2016). Structure of the Administration Shell. Retrieved from Federal Ministry for Economic Affairs and Energy (BMWi).

中國製造的智慧化進程

3.1 中國製造

中國改革開放以來，製造業持續快速發展，各類產業漸漸齊全，產業結構日益完善，對於工業第四個時期應該有所建樹與推動，進而支撐世界大國的野心。因此中國政府將帶領產業走向製能化，與其世界先進國家相比擬。

中國是製造大國，是不可否認的事實，製造不僅是中國發展國民經濟、保障國家安全、改善社會民生的重要基石，在不只是大國的野心下，擠身強國之首，勢必要提出新戰略，於是 2015 年提出第一個十年行動綱領「中國製造 2025」。

近年來世界情勢的氛圍，中美貿易大戰，美國對於「中國製造 2025」諸多反感，中國近年來不再提「中國製造 2025」，而改為「中國製造」取代。

3.1.1 中國製造背景、策略方針

這三十年來製造業快速發展，成就了中國世界工廠的地位，也因此經濟發展突飛猛進，但其中也是有隱憂。從優勢來看，中國的原物料成本低、勞動力資源豐富，內地市場相對於其他國家廣闊許多，在經濟條件月益增長下，需求也日益擴大。中國的企業面對過往 50 年代的生活條件缺乏、經濟貧困，都建立起積極勤奮的心態與向上的活力。另外中國政府長期支持與補貼製造業的方針與戰略，也讓製造業不斷興旺。除此中國填鴨式教育與衣錦還鄉的觀念，造就許多優秀人才投入製造業，使得製造業得以提升。種種優勢下，所製造的產品，年年進步，世界也因此漸漸開始依賴中國製造。[1]

雖然中國製造已經是世界工廠，這樣大而不強，是不爭事實，主要原因在於，製造業集中在沿海地區，導致地區性生產過剩；在基礎原物料、重大設備製造和關鍵核心等方面，仍然與世界先進有著較大差距。生產出來的產品附加價值也相對較低，絕大部分的企業以代工為主，處於價值鏈的底端，關鍵零部件依賴進口。生產過程能量消耗大，產生嚴重汙染。

1　王喜文，中國製造 2025 解讀：從工業大國到工業強國，機械工業出版社，(2015)。

中國產品長期以廉價搶佔市場，這個優勢現在雖然還是相對存在，但從上面分析來看，成本的上升是必然，優勢也慢慢喪失，打擊著以出口為主的企業。面對成本上漲，勞動力短缺情況下，中國人口紅也終將結束。

第一次工業革命是透過蒸氣動力加上機械裝置取代人力，第二次工業革命利用電力的流水線再一次讓製造提升效率，第三次工業革命資訊與通訊科技為主的自動化，不僅讓製造效率達到頂端，全球交流變為更快速。工業第四次革命將以第三次革命為基礎下，從自動化轉向智慧化、網絡化的整合，提升先進國家製造技術的升級，也將使得出走的製造企業回流，衝擊著中國製造業。

「中國製造」根據以上的分析有三大背景。第一，環境與資源的限制加劇，勞動力與原物料日益上漲，使得原本資源與勞動紅利的場景不再，外資紛紛出走，走向成本低的東南亞地區，「世界工廠」的地位受到挑戰。除此之外，傳統製造方式的高耗能、高汙染，也飽受大眾的質疑。第二，美國「再製造化」與德國「工業4.0」相繼提出的刺激之下，激發了「工業大國」轉型為「工業強國」的決心，必須提出可相匹敵的戰略方案。第三，互聯網發明以來，信息的優勢不斷顯現，先進國家與專家紛紛提出信息融合製造的趨勢，以及各國製造業科技創新的影響，中國必須走出一條新創之路。

「中國製造」是中國政府實施製造強國第一個十年行動綱領，實現製造大國轉向製造強國，中國製造轉向中國創造，中國速度轉向中國質量，中國產品轉向中國品牌的國家級戰略。其思路主線將新一代信息技術與製造業融合，主攻智能製造，從資源驅動轉型為信息驅動。

隨著新一代訊息技術的發展到來，雲端、大數據、物聯網成熟與普及，工廠車間內設備越來越多得以結合，實現即時聯網。由此衍生出服務互聯網新概念，這也是實體世界與信息世界整合系統基礎，所謂虛實整合（CPS, Cyber-Physical System），讓資源、信息、物品、設備和人互聯互通，進而達到自適應的智慧化。

「中國製造」提出「五大方針」與「三步走」戰略，鼓勵技術創新和產業化，提高品質與意識，保護知識產權的完善制度，推動人才培養體系成為五大方針，「創新驅動、質量為先、綠色環保、結構優化、人才為本」。五大方針為目標，依序實

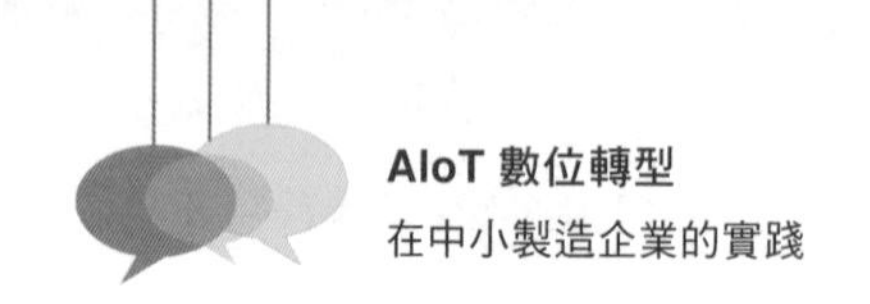

施三十年，每十年為一個里程碑，稱為「三步走」。第一個十年目標要進入世界強國之列，第二個十年目標為進入世界強國中間地位，最後一個十年目標要成為世界領先的強國。

「中國製造」根據方針再提出「五大工程」與「十大領域」。通過「製造業創新中心（工業技術研究基地）建設工程」、「智能製造工程」、「工業強基工程」、「綠色製造工程」「高端莊被創新工程」等五大重點工程建設。在「新一代信息技術產業、高檔數控機床和機器人裝備、航空航天裝備、海洋工程裝備及高技術船舶、先進軌道交通裝備、節能及新能源汽車、電力裝備、農機裝備、新材料、生物醫療及高性能醫療機械」等十大重點領域。計畫到 2025 年，製造業重點領域全面實施智慧化。

「中國製造」所推動的策略與方針，是基於虛實整合系統（CPS）帶領產業達到智慧化工業第四時代，與德國工業 4.0 戰略有一曲同工之妙，將工業信息化，透過網絡效應達到高效創新、高端品質、節能減碳、智慧製造、個性產品、少量多樣的境界。

3.2 中國製造 CPS 定義、架構和標準

面對歐美發達國家再「再工業化」，中國也在 2015 年除了提出「中國製造 2025」，也同年發布「國家智能製造標準體系建設指南」，其中的智能製造系統架構與德國 RAMI 4.0 模型基本一致。2018 年中國再次發布「國家智能製造標準體系建設指南」從原本 150 項智能製造標準預計到 2019 達到 300 項。

3.2.1 智能製造系統架構

中國智能製造參考架構模型結合智能製造技術和產業結構，從價值鏈、產品生命週期和系統架構三個維度，類似於 RAMI 4.0 中層（Layer）軸、產品生命週期（Product Life Cycle）和層級（Hierarchy Levels）軸。這樣的架構從企業內部角度來看，為智能製造實踐提供建構、開發、整合和運行的框架；從產業外部角度來看，為企業實施智能製造提供技術路線指導；從宏觀角度來看，為中國製定和推動製造業智能轉型提供完整架構模型，完成智能製造標準化建設。

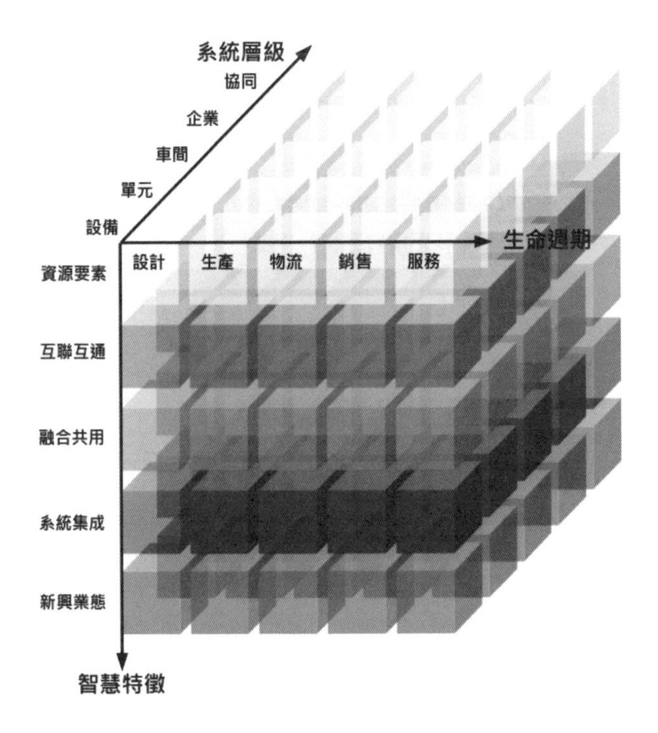

圖 3.1　智能製造系統架構

資料來源：國家智能製造標準體系建設指南 2018

1. 生命週期

生命週期是指從產品原型研發開始到產品回收再製造的各個階段，包括設計、生產、銷售、服務一系列相互聯繫的價值創造活動。生命週期的各項活動可進行迭代優化，具有可持續性發展等特點，不同行業的生命週期構成不盡相同。

(1) 設計是指根據企業的所有約束條件以及所選擇的技術來對需求進行構造、仿真、驗證、優化等研發活動過程；

(2) 生產是指通過勞動創造所需要的物質資料的過程；

(3) 物流是指物品從供應地向接收地的實體流動過程；

(4) 銷售是指產品或商品等從企業轉移到客戶手中的經營活動；

(5) 服務是指提供者與客戶接觸過程中所產生的一系列活動的過程及其結果，包括回收等。

2. 系統層級

系統層級是指與企業生產活動相關的組織結構的層級劃分，包括設備層、單元層、車間層、企業層和協同層。

(1) 設備層是指企業利用感測器、儀器儀錶、機器、裝置等，實現實際物理流程並感知和操控物理流程的層級；

(2) 單元層是指用於工廠內處理資訊、實現監測和控制物理流程的層級；

(3) 車間層是實現面向工廠或車間的生產管理的層級；

(4) 企業層是實現面向企業經營管理的層級；

(5) 協同層是企業實現其內部和外部資訊互聯和共用過程的層級。

3. 智慧特徵

智慧特徵是指基於新一代資訊通信技術使製造活動具有自感知、自學習、自決策、自執行、自我調整等一個或多個功能的層級劃分，包括資源要素、互聯互通、融合共用、系統集成和新興業態等五層智慧化要求。

(1) 資源要素是指企業對生產時所需要使用的資源或工具進行數位化過程的層級；

(2) 互聯互通是指通過有線、無線等通信技術，實現裝備之間、裝備與控制系統之間，企業之間相互連接功能的層級；

(3) 融合共用是指在互聯互通的基礎上，利用雲計算、大資料等新一代資訊通信技術，在保障資訊安全的前提下，實現資訊協同共用的層級；

(4) 系統集成是指企業實現智慧裝備到智慧生產單元、智慧生產線、數位化車間、智慧工廠，乃至智慧製造系統集成過程的層級；

(5) 新興業態是企業為形成新型產業形態進行企業間價值鏈整合的層級。

智慧製造的關鍵是實現貫穿企業設備層、單元層、車間層、工廠層、協同層不同層面的縱向集成，跨資源要素、互聯互通、融合共用、系統集成和新興業態不同級別的橫向集成，以及覆蓋設計、生產、物流、銷售、服務的端到端集成。[2]

2　中國國家標準化管理委員會 中國工信部，國家智能製造標準體系建設指南，2018

從價值鏈維度來觀察，可以分析為三個技術層次，第一數位化製造、第二數位網絡化製造、第三新一代智能製造。數位化製造對應製造資源和資源集成，數位網絡化製造對應互聯互通和信息融合，新一代智能製造對應著新興業態。數位化製造如圖所示，是數位技術和製造技術的融合，隨著數位技術的廣泛應用而出現的。數位化製造實現了製造的數位設計、模擬、電腦整合製造，實現了企業生產和管理的整合和協同，在整個工廠內部實現了電腦系統和生產系統的融合，提高了產品設計，製造品質，勞動生產率，縮短了產品的研發週期，降低成本，提高效能。

3.2.2 智能製造標準體系建設指南

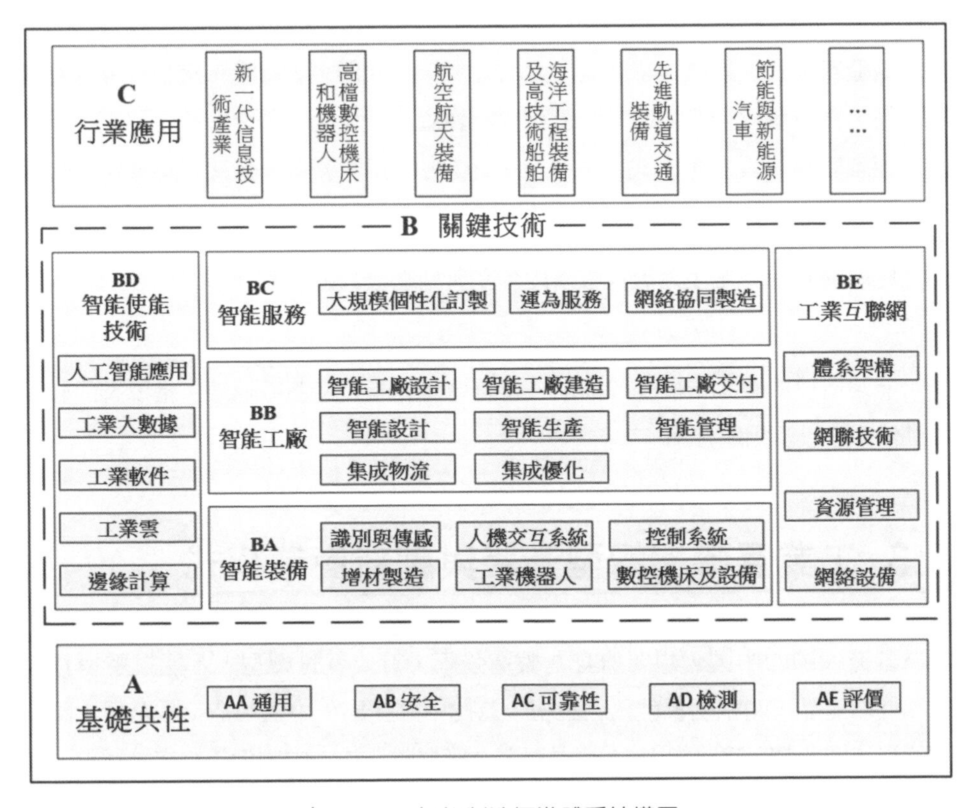

圖 3.2 智能製造標準體系結構圖

資料來源：國家智能製造標準體系建設指南 2018

從智能製造標準體系的三維架構明確說明，建設思路、建設內容和組織實施方式，從生命週期、系統層級、智能供能等三個維度建立智能製造標準體系參考模型，並由此提出了智能製造標準體系框架。

其框架為基礎共性層 A：包括通用、安全、可靠性、檢測和評價等，以支撐智能製造，急需解決的通用標準和技術。

關鍵技術 B 領域中，第一個層次 BA 是智能製造中關鍵的技術裝備，這一層次的重點不在於裝備本身而更側重於裝備的數據格式和介面的統一，第二個層次 BE 是工業互聯網，包括核心軟體和平台技術、體系架構、網聯技術、資源管理、網絡設備等。第三層次 BB 是智能工廠，包括智能工廠設計、智能工廠建造、智能工廠交付、智能設計、智能生產、智能管理、智能物流、集成優化。第四層次 BD 實現製造新模式，通過人工智能、大數據、工業軟件、雲計算、邊緣計算等互聯網技術，實現離散智能製造、流程行智能製造、個性化定製、網絡化協調製造與遠程運維服務等製造新模式。第五層次 BC 的服務型製造，包括大規模個性化定製、運維服務、網絡協同製造等。

行業應用的 C 層，是上述層次技術內容在典型離散製造業和流程工業中的實現與應用。[3]

對智能製造標準體系結構分解細化，進而建立智能製造體系框架，指導智能製造標準體系建設及相關標準。

3.3 工業互聯網轉型升級與創新商業模式

身為製造大國的中國，想要擠身為製造強國，首要就是轉型，才能擺脫過往代工、低端產品。開宗明義就已經說明，為此中國提出「中國製造」戰略與「國家智能製造標準體系建設指南」，藉由產業升級擺脫過往。中國近年來突飛猛進，都

3　梁乃明 陳明，智能製造之路：數字化工廠，機械工業出版社，(2016)。

歸功於互聯網的發展，因此「互聯網 +」將是轉型發展方向，「互聯網 + 製造」的核心是推動企業生產模式和組織方式的變革，增強企業創新能力和創造活力，是實現製造強國和網絡強國目標的必要手段。

從「國家智能製造標準體系建設指南」中，可以發現中國將推動工業互聯網，體現產業提升和轉變。其中工業互聯網的核心是工業互聯網平台，因中國製造業的轉型將推動平台達到三方面的升級。

3.3.1 企業從個體生產向協同創新

工業互聯網為產業鏈中不同規模、不同環節、不同位置的企業搭建信息共享整合的平台，使企業能夠在全球範圍內迅速發現和動態調整合作，整合企業間製造資源，發揮合作創新優勢，幫助企業在產業鏈的不同環節實現從個體生產向協同創新的轉變。

品牌製造者，通過工業互聯網平台整合供應鏈資源，統籌上下游企業優勢，以企業管理系統整合為基礎實現產品全生命週期管理。信息服務企業提供製造服務為核心業務，通過工業互聯網平台統籌硬體、企業、專家、知識、技術等虛擬化製造資源，用戶可以向平台請求分解、調度、優化和組合達到用戶最優化的整體組合方案。

3.3.2 製造業產業鏈融合再造

工業互聯網在產業作用不全侷限於實現產業鏈中的價值傳遞，而且體現在價值創造方面，促進製造業價值鏈的優化提升和體系重建。工業互聯網一方面拉近上下游的距離，支持企業基於用戶需求訂製設計與生產，提供產品全生命週期服務，推動服務型製造快速發展，構建企業與用戶無縫對接。另一方面，產業鏈的各環節連接起來，加速數據流通和傳遞，基於平台深層分析能力，實現智能機器設備的遠端操控和智能運轉，提高生產效率、優化生產流程。例如，企業通過互聯網整合與管理數據，通過數據分析預測分析，提早發現問題點，進而改善。

3.3.3 製造業走向大眾市場

智能設備快速發展，通過智能感知，線上分析和即時通信實現設備的可追溯、可識別、可定位，目前智能設備廣泛應用於經濟社會的各行業，逐漸變成工業互聯網的網絡終端。這些網絡終端以製造業為主要對象，推動其他傳統產業和各個領域不斷與工業互聯網合作，以追溯、識別、定位和數據分析為技術支撐，不斷發掘產業增值的服務環節和內容，創造新業態、新市場，重塑經濟社會發展模式。[4]

3.3.4 製造業創新商業模式

對於互聯網經濟相對蓬勃發展的中國，工業互聯網平台將形成六類商業模式，工業電子商務、廣告競價、訂閱服務、金融服務、專業服務、功能訂閱是可以預見的。例如個別工業互聯網平台在電子商務平台上推出新產品，一旦受到客戶青睞，下單之後透過工業互聯網平台的直接串接生產，最終智能物流將產品送到用戶手中。因此工業互聯網經由平台為了提升更多經濟效應，將在電子商務平台上，廣告競價。對於工業互聯網平台上的用戶，貢獻或效益相對高時候會得到更多訂單。

工業互聯網平台用戶可以訂閱數據分析，提升自身競爭力、推論未來趨勢、預防保養、了解客戶屬性、投資產能擴充等。平台也扮演網路銀行的角色，有用戶承接訂單的金額，因此，用戶的經營績效資訊，金融服務藉此可以對於工業用戶的融資額度或成數的寬放，也可以對平台上功能訂閱或供應商做支付。平台的第三方服務商利用平台所收集的數據創造新的價值功能，面對平台用戶可以提供消費者體驗回饋改善或創新功能，面對平台的消費者可以提供額外服務，如產品維修維護、新功能模組等。透過互聯網改變過往買斷商業，對於消費者與用戶提供訂閱服務，隨時可以取消更利於購買的意願。

4　王建偉，工業賦能：深度剖析工業互聯網時代的機遇和挑戰，人民郵電出版社，(2018)。

3.4 AI in 中國製造

從以上章節可以得知，中國製造要創造一個範式的工業互聯網，在這網絡下將會有許多工業互聯網平台，每個平台將有許多產業的數據。從現今世界來看中國的人工智慧技術已經是數一數二，AI 將是工業 4.0 時代的兵家必爭之地。2017 年中國工程院發布「中國智能製造發展戰略研究報告」，提出三個基本範式。

表 3.1　不同範式的智能製造中英文術語與內涵 [6]

資料來源：鑄魂：軟件定義製造

範式	英文原文	中文翻譯	技術內涵
第一範式	Digital Manufacturing	數字化製造或智數製造	基於數字化技術
第二範式	Smart Manufacturing	智巧化製造或智巧製造	基於數字化網絡化技術或基於 CPS[5] 技術
第三範式	Intelligent Manufacturing	智能化製造或智能製造	基於新一代人工智能技術

智能製造第三種範式「新一代範式」，基本上就是基於虛實整合下的大數據，透過人工智慧演算法讓工業互聯網平台越來越有智慧。面對人工智慧平台透過大數據的建模、取樣、學習、分析完成趨勢預測、預防保養，進一步搭配機器人，人機協作、自動物流、自主生產等。

新一代人工智能本質的特徵是具備了學習的能力，具備了生成知識和更好地運用知識的能力，這將為智能製的設計、製造、服務等各環節及其集成帶來根本性的變革，新技術、新產品、新業態、新模式將層出不窮，深刻影響和改變社會的產品形態、生產方式、服務模式乃至人類的生活方式和思維模式，極大地推動社會生產力的發展。新一代智能製造將給製造業帶來革命性的變化，將成為製造業未來發展的核心驅動力。

5　網絡實體系統或稱「虛實整合系統」（Cyber-Physical System, CPS）是一個結合電腦運算領域以及感測器和致動器裝置的整合控制系統。資料來源：維基百科

6　趙敏，寧振波，鑄魂：軟件定義製造，(2020)。

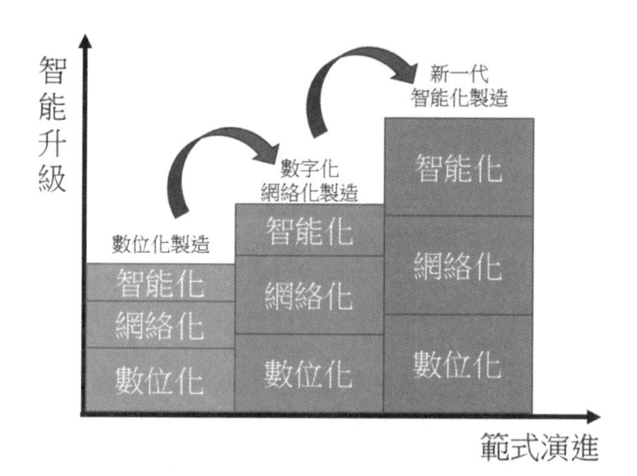

圖 3.4　智能製造三個基本範式演進

資料來源：https://ibook.antpedia.com/x/538860.html

3.4.1 新一代人工智慧在智能製造中的應用

中國科學院自動化研究所研究員研究，人工智慧對於製造業價值有兩方面的體現。第一，人工智慧將提高工業設計水準並促進新型生產方式實現；第二，進一步對於數位化、網絡化、智能化的水平，在工業知識的根本產生並再利用，進而提升效率，推動製造業新趨勢，成為新經濟引擎。

1. **機器感知應用：**感測器與鏡頭的如同神經或眼球感受到訊息，透過人工智慧的大腦分析，預測、推論產品外觀檢測、設備劣化預防、沖壓產品毛刺、語音識別等。

2. **機器學習應用：**機器學習可以應用在製造工藝和品質改進、異常動作識別、微型組裝機器人、軸承健康狀態感知、刀具的智能管理與壽命檢測等。

3. **機器思維應用：**機器思維應用包括虛擬調度機器人、數位印刷噴頭陣列製會調度、知識自動化系統、人工智慧物流調度與決策、高速鐵路生產車間的因素識別、智能分析與決策系統、故障診斷與智慧維護等。

4. **智能行為應用：**智能行為包括無人倉庫管理、自動化裝備生產線、智能撿料機器人等。

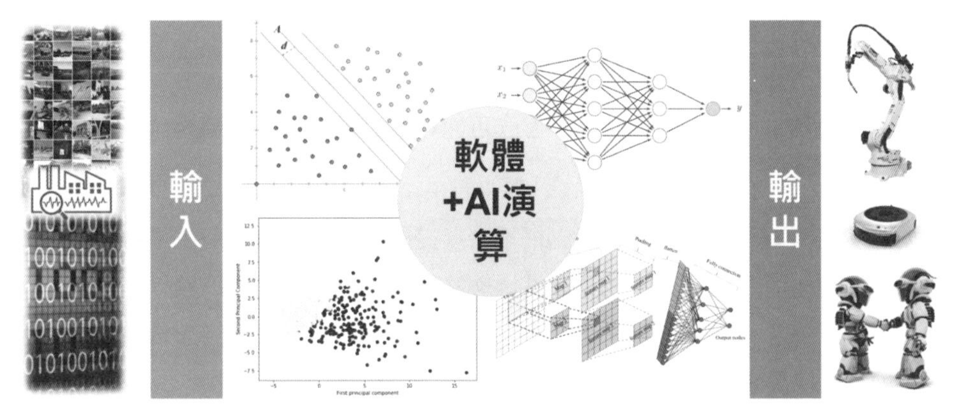

圖 3.5 軟體把不確定性數據轉變為確定性數據來即時驅動設備 [7]

3.5 中國製造案例

中國製造案例主要說明案例本身怎樣符合智能製造架構，另外從這些案例中，不乏可以看到工業互聯網的影子，當然從這些案例中，也會舉出非工業互聯網平台，但也對於智能製造體系實現。

3.5.1 海爾集團

海爾集團創立於 1984 年，原本是單一冰箱生產線，但是品質不佳，時任廠長張瑞敏在 1985 年果斷砸毀 76 台有缺陷冰箱，掀起品質再造之路，漸漸受到中國市場認同，後來又踏入其他家電、通信、數位產品、家居、物流、金融、房地產、生物製藥等跨越多個領域。30 多年發展，海爾現在已經是跨全球的家電用品製造商之一。

海爾集團最著名的就是客製化家電生產，消費者可以透過網路訂製自己喜歡的家電，不管數量多寡，可以在短時間內交貨，特別是海爾所提出「人單合一」，這已經成為各大 EMBA 必教案例。我們消費者一般熟知購買家電的方式，不外乎就

7 趙敏，寧振波，同前註，p.

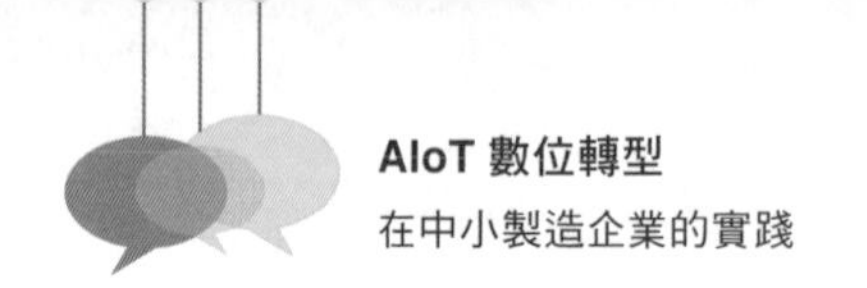

是上專業賣場、大賣場、家電品牌門店或電商平台購買。海爾突破這樣大量製造的限制，讓消費者直接在網路平台上客製化。從製造業的角度來看，這需要眾多不同的供應商，最小訂購量限制，怎麼可能達成少量多樣、客製化、即時交貨的能力。

這要歸功於海爾所推出的工業互聯網平台，提供快速客製化功能，平台與製造工廠即時連線生產，消費者甚至可以透過網路觀看下單的產品製造過程，品質、用料、組裝、工藝和出貨一目瞭然，過往大量製造轉變為不可能的少量多樣客製化成為現實。接下來我們將探討其秘密。

海爾工業互聯網平台稱為「COSMOPlat」，其將工業化與資訊化融合、互聯工廠到智能製造、工業互聯網、經過不斷測試與改善升級，成為中國第一個引入客戶全流程參與體驗的工業互聯往平台。此平台以用戶體驗為中心的客製化模式，如圖所示，從企業的智能製造轉型升級到客製化製造服務，最終建成企業、客戶、資源共享共創共贏的新型態生態系統。[8]

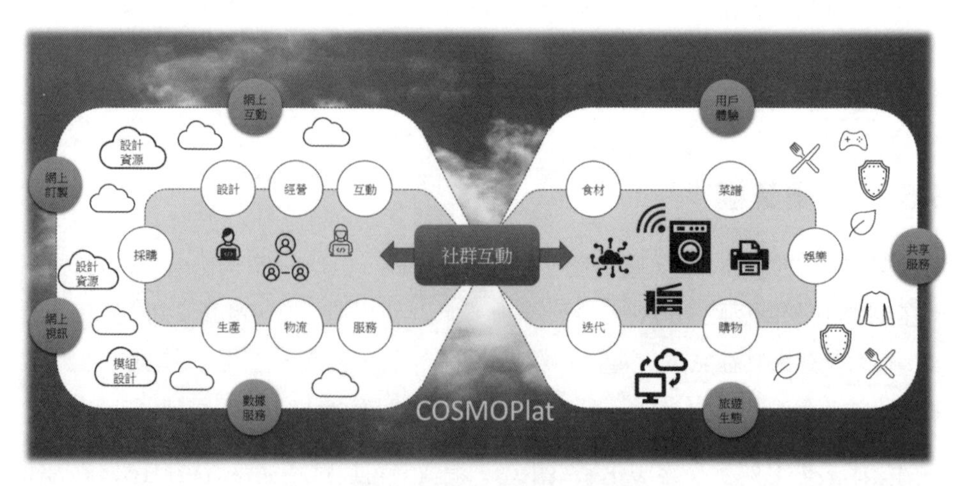

圖 3.6　大規模定製模式 [9]

8　中國電子技術標準化研究院，智能製造大規模個性化訂製案例集，(2020)。

9　中國電子技術標準化研究院，同前註，p.

用戶透過平台可以與企業在產品生命週期內產品訊息互聯互通，客戶的所有體驗都可以被平台知道，透過大數據分析，適時回饋給訊息，新產品設計也會參考客戶大數據體驗，改善新一代設計。因此在這平台上所有關係人都藉由平台上互惠多贏。

此平台不僅符合少量多樣，快速開發之外，有通訊的家電模組，透過數據收集，演算法的預測，產品場景與使用方法，進而開發出更符合客戶體驗產品。結合客戶提出的需求進行智能整合，生產預測場景再與客戶相互交互，讓客戶參與進來。大規模客製模式創造客戶價值，這不是簡單的人機溝通，輕易達到戶外的條件需求。「COSMOPlat」實現了協同設計與協同製造的整合，打通產品全生命週期各節點系統進行橫向整合、實現客戶全產品生命週期的參與。

通過網絡層的社交網，將用戶碎片化、個性化需合併整合為需求方案，同時設計師與客戶即時溝通透過虛擬模擬不斷修正形成客戶需求產品，同時客戶參與智能製造全過程（品質訊息可視化、過程透明化）並驅動各攸關地方發展進行升級。平台 - 客戶 - 產品的緊密聯繫，在使用者不斷體驗回饋，讓產品得以迭代，實現智慧生活的生態圈。

從海爾案例可以看到，過往產品研發瀑布式，首先市場調查，調查完畢後經過開會討論，拍案決定開發生產，經過這三個步驟後有了產品透過行銷或口碑推廣給客戶。傳統商業模式好似賭博，風險非常高。海爾透過平台讓客戶零距離溝通，造就「世界變成我的研發部」。將客戶需求送達全球研發專家和資源，共同提供解決方案滿足客戶需求。

傳統商業模式還有一個問題，那就是大量生產，一旦預測或外部環境有所變動，往往造成產品庫存。現在透過客戶需求生產，一不會造成呆滯商品，二生產完畢直接送達客戶手上，路徑減少，相對成本也降低。

基於 COSMOPlat 賦能，產品生命流程全程貫通，客戶一旦下訂單，訊息直通工廠進行智慧排程，同時客戶訂製訊息傳達到模組商、設備商、生產線等，進行模組採購及加工，生產線根據客戶訂單進行柔性組裝，對標準化模組採用大規模流水線生產，對非標準化模組採用柔性單元作業方式，生產進度及過程透明可視，客戶訂單完成後直接送到客戶，做到以客戶訂單驅動智慧生產。

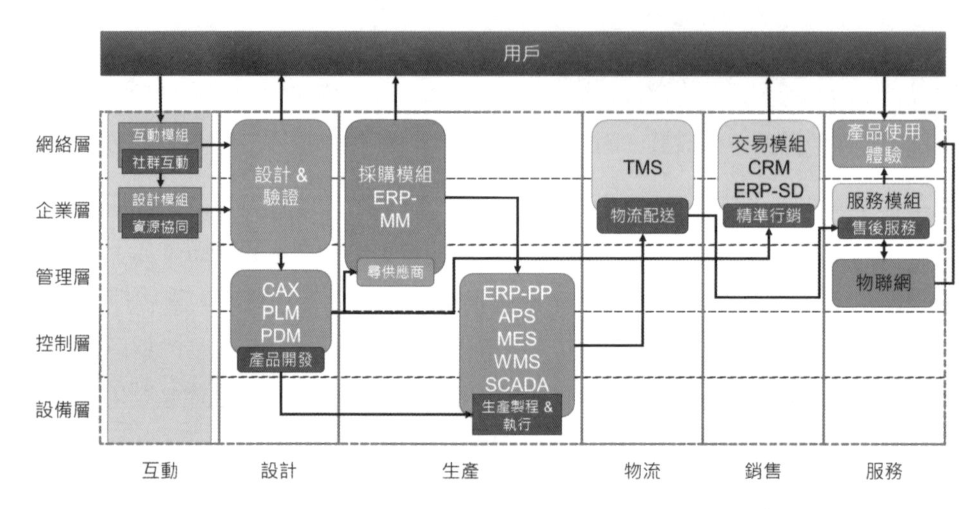

圖 3.7　COSMOPlat 大規模個性化定製系統全景圖 [10]

3.5.2 研祥智能科技

研祥智能科技股份有限公司（以下簡稱為研祥）成立於 1993 年，現在是中國最大的工業電腦研發、製造、銷售和系統整合的企業。產品廣泛應用在工業控制、軌道交通、石油石化、網絡安全、智能製造、海洋電子、醫療、通信、金融、國防等重要領域，產品覆蓋 30 個多個主要行業，300 多個應用案例。從 2006 年起，研祥在市場份額和產品技術領先程度居同業第一，全球第三。工業電腦的多樣化，可以從產業的多樣性發現，不僅是產業廣，產業需求往往是少量而特殊。所以在大陸稱這為特種電腦。

特種電腦作為產業自動化、智慧化、訊息化、數位化皆是核心的控制中心，但也因為面對眾多產業，存在不同品牌、客製化等特點，不同行業對於產品要求，如系統架構、處理單元、API、測試認證、軟體功能等都是不同，因此，需要通過客製化實現產品應用，現階段研祥有 70% 的產品是客製化。

10　中國電子技術標準化研究院，同前註，p.

研祥從 2007 年前開始導入 ERP、CAD、CAE，2007 年後開始導入 PLM、MES、CRM 和 E-HR 等系統，2013 年開始導入 SCM、WMS、APS 等系統，希望藉由 OA 系統打通辦公室與車間的橋樑，實現訊息化管理系統的全面整合，並且採用機器視覺採集產品信息、實現機器視覺機器人、PLC 控制的感測器、多能工組合機床、機械手臂與製造系統串聯，即時將數據平台與生產管理系統相互整合；建立涵蓋各層面數據信息的企業核心資料庫；建立信息安全保障機制。建構一個以產品業務為中心的軟硬體管理系統，幫助企業獲得更好的競爭能力，並為數位轉型提供基礎。

特種電腦行業客製化涵蓋客戶需求溝通、研發設計管理、柔性生產製造、售後服務運籌等如圖所示。架構以客戶需求為引導通過 CRM、SRM、EC 等，透過網路消費行為大數據了解客戶需求。

平台不僅了解客戶需求，對於生產品質的控管、生產效率的監測、生產線設備故障預警、故障診斷與修復、預測性維護、遠端優化、遠端升級等服務，以及解決多品項、客製化研發和生產等提出方案。

客製化生產流程如圖所示，包含設備、控制、車間、企業、管理和系統等。客製化電腦以客戶為中心，需求溝通、設計研發、物料採購、計畫排程、柔性製造、物流配送、售後服務等，透過大數據與智慧工廠完成。整體產品生命週期如下：

1. **需求溝通**：客戶通過雲端平台、經銷商、通路商、電子商城等提出需求，平台接受客戶訂單，並將訂單轉化為產品功能參數和服務需求。

2. **設計研發**：由產品經理組織技術、市場、財務、生產、質量等角色評估規劃產品的技術可行性、可製造性、品質、成本、交期等。

3. **物料採購**：對新物料需求，由採購和技術人在現有供應商中尋找，或者尋找新的供應商認證。

4. **生產排程**：訂單轉到工廠，綜合數量、交期、優先級、產能等約束輸出生產計畫，創業生產排程。

5. **柔性生產**：在設計和生產計劃執行的過程中，通過工業控制服務平台及時將生產進度回饋給客戶，客戶也可以通過雲服務平台與企業交流，提出自己的建議，雲服務平台可根據客戶的建議對生產計劃進行一定的調整。
6. **物流配送**：物資根據工廠發貨計畫交由第三方進行物流配送。
7. **售後服務**：在客戶使用產品過程中，透過電話、郵件回訪、線上線下技術服務支援等方式收集客戶使用數據和需求，驅動產品的迭代。

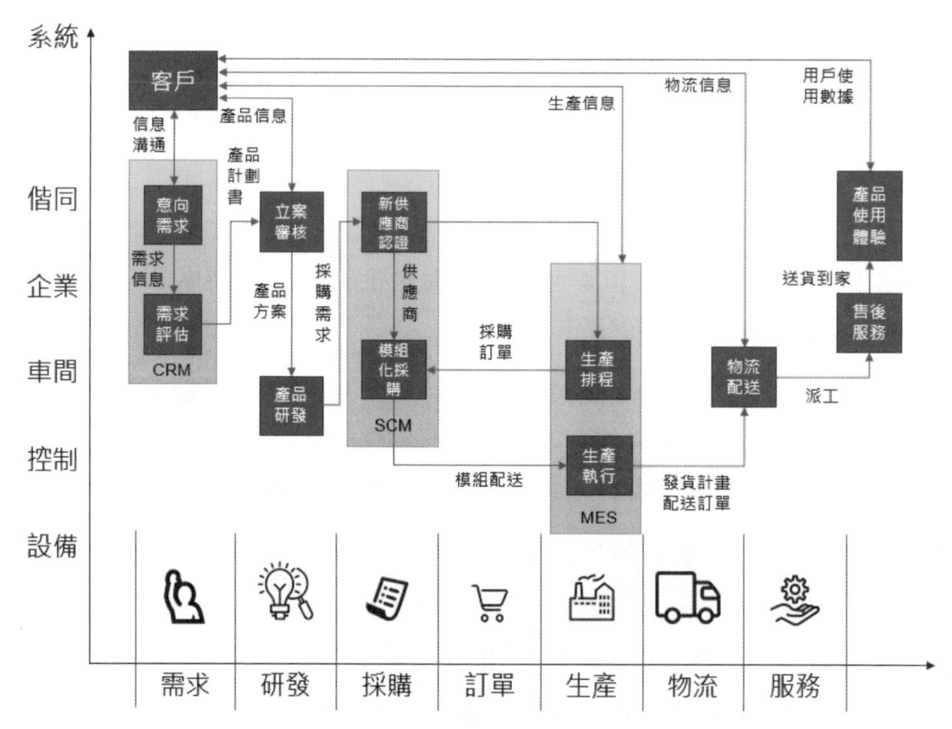

圖 3.8　特種電腦個性化定製流程[11]

對於生產方面實現柔性化生產，支持標準品和客製化混線模式，產線具備 PLC 控制的感測器、多能工組合、機械手臂、工業控制系統、工業機器人和 AOI 自動光

11　中國電子技術標準化研究院，同前註，p.

學檢測機等智能設備，逐步引進智能化生產設備，向智能化生產轉移。採用感測器，電子標籤採集訊息，將離散製造對應的各條產線的物料傳輸連接，實現數據訊息的共享和互聯；建構互聯工廠，將電子商城與生產線直接串接，實現客戶、產品與生產的對話。通過在特種電腦產業實施先進的信息化和智能化手段，以提高企業的智能化管理水準，降低營運成本、縮短產品研發週期、提高生產效率、提高產品品質、提高能源利用率、實現綠色研發和生產。[12]

參考文獻

1. 中國工信部，(2018)，國家智能製造標準體系建設指南。
2. 中國電子技術標準化研究院，智能製造大規模個性化訂製案例集，(2020)。
3. 王建偉，工業賦能：深度剖析工業互聯網時代的機遇和挑戰，人民郵電出版社，(2018)。
4. 王喜文，中國製造 2025 解讀：從工業大國到工業強國，機械工業出版社，(2015)。
5. 梁陳明，智能製造之路：數字化工廠，機械工業出版社，(2016)。
6. 趙敏，寧振波，鑄魂：軟件定義製造，(2020)。

12 中國電子技術標準化研究院，同前註，p.

MEMO

美國的工業網際網路

4.1 美國的智慧工業發展

美國雖然在 2011 年就以國家角度推出「先進製造夥伴」(Advanced Manufacture Partnership，簡稱 AMP) 計畫，但真正形成國際標準是因為民間的力量，由奇異公司 GE 發起，聯合美國工業界眾多企業，在 2014 年成立的「工業網際網路聯盟」(Industrial Internet consortium，簡稱 IIC) 主導了相關的工業標準，成為美國業界的發展主流。

美國製造業早年以六標準差的資料分析處理聞名世界，而奇異公司更是這方面的翹楚，所以新的工業標準也延續之前六標準差的資料管理，特別是結合巨量資料的人工智慧，更強化了預測能力，大大提高了生產效率。

以下的各節會仔細討論工業網際網路聯盟的標準與做法。

4.2 工業網際網路概論

根據奇異公司 2015 年提出的官方文件「工業網際網路打破智慧與機器的邊界」，提到工業網際網路匯集了兩大革命的進步：工業革命帶來的無數機器、設備集合、設施和系統網路，以及網際網路技術進步趨勢上運算、資訊與通信系統更強大的進步。

工業網際網路的歷史視角跟德國工業 4.0 的從 1.0 進化到 4.0 不同。整個歷史可分為三次工業浪潮：第一次浪潮 - 工業革命；第二次浪潮 - 網際網路革命；第三次浪潮 - 工業網際網路革命。

第一次浪潮 - 工業革命是指從 1750 年到 1900 年的 150 年歷程，對應到德國工業 1.0 及工業 2.0。首輪創新始於十八世紀中葉的蒸汽機商業化。工業革命從歐洲北部開始，之後波及到美國。第二輪創新始於 19 世紀 70 年代帶來了內燃機、電力及其他的各樣機器。

第二次浪潮 - 網際網路革命從 20 世紀 50 年代大型電腦、軟體，以及大型電腦通訊的資訊封包問世開始，到 50 年後大量電腦 / 智慧型手機連接。這時的價值是聯網、運算以及接受大量資料的能力，這是構建在網路的搭建和價值、相關的橫向結構和分佈式智慧的基礎之上。透過更深層次的整合和更加靈活的操作，它改變了思考生產系統的方式。此支持平行創新。快速交換資訊以及分散決策的能力造就了更多不受地理環境限制的協同工作環境。

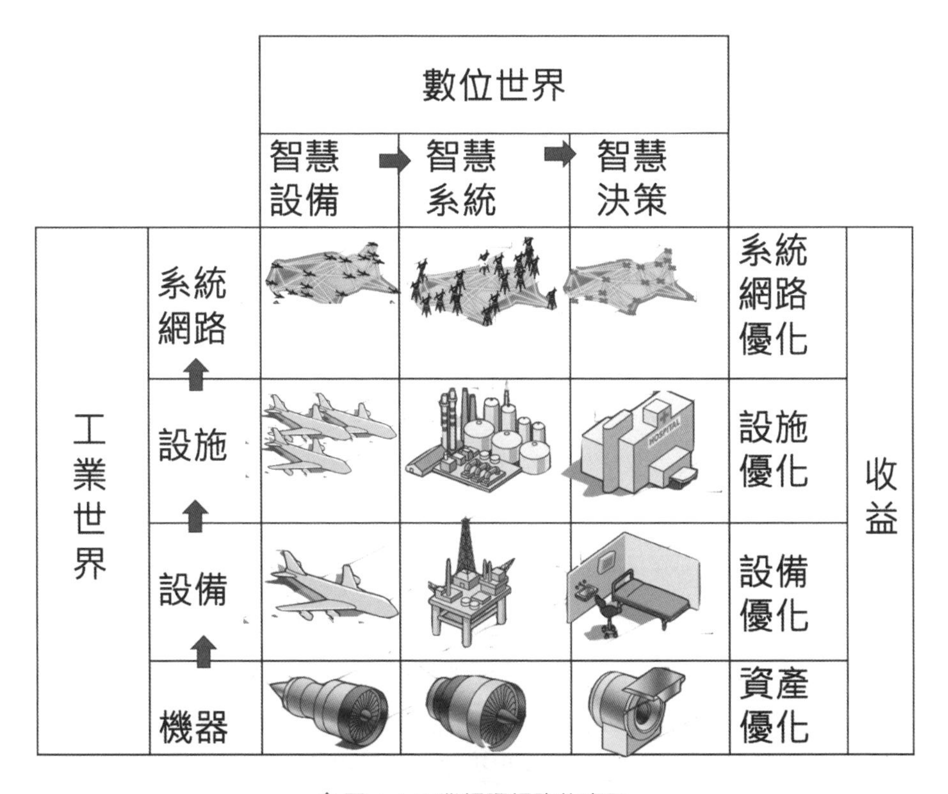

圖 4.1 工業網際網路的應用

資料來源：工業互聯網打破智慧與機器的邊界 圖源：裴有恆繪製

工業網際網路有關鍵三大元素：智慧設備、高級分析，以及工作中的人。以下說明：

1. **智慧設備**：將世界上各種機器、設備集合、設施和系統網路與先進的感測器、控制和軟體應用程序連接。

2. **高級分析**：利用實體分析、預測算法、自動化以及材料科學、電氣工程及其它了解機器及更大系統運轉方式所需的重點學科的深厚專業知識。

3. **工作中的人**：在任何時候將人相連─無論他們在工業設施、辦公室、醫院工作還是在行進中─以支持更加智慧的設計、營運、維護，以及更高品質的服務和安全性。

工業網際網路就是要連接並整合這三大元素。而利用智慧設備產生的巨量資料是工業網際網路的一個重要功能。另外，收集資料的感測器越來越便宜也是這個趨勢的主要驅動力之一。

工業網際網路可以被看作是資料、硬體、軟體和智慧的流通與互動：從智慧設備和網路中獲取巨量資料，然後利用巨量資料和分析工具進行儲存、分析和可視化。最終得到的「智慧資訊」以供決策者使用，成為工業系統中的工業資產優化或策略決策流程的一部分。

每個安裝感測器的設備將產生巨量資料，可以通過工業網際網路傳輸到遠程機器和用戶。實施工業網際網路的一個重要部分將確定哪些資料仍留在設備上以及哪些資料傳輸到遠端地點的伺服器以進行分析和儲存。很重要的是讓安裝感測器的設備所生成的敏感資料保留在本地，而其它資料流做遠程傳輸，以便實現可視化、分析，並採取行動。這些資料流提供了營運和機器性能的歷史資訊，讓工作人員可以更好地了解工廠關鍵設備的狀況，並且拿來訓練人工智慧模型以達成優化，可靠地估計設備出現故障的可能性以及時間，避免意外停機，並且最佳化地維護成本。

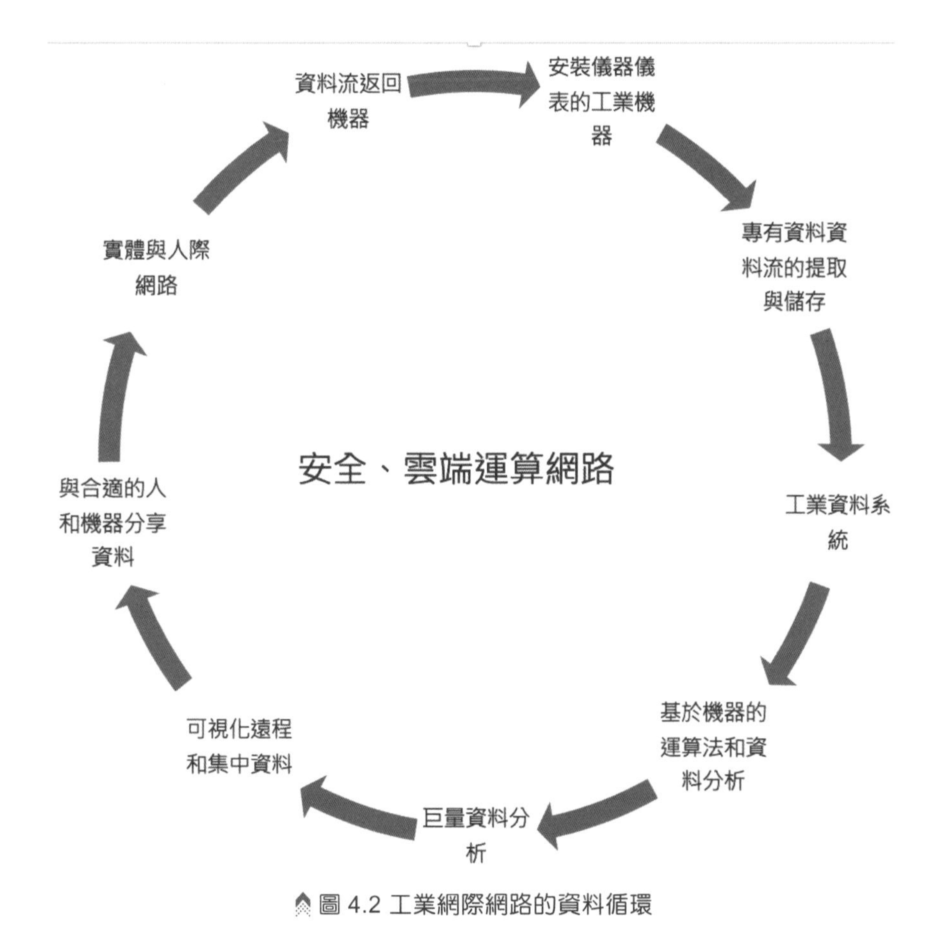

圖 4.2 工業網際網路的資料循環

資料來源：工業互聯網打破智慧與機器的邊界　圖源：裴有恆繪製

智慧決策是工業網際網路的重點目標，它能夠帶來很大生產力提升和營運成本降低。工業網際網路通過機器匯集巨量資料，加上系統監測改進及資訊技術與人工智慧運作的成本下降，能做到更好地管理和分析。而高頻率即時資料處理與顯示讓人們了解系統運行情況。基於機器產生資料的分析，結合特定行業領域專業知識、以及預測功能的整合，讓工業網際網路可以充分利用歷史資料和即時資料來做深入分析。

工業網際網路發展必須要創新，相關的創新類型有：

1. **設備**：把感測器整合到新的工業設備的設計中，以及現有設備的改造；以做到高效收集和快速傳輸資訊所需的硬體。
2. **高級分析**：需要實現來自不同製造商的不同設備的資料的深度整合；並且在技術架構上要做到適當整合和分析。
3. **系統平台**：要讓企業在共享框架 / 架構上開發特定應用的新平台；與供應商、原始設備製造商和客戶建立新型生態系關係，以支持平台的可持續發展。
4. **商業流程**：新的商業實踐，把機器資訊全面整合到決策中；包含監測機器收集資料的流程，並且實現合作生態系中的公司之間更快速、更靈活的對應架構與流程。

實現工業網際網路需要考慮網路安全（針對雲端的防禦戰略）以及與網路連接的設備的安全。而擁有受保護的 IT 基礎設施、在安全流程和控制有多層防禦的能力，以及保護寶貴的敏感資訊都是安全管理的重點。確立並維護企業間以及企業與消費者之間的網路信任非常重要。工業網際網路的發展需要所有利益相關者積極地參與到安全管理之中。適當的網路安全策略才能把風險降到最低，以能夠充分抓住這個工業升級的機會。

接下來會一一討論工業網際網路的參考架構、資料分析框架、連接框架、安全框架，以及商業策略與創新框架。

4.3 工業網際網路的參考架構

IIC 訂定了工業網際網路參考架構（Industrial Internet Reference Architecture，簡稱 IIRA），第一版在 2015 年發布。

通過分析 IIC 和 IIC 開發的各種工業物聯網（Industrial Internet of Things，IIoT）用例，IIC 定義了 IIRA 四大觀點，分別是商業觀點、用途觀點、功能觀點，以及實踐觀點。如圖 4.3 所示，這四個觀點構成了詳細觀點的基礎，對 IIoT 系統關注的各組進行觀點分析。

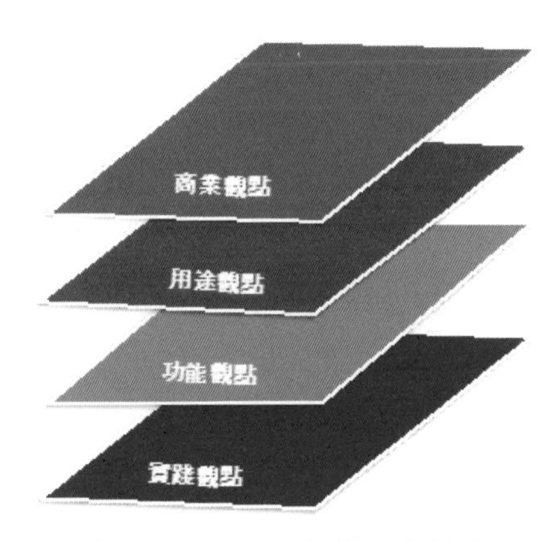

圖 4.3　IIRA 架構 4 大觀點

資料來源：IIC 官方文件

圖源：裴有恆繪製

從 IIC 的官方報告可知，在考慮此參考架構需要解決系統設計階段到整個生命週期的問題。這個參考架構為 IIoT 提供了系統生命週期流程的指南系統構想，好進行設計和實現。它的觀點為系統提供了一個框架，設計師可以通過 IIoT 系統中的重要常見架構問題進行迭代思考及創建。如圖 4.4 所示，此參考體系結構提供了框架與方法對應到生命週期過程的系統流程。

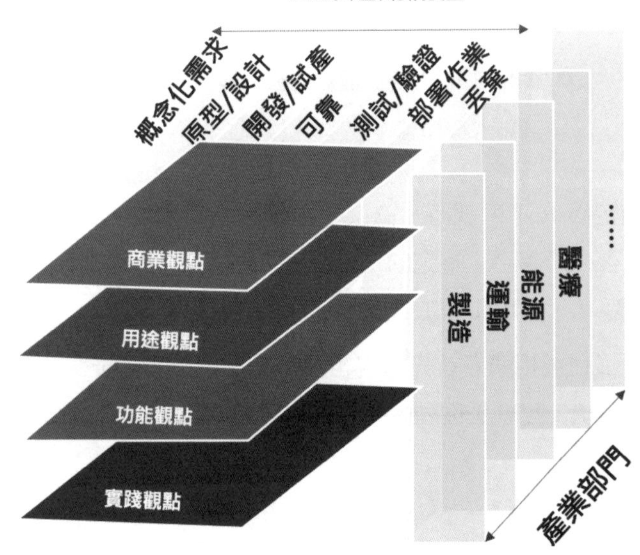

圖 4.4　IIRA 架構 4 大觀點與應用範疇以及系統生命週期流程關係圖

資料來源：IIC 官方文件 圖源：裴有恆繪製

1. **商業觀點**：如圖 4.5，商業觀點架構了企業的願景，價值，以及商業利益相關者在其內部建立 IIoT 系統業務和監控環境的目標。在將 IIoT 系統視為商業上的解決方式時，在商業上的思考重點（例如商業價值、預期投資回報率、產品責任，以及維護成本等）要被確實評估。而商業決策者，產品經理和系統工程師對此特別感興趣。

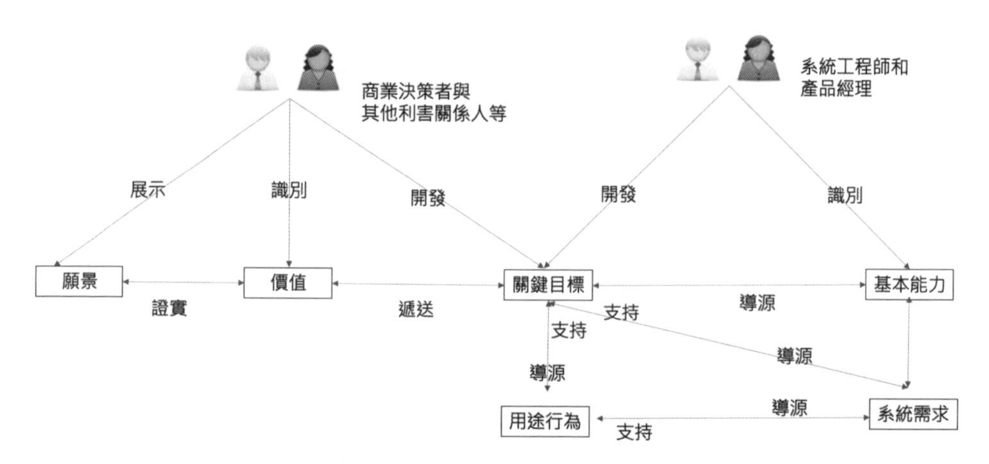

圖 4.5　IIRA 商業觀點之願景與價值驅動模型

資料來源：IIC 官方文件　圖源：裴有恆繪製

在概念化和定義 IIoT 系統時，商業利益相關者一般會考慮許多中間技術和商業因素，包含技術趨勢、特定的市場條件和潛力，客戶的意見和法規要求（像是在安全、隱私、環境和勞工方面）。

這個流程是讓利益相關者首先確定組織的願景[1]，然後思考如何通過採用 IIoT 來改善營運系統。也就是從願景中建立 IIoT 系統的價值[2]並制定一系列關鍵目

1　願景描述了組織的未來希望達到的狀態。它提供商業上組織執行的方向。組織的高階主管通常會發展及提供組織的願景

2　價值是願景為何具有遠見卓識的理由，它反映出對新系統的實施，以及最終系統的用戶提供資金的利益相關者對願景的看法。而這些價值通常由組織中的高階商業和技術領導者確認。

標[3]，以推動實施。而為了驗證最終的系統確實提供了滿足所要求的功能目標，這些目標必須可量化（例如安全性和彈性、衡量系統成功的標準…等等）。而完成這些目標必須有基本能力[4]。

2. **用途觀點**：用途觀點與 IIoT 系統如何實現商業觀點中確定的關鍵功能有關。用途觀點描述了在各種系統元件上協調各個工作單元的活動。這些活動可以作為系統需求的輸入，並指導 IIoT 系統的設計、實踐、部署、操作和演進。

   用途觀點針對的是預期的系統使用問題，通常表示為相關人類或邏輯用戶使用時的活動序列，這些活動在最終實現其基本系統功能時提供其預期的功能。關注用途的利益相關者通常包括系統工程師、產品經理和其他利益相關者，包括參與考慮的 IIoT 系統規範並代表用戶最終使用的個人。

3. **功能觀點**：功能觀點是一種架構性觀點，涵蓋了與 IIoT 系統及其元件的功能性和結構有關的關注重點。為了有效地分析功能問題，引入功能領域的概念好做到容易分解總體功能問題。IIoT 系統可分解為五個功能領域：控制、作業、資訊、應用以及商業五大領域

   以下就五大領域分別說明：

   i. 控制領域：實現工業控制系統的功能領域。它表示由工業控制和自動化系統執行的功能的集合。包含從傳感器讀取資料，應用規則和邏輯以及通過執行器對實體設備等系統進行控制的閉環系統。

   ii. 作業領域：用於控制領域的管理和作業的功能領域。負責控制領域中系統的供應、管理、監視和優化的功能集合。工業網際網路的控制系統考慮到公司旗下的所有工廠、車隊、客戶和生態系統之間的作業。

   iii. 資訊領域：資訊領域是用於管理和處理資料的功能域。它用於收集來自各個領域（最重要的是來自控制領域）的資料並進行轉換，好對這些資料進

3 關鍵目標是對最終預期實現的商業成果設定可量化的目標。這個目標需要可衡量且有時限的。而高階商業和技術領導者設定關鍵目標。

4 基本能力是完成特定的主要商業任務的重要能力。關鍵目標是識別基本能力的基礎。

行建模或分析以獲取有關整個系統的高級情報。在控制領域，這些功能直接參與實體設備系統的即時控制，而在資訊領域，則可幫助決策，長期優化系統的操作，並且改善系統模型。

iv. 應用領域：應用領域是用於實現應用程序邏輯的功能領域。它是實現特定商業功能的應用程序邏輯的功能集合，包含規則和模型，以在全局範圍內進行優化。從應用領域到控制領域的請求是建議性的，必需不違反安全性，資料安全性或其他操作限制。

v. 商業領域：用於實現商業功能邏輯的功能領域。做到整合以支持 IIoT 系統的端到端操作的商業功能，以支持商業流程和程序活動商業功能。這類功能包括企業資源計劃（ERP）、客戶關係管理（CRM）、產品生命週期管理（PLM）、製造執行系統（MES）、人力資源管理（HRM）、資產管理、服務生命週期管理、計費和付款，以及工作計劃和調度系統。

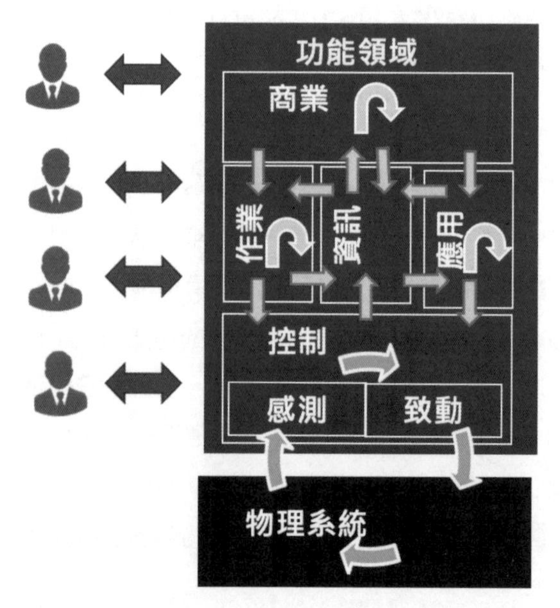

圖 4.6　IIRA 功能觀點

資料來源：IIC 官方文件　圖源：裴有恆繪製

4. **實踐觀點**：實踐觀點是實踐 IIoT 系統的功能和結構有關的架構關注點。實踐觀點涉及 IIoT 系統的技術表示，以及實現用途和功能觀點規定的活動和功能所需的技術和系統元件。IIoT 系統架構以及用於其實踐的技術的選擇以商業觀點為指導，包括成本和進入市場的時間點，針對目標市場的商務策略，相關法規以及計劃所需的開發技術。還必須滿足系統要求（包括關鍵系統特性），並且必須考慮在全球範圍內實踐。

4.4 工業網際網路的資料分析框架

工業網際網路的資料分析框架，也是按照商業觀點、用途觀點、功能觀點，以及實踐觀點來做分別思考的。

4.4.1 從商業觀點來看

資料分析可以廣義地定義為通過系統分析將資料轉換為資訊。工業分析是 IIoT 系統中資料分析的使用，它使您可以更好地了解系統的運行狀態，性能和環境。透過分析資訊，以便能夠在各種條件下進行工業系統評估，這改善了功能並降了效率低下和運營成本。

從商業觀點來看，工業分析有以下優勢

1. **可優化系統任務**：例如，在大城市即時對交通模式與道路狀況進行分析，結合天氣狀況、時間和日期、季節、事故和其他事件，可讓車輛控制系統確定最佳路線以減少出行時間。
2. **應用於從不同來源接收的機器資料**：以檢測、過濾和整合事件模式，然後對其進行關聯和建模以檢測事件關係，例如因果關係，成員關係和時序特徵。識別有意義的事件並推斷模式可以發現很重要的洞見，接下來便可以對這些事件做出正確的響應。

3. **用於發現和傳達有意義的資料模式並預測結果：**例如在工業環境中，造成計劃外停機和費用的主要原因是機器故障。這意味著因計劃外的設備故障和不必要的維護而巨大損失。當前，大多數公司使用計劃的維護計劃進行預防性維護。這意味著即使機器處於閒置狀態，也要對機器進行維護，這會浪費時間和資源，並且需要不必要的破壞性程序，從而降低設備的可靠性。另一方面，由於診斷不充分，往往會錯過關鍵問題，從而導致計劃外的停機時間和維修費用通常很高。資產的過度維護和維護不足都會導致更高的運營費用。為了解決這些問題，維護需要轉移到將根據元件壽命特徵及其使用情況來計劃維護的預測方法。接下來，需要進行預測，對感測器和機器的運作資料進行分析，以預測給定時間段內某些故障的可能性。有了這些資訊，就可以最佳地安排機器維護，從而避免操作中斷並降低成本。

4.4.2 從用途觀點

工業分析用於識別機器的作業和行為模式，做出快速而準確的預測，並以更大的信心度幫助做出最佳決策。

這類分析通常分為三大類：

1. **描述分析：**這類分析可從歷史或當前資料中獲得洞察力，包括狀態和使用情況監視、報告、異常檢測和診斷，模型建構或相關培訓。

2. **預測分析：**這類分析使用統計和機器學習技術，基於建立的預測模型來識別預期的行為或結果：包含容量需求和使用量預測、材料和能源消耗預測、以及元件和系統的磨損和故障預測…等等。

3. **規範分析：**這類分析將預測分析的結果用作指導，以建議作業更改以優化流程並避免故障和相關的停機時間。規範分析的一個例子是建立模型後按需生產，以找到最佳的製造流程以實現最終產品。其分析的結果可以自動應用於機器和系統，或用於通過可視化分析結果來支持人為決策，以增強人的理解並產生對決策的信心。

而分析結果可以應用於機器和系統，或用於通過可視化分析結果來支持人為決策，以增強人的理解，及產生對決策的信心。因為結果會改變實體世界中事物的操作和安全性。這可能無意中影響了人員的安全或破壞了財產和環境。此外，由於工業分析通常會解釋來自可能彼此衝突的不同感測器和機器的資料，因此我們需要了解並綜合各種資訊流才能得出正確的結論。

4.4.3 從功能觀點

如 4.3 節所言，IIoT 系統可分解為五個功能領域：控制、作業、資訊、應用，以及商業五大領域。其中的工業分析功能可在 IIoT 架構中部署。

成功的工業分析解決方案所需的功能在表 4.1 中顯示。每種功能都是通過應用案例定義的一組功能來實現的，這些應用案例可以滿足涉及群眾的期望，尤其是在非功能性需求方面。

表 4.1　工業分析能力表　　資料來源：IIC 官方文件

項目	內容
可視化	使用通用框架顯示和管理資料讀數和分析結果。
探索	使用歷史資料做的臨時實驗。
設計	資料分析階段的自動化；資料品質，資料探勘和商業智慧演算法組成。
編排	委託運算資源集群上的工作請求，並收集和匯總中間和最終結果。
連接	使用通用框架在元件之間交換資料和工作請求。
清洗	根據合適的標準合併來自不同資料源的資料集；刪除不相關的資料並清除資料中的噪音。
運算	執行統計運算、第一性原理的運算和機器學習模型分析，包括流動資料的即時分析、批量處理或臨時資料探勘以及營運和商業智慧分析。
驗證	確保在應用程序和環境中應用分析結果時，不會對人員或財產造成傷害。此功能應獨立於核心分析流程，並充當管理者。
應用	將分析結果應用於各種子系統，包括自動化系統（例如，調整控制參數或模型），營運和商業流程，這些系統將越來越多地自動地或作為有助於人類決策的資訊來做存檔和重現測量和計算的資料流，尤其是時間序列。
管理	管理資訊模型，包括資料源，運算資源和資料分析的元資料（metadata）。
監督	通過確保啟動和維護過程以及不耗盡電腦資源來管理系統可靠性

在製造應用案例中，工廠作業員監控圖形顯示出的可視化生產線的狀況。當出現警報時，作業員會尋求關鍵參數的時間序列記錄。在計劃下一次運行時，作業員可以使用類似的尋求來確定是否有任何需要根據預期的環境條件解決的問題。

工業分析的基本前提是可用性以及對來自工業流程和相關資產的資料的訪問。通過連接在流程附近收集資料，並至少暫時地將其儲存，在此可以根據分析類型進行掃描和評估。所儲存的值可能會被丟棄或存檔以進行進一步的運算。資料科學家可以使用統計資料探索相關資料以運算相關性，並可以應用演算法對證據進行分類和聚類。行業專家對流程和資產的上下文和條件有很好的了解，並且可以解釋和驗證讀數並推薦清洗的過濾器。正是資料科學和領域專業知識的結合才能產生最佳結果。

在理解資料和其關係之後，工業分析工作流程可以實現自動化。基於適當的框架，可自動化進行設計，配置和協調。此時必須對工作流程和演算法內容進行版本控制，並根據需要在內部和雲端伺服器中進行部署，以滿足利益相關者的期望。而且要對整個流程進行監督，以確保所有步驟都已完成並得到驗證。工業分析解決方案一般會隨著時間的推移，將會發展得更好，而且透過獲取更多的經驗和歷史資料而提高準確性。

最後一步是以令人信服且易於理解的格式傳達和呈現工業分析結果，包括圖表，圖形和建議的操作。最重要的是從摘要開始，然後深入研究支持建議的證據，讓人們好理解，並且確認相關結果。隨著分析的發展，更有意義的操作模式（尤其是異常）將被自動檢測，識別並報告為警報以及相關的支持資料。此時可以自動診斷故障的根本原因，並對此採取補救措施或採取修理措施；通過排除超出正常範圍並根據製造類似零件的歷史經驗進行預測的不當操作參數，可以防止出現故障。且可以基於分析結果以及製造資源的安排和操作人員的協調與設備的互動，來監視和優化機器的運行效率。

4.4.4 從實踐觀點

實踐觀點涉及實現功能元件所需的技術（功能觀點），其通信方案及其生命週期過程。這些元素由活動（用途觀點）協調並支持系統功能（商業觀點）。而這需要考量設計、分析系統能力、分析部署模型三個構面的考量，以下一一說明。

1. **從設計上考量：**如表 4.2，我們可以從分析範圍、結果響應時間、連接可靠性、連接頻寬、儲存與運算能力、資料安全、資料特徵、分析成熟度、事件相關、資料來源，以及法規遵從性，對應到工業分析位置：工廠、企業，以及雲端的考量對應。

表 4.2　工業分析設計考量表　　資料來源：IIC 官方文件

評估標準	工業分析位置		
	工廠	企業	雲端
分析範圍			
單站點優化	✓	✓	✓
多站點比較		✓	✓
多客戶基準測試			✓
結果響應時間			
控制迴路	✓		
人為決定	✓	✓	
規劃範圍	✓	✓	✓
連接可靠性			
地點	✓		
組織	✓	✓	
全球的	✓	✓	✓
連接頻寬			
原始資料	✓		
處理結果	✓	✓	
總結結果	✓	✓	✓
儲存和運算能力			

評估標準	工業分析位置		
	工廠	企業	雲端
伺服器	✓	✓	✓
多台伺服器		✓	✓
資料中心			✓
資料安全			
秘密	✓		
專有	✓	✓	
共享	✓	✓	✓
資料特徵			
量			✓
速度	✓		
多樣性	✓	✓	✓
分析成熟度			
可描述性	✓	✓	✓
可預測	✓	✓	✓
可描述性	✓	✓	✓
事件相關			
低於一秒等級	✓		
秒等級	✓	✓	
數十秒等級	✓	✓	✓
資料來源			
感測器	✓		
資產	✓	✓	
站點	✓	✓	✓
法規遵從性			
資產	✓	✓	✓
流程		✓	✓
產業			✓

2. 從分析系統能力上考量：工業網際網路網是將原來工廠的維運技術（Operational Technology，簡稱 OT）系統連上了網際網路。工業分析的功能來自資訊科技（Information Technology，簡稱 IT）和 OT 的經驗和智慧。IT 跟 OT 兩者都期望可靠的操作和可重複的響應時間。但是，兩者實現這些目標的方式是不同的。IT 依靠彈性來提供所需的容量，而 OT 則可以確保具有工程能力的確定性。

「彈性」是一種雲端技術重要衡量指標，即系統能夠通過自主方式配置和取消配置資源以適應工作負載變化的程度，從而使每個時間點的可用資源都與當前需求緊密匹配。例如，大多數零售企業在假期期間產生可觀的收入。所有 IT 系統都需要做好準備，並具有足夠的容量以避免影響獲利能力。在一年的剩餘時間內，可以縮減或重新分配這些資源以降低成本。

「確定性」是在連接的設備和應用程序之間的預定時間內支持資料運算和傳輸的能力。必須滿足最後期限，期望工作請求將在每個請求的相同響應時間內完成。分析和結果必須在規定的時間內傳達，並且必須提供確認。作業系統的設計具有連續處理能力，而與工廠的狀態或條件無關。因此，當生產工廠啟動或關閉時（可能會產生快速變化的值和多個警報），IIoT 系統中確定性響應的要求與工廠處於穩定狀態時沒有什麼不同。接近工業流程，使用專用資源提供可靠性和可預測性是很重要的。在具有多個租用會員動態共享同一資源集的雲中，可以轉移可用容量以支持不同的服務級別協議。

3. 分析部署模型上考量：上面描述的設計和分析系統能力考慮因素確定了將在何處部署分析。大多數 IIoT 系統使用混合方法進行分析部署，其中分析需要以非常低的延遲執行，並且需要以確定性的方式部署到更靠近邊緣 I / O 的位置。對時間不敏感的預測或需要來自分佈式來源或歷史來源的資料的預測都部署在雲中。

分析資料的方法不外乎對巨量資料進行洞察，還有使用人工智慧機器學習的作法來做預測與分類。相關的部署作法，最新的方式是 MLOps，就是將機器學習 ML，結合開發部署方式（DevOps）。

4.5 工業網際網路的連接框架

IIRA 中的連接功能支持相關系統中端點之間的資料交換。該資訊可以是感測器更新、遙測資料、控制命令、警報、事件、日誌、狀態更改，或是配置更新。從根本上講，連通性的作用是在端點之間提供可交互操作的通信，以促進元件整合。從自定義整合到基於開放標準的即插即用接口，目的是實現通信上的交換訊息。

對於 IIoT 系統，連通性包括兩個功能層：連接性傳輸層提供了在端點之間承載資料的方式。它提供了參與資料交換的端點之間的資訊傳遞。

連接框架層有助於端點如何明確地構造和解析資料。表 4.3 總結了 IIoT 連接功能層的作用和範圍。

表 4.3　工業分析設計考量表　　資料來源：IIC 官方文件

AIoT 五層架構	IoT 連接堆疊分層模型	對應 OSI 網路模型 [2]	對應網際網路 TCP/IP 模型 [3]	對應於概念交互操作性級別
應用層	框架層	7. 應用層	應用層	語法交互操作性：端點之間共享的結構化資料類型。介紹共享資料的通用結構；也就是，共享通用資料結構。在此級別上，使用通用協議來交換資料。
		6. 展示層		
平台層		5. 會議層		
網路層	傳輸層	4. 傳輸層	傳輸層	技術交互操作性：使用明確定義的通信協議，在端點之間共享 bit 和 byte。
	網路層	3. 網路層	網際網路層	端點之間共享的資料封包可能不在同一實體鏈接上。資料封包通過 " 網路路由器 " 做傳輸交換。
感測層	連結層	2. 資料連結層	網路存取層	共享底層（鏈接）上端點之間共享的數位框架。
實體層	實體層	1. 實體層		共享底層上端點之間的類比信號調變。

5　細節可查 ISO / IEC7498 文件。

6　細節可查 RFC1122 文件。

如之前所說，IIC 官方文件將 IIoT 系統分解為五個功能領域─控制、作業、資訊、應用、以及商業。而從圖 4.7 橫切功能與功能領域可了解其與 AIoT 五層架構的對應。實體系統對應 AIoT 五層架構圖的實體層；控制領域具備感測與致動功能，以連接實體系統，對應到 AIoT 五層架構的感知層；橫切功能的連接性則對應到 AIoT 五層架構的網路層；功能領域中的作業領域、資訊領域與應用領域對應到 AIoT 五層架構的平台層，橫切功能的分散式資料管理、工業分析則對應到平台層的分析功能；商業領域對應到 AIoT 系統的應用層，橫切功能的聰明與彈性控制以及系統特徵中的安全（safety）、資料安全（security）、彈性、可靠、隱私、可擴充則對應 AIoT 整個系統的功能與要求。

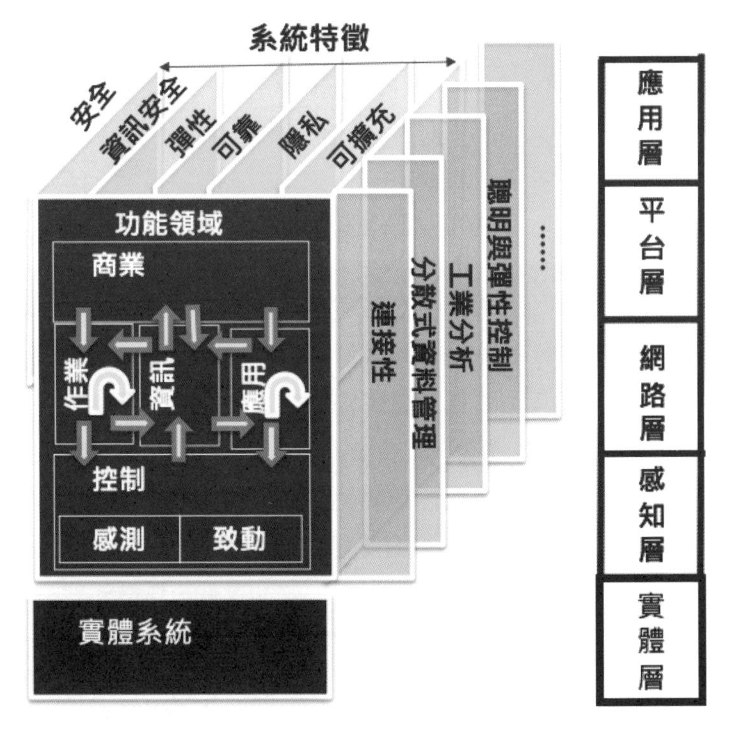

圖 4.7 IIoT 功能領域 vs 橫切功能對應 AIoT 五層架構

資料來源：官方文件 圖源：裴有恆整理

4.6 工業網際網路資訊安全框架

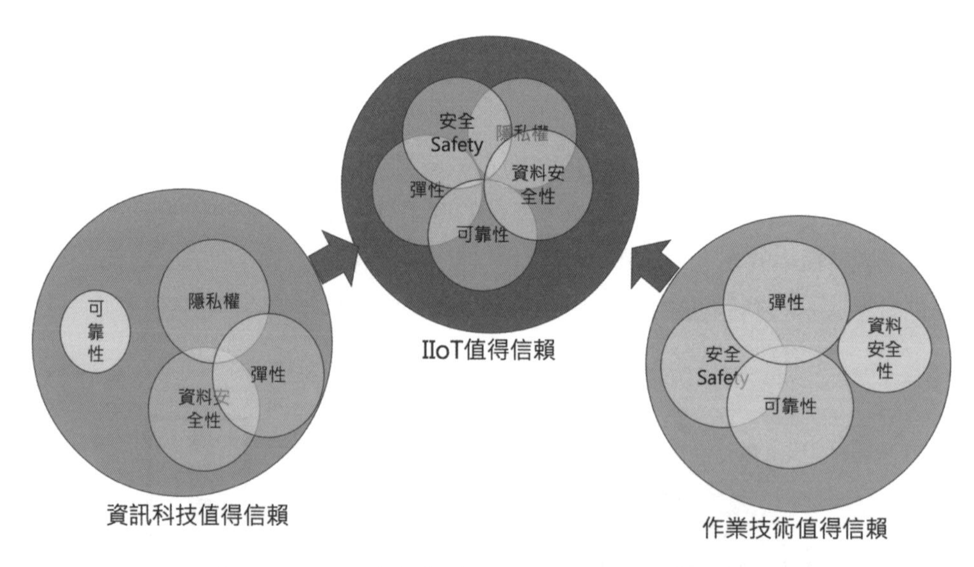

圖 4.8 工業網際網路需要 IT 和 OT 可信度的融合

資料來源：IIC 官方文件 圖源：裴有恆繪製

工業網際網路系統展現了端到端特性，這些特性隨著其各個組成部分的屬性及其相互作用的性質的結果。五個最會影響工業網際網路部署的信任決策的特徵是資料安全性（Security）、安全性（Safety）、可靠性，彈性和隱私性。這些被稱為關鍵系統特徵。這是結合資訊技術 IT 最在乎的資料安全性（Security）、可靠性，彈性和隱私性四大特徵，以及 OT 最在乎的資料安全性（Security）、安全性（Safety）、可靠性，彈性四大特徵。以下一一說明這五大特徵：

1. **資料安全性（Security）**：保護系統免受意外或未經授權的訪問，改變或破壞。工業網際網路系統的資料安全行為是連續的，因此必須明確說明被認為相關的特定情況，以及利益相關者期望的安全行為。相關的資料安全保證通常是會根據風險來評估的。這樣的風險包括威脅（企圖傷害他人及其數位資產），盜取具有價值的目標資產，威脅將利用數位資產的潛在漏洞或弱點，以及試圖減少任何安全事件的可能性和影響的作法。

IIoT 系統必須明確說明被認為相關的特定環境以及利益相關者期望的安全行為。其安全保證通常是根據風險來評估的。安全風險的要素包括威脅（企圖造成傷害的某人或某物），目標資產（因為具有價值），威脅將利用的資產的潛在脆弱性或弱點以及試圖減少威脅的對策。任何安全事件的可能性和影響。為了提供資訊和系統資產的安全性，需要堅持的要素是機密性，完整性和可用性，三者英文縮寫合起來為 CIA。

i. 「機密性」是不向未經授權的個人，實體或過程提供或披露資訊的屬性。可以通過口口相傳，列印，複製，發送電子郵件或通過允許攻擊者讀取或竊取資料的軟體漏洞來破壞機密性。資料洩露是指在攻擊者的控制下，未經授權通過另一位置的漏洞讀取的資料傳輸。此資料可用於勒索或其他目的。機密性控制包括訪問控制和加密技術。

ii. 「完整性」可確保防止不正確的資訊修改或破壞。完整性控制包括校驗和防毒功能，白名單和代碼簽名，以確保系統跟控制系統實體過程的代碼和元素沒有發生變化。資料完整性是完整性的一個子集合，可確保未經授權的各方無法更改資料並控制系統而無需檢測。

iii. 「可用性」是授權用戶按需，及時，可靠地訪問和使用資訊的屬性。負責控制實體過程的系統應提供持續的控制，並由作業員對實體過程進行監督。在遭受攻擊的情況下，人員可能需要干預，例如關閉系統。可用性控制通常涉及冗餘和工程變更控制。有時，它們包括發現和緩解軟件漏洞的安全活動，這些漏洞造成對系統造成負面影響的不可靠的執行，可視化或資源消耗。

在傳統的 OT 系統中，可用性被認為是最重要的，其次是完整性，其次才是保密性。

2. **安全性（Safety）**：安全是系統運行的條件，而不會由於財產或環境的損害而直接或間接造成不可接受的人身傷害或健康危害。確保安全的努力旨在消除系統性故障和機率故障。傳統的 OT 安全評估技術著重於實體項目和流程，然後將根據經驗得出的元件故障機率合併為總系統風險。識別危害的風險分析旨在防止錯誤操作並提高系統對意外事件的適應能力。

但是，軟體元件的行為始終與編程一致。無法對軟件故障進行有用的統計表徵。如果軟體元件從未在測試過程中表現不佳，則可能沒有暴露於可能發現缺陷的一系列輸入中。測試覆蓋率不一定與故障率相關。管理機率故障的方法不能解決威脅，因為一旦發現了這些漏洞，對手或駭客將能夠利用這些安全相關的系統故障。工業軟體的傳統工作側重於功能的正確性，而不假定對手或駭客參與其中。在當今連接的系統中，遠程攻擊者能夠利用弱點將系統轉到不安全狀態。這與傳統的 IT 安全形成了鮮明的對比，在傳統的 IT 安全中，對威脅自身以及威脅參與者的技能和功能進行了資料安全性分析，以確定可以利用的弱點的可能性。

3. **可靠性**：可靠性是系統或元件在規定的條件下在指定的時間段內執行其所需功能的能力。可靠性和可用性相關。可靠性是實際可用性佔計劃可用性的一部分，受計劃維護、更新、維修和備份的影響。這些動作會降低可用性，但是如果安排正確，它們不會降低可靠性。可靠性反映了公司在計劃並預期將要運行時可以指望該系統運行的數量。要確保可靠性，需要詳細了解操作環境，系統的組成以及如何設計和預配置以確定發生故障的可能性。每個元素都需要參數，配置設置和物理屬性。另外還需要進行驗證活動，以測試這些計劃的計劃值是否得到實施。

   正常運行時間要求和平均故障時間在整個系統及其組件中分配，並記錄在保證案例中。系統的操作可以將系統的實際可靠性與要求的可靠性進行比較。從最初的設計開始，連接到網際網路可能會使某些安全性假設無效。另外，它可以引入與其他系統的新的並且可能更複雜的交互。純粹管理與概率相關的可靠性故障的方法將無法解決威脅，因為一旦發現這些漏洞，駭客及對手將能夠可靠地利用與安全性相關的系統故障。通過考慮攻擊者可能影響哪些可靠性方面，並設計系統及其安全性以應對這些類型的攻擊，可以提高系統的可靠性。

4. **彈性**：彈性是系統的新興屬性，其行為方式是在完成分配的任務時規避，吸收和管理動態對抗條件，並在因果關係後重新構築作戰能力。通常，通過設計系統來實現彈性，以便對故障進行隔離。如果單個功能失敗，則不應導致其他功能失敗，並且在設計中應該有執行失敗功能的替代方法，這些方法可以自動，立即和可靠地調用。

彈性保證為元素和互連增加了實體或邏輯上的冗餘，並在需要時提供了到備用元素和連接的傳輸。應該針對正常和異常情況執行測試，並檢查攻擊者是否可以故意破壞元件組合。軟體還必須能夠轉移到可能具有不同弱點的替代功能，實現配置、位置或網路區段，因此相同的威脅和危害不會對替換功能造成破壞。

5. **隱私性：**隱私是個人或團體控制或影響與他們有關的哪些資訊可以被收集，處理和存儲以及由誰以及向誰披露的權利。隱私的保障取決於利益相關者是否期望或在法律上要求對資訊進行保護或控制以防止某些用途。重要的是要保持法規和標準的最新性，例如跨大西洋資料流的新框架，歐盟的「通用資料保護條例」(General Data Protection Rule，簡稱 GDPR)。

   當因為隱私權，不應該透露身份資料時，應謹慎使用以最小化資料的使用並應對與建立各方身份有關的風險。身份可能會通過檢查與相關的元資料（如指紋）集或有關資料的相關性而顯示出來。整合的 IIoT 系統可能會增加這種風險。安全系統本身可能會通過增加與當事方收集並關聯的資料量來增加隱私相關風險。

   隨著工業系統與包含敏感資料的其他系統互連，隱私風險可能會增加。例如，如果客戶關係管理（CRM）系統與製造系統集成在一起，則可能會通過任一系統的安全漏洞來揭示有關為某些客戶生產的商品的資訊。如果第三方決定共享敏感資料，則其他風險可能涉及第三方不適當的資訊共享和發佈。

   要完整考慮到 IIoT 的資訊安全，必須考慮到上面提到的這五大特徵。

4.7 工業網際網路商業策略與創新框架

美國的工業互聯網聯盟，強調須用工業物聯網的架構，而其提出的商業模式的在「商業策略與創新框架（Business Strategy and Innovation Framework）」一文中有相關說明。

美國 IIC 認為創造其工業物聯網的商業價值的作法包含四大階段：機會發現、準備、評估及啟動，分述如下：

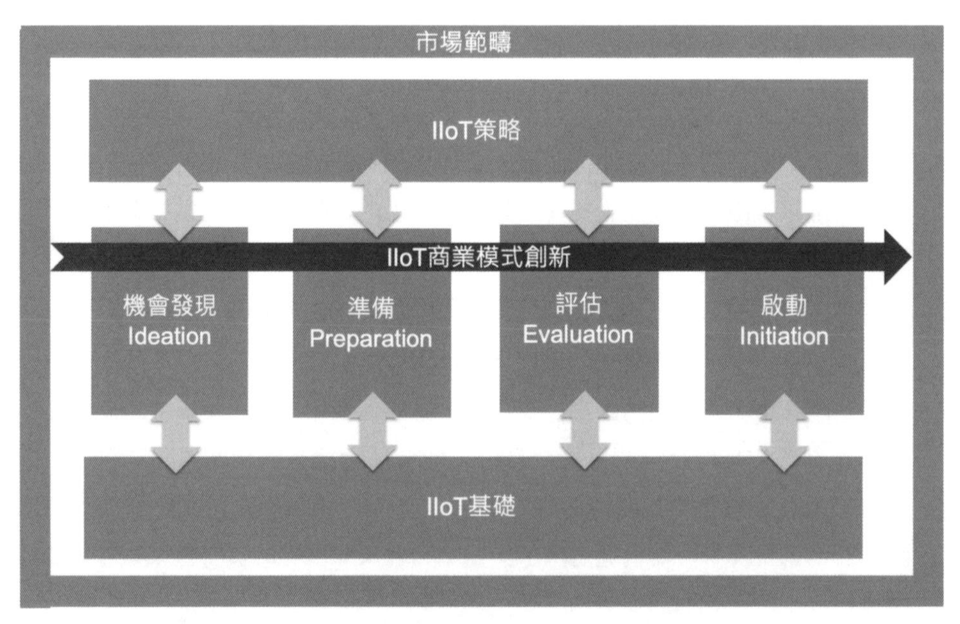

圖 4.9　IIC 工業物聯網識別及部署 IIoT 解決方案的框架

圖源：裴有恆繪製

1. **機會發現**：在啟動 IIoT 機會發現流程時，需考慮兩個根本不同的目標，一是利用 IIoT 技術進行生產優化；二是研究新的 IIoT 商業模式機會。

   IoT 商機現在處於早期階段，並且有可能對當前的商業慣例造成更大的破壞，這會是產業的數位轉型。這樣的商業模式探索，可透過腦力激盪等方式，針對 AIoT 五層架構（實體層、感測層、網路層、平台層與應用層）分析，可協助確定機會可集中在哪個層級進行價值創造。其他商機發現方法有「引發創意方法」，利用「商業模式的 55 種模式[7]」一書中的商業模式。

7　出自「航向成功企業的 55 種商業模式：是什麼？為什麼？誰在用？何時用？如何用？」，作者歸納現有找出的成功商業模式為 55 種。在附錄 A 有說明是哪 55 種

引發創意方法的目的是在發散各種可能性。在新產品開發專業認證 NPDP（New Product Development Professional）中有提到 SCAMPER、腦力激盪、心智圖、Brain Writing、六頂思考帽等，方法沒有優劣，只需針對客戶需求。

2. **準備**：針對之前機會發現階段產生的點子，進行對應的分析，以及詳細的紀錄。產生的對應的 IIoT 的解決方案，其中的對客戶有利的價值主張，可對應到與利害相關者的各類功能，並且透過多次迭代來完善，過程中還可能產生更具創新性的想法。此時可透過收集早期用戶反饋來驗證相關假設，其有助於確定價值主張的對應驅動因素在執行上的優先順序。

   在執行 IIoT 解決方案的過程，需考慮到生態系合作夥伴（包括感測器供應商、生產的工廠、電信供應商，以及通訊器材供應商等）可以執行哪些部分，創造什麼價值，而很重要的是要讓他們都參與計劃時期的設計優化階段。因為目標為提供客戶創造最大價值，這需要所有生態系夥伴的協調與努力，而根據價值主張的設計，可以確定所有夥伴的參與程度，而這也確定在商業模式建模階段的參與與活躍程度。

3. **評估**：企業接下來面臨的最重要任務之一就是以有效的方式評估並考慮潛在機會。IIC 文件中提供了三種縮小候選者範圍的方法：商業案例運算、商業案例挑戰，以及影響和風險評估。

   (1) 商業案例運算是指檢視所有各種解決方案的整體擁有成本之後，再在各個利益相關者之間進行適當的分配預期收益。

   (2) 商業案例挑戰是制定 IIoT 業務可能面臨若干挑戰的評估，例如硬體開發的固定成本常常被低估，以及支持 IIoT 的互聯產品需要具有持續運營成本的後端基礎架構…等等挑戰都需要仔細評估。

   (3) 影響和風險評估：對業務可能產生重大影響的假設包括技術風險、合作夥伴改變主意…等風險，因此企業必須識別和分析更廣泛的風險清單，及時應對風險的出現。

4. **啟動**：IIoT 機會的專案的啟動涉及重組企業內部執行能力的方式，需要讓 IIoT 硬體和軟體專家到位。而對公司內團隊的文化挑戰更是重要，對應執行流程的

組織設置和執行策略都必須與業務流程計畫同時考慮。因為與 IIoT 相關的機會是如此廣泛和多樣，實現物聯網的機會取決於內部資產的有效利用以及與第三方控制的外部資產的整合，維繫夥伴的生態系合作關係在此時很重要。

4.8 工業網際網路案例 - 奇異公司的數位雙胞胎

奇異公司提供的 PREDIX 是一個專門構建的綜合性工業平台，可以從邊緣服務至雲端服務進行部署。

建立在奇異公司工業網際網路平台 PREDIX 基礎之上的數位雙胞胎技術，是它來確定最佳的行動方案的做法，從發動機到動力渦輪機都用到了。

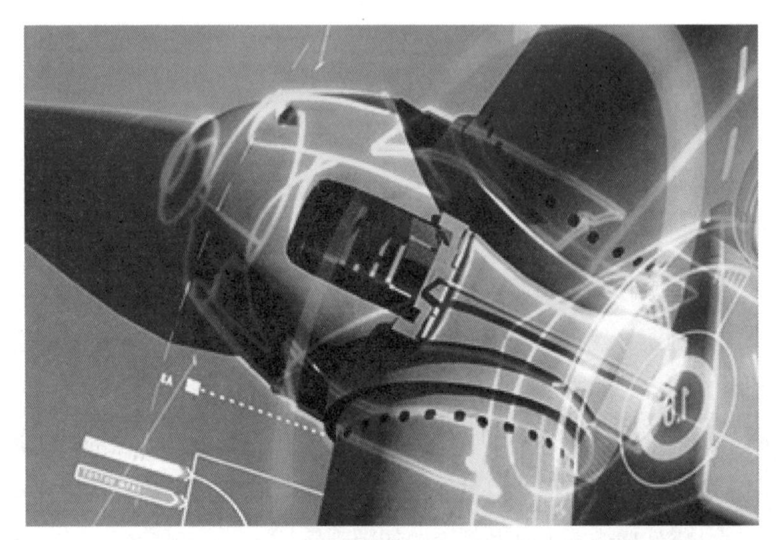

圖 4.10　奇異公司的數位雙胞胎 取自 GE 官網

為了創建一個完整的數位模型，奇異公司根據定義其生命週期相關的任何資料。從設計到構建階段，開始於一個新設備的發展軸線，比如發電系統或新的噴射發動機。這個軸線繼續運行資產及其服務歷史，所有這一切都預測了接下來會發生什麼，並且建議在整個週期中進行改進和優化。

透過解析這些資料並辨別資產可能發生的情況，同時不斷學習和改進模型，這非常適合電力基礎設施和航空工業，對其而言，意外的設備故障是無法被接受的。

通過數位雙胞胎，可以提前確定相關噴射發動機的需求，並且有助於規劃擴大資產使用的方法。例如一架飛機在中東地區乾燥的含沙的空氣中度過大部分運行壽命後，接下來可能會建議將飛機重新安裝在太平洋西北地區，模擬時以提供涼爽潮濕的空氣以達成減少發動機故障的風險。

奇異公司認為數位雙胞胎橫跨所有價值在資產和更複雜系統的行業。它具有提供早期預警，預測和優化的能力。

參考文獻

1. 美國工業網際網路聯盟官方文件 IIC_PUB_G1-IIRA-v1.9.pdf
2. 美國工業網際網路聯盟官方文件 IIC_PUB_G2-Key_System_Concerns_2018_08_07.pdf
3. 美國工業網際網路聯盟官方文件 IIC_PUB_T3-Industrial_Analytics_Framework_Oct_2017.pdf
4. 美國工業網際網路聯盟官方文件 IIC_PUB_G4-Security Framework_V1.00_PB-3.pdf
5. 美國工業網際網路聯盟官方文件 IIC_PUB_G5-Connectivity Framework_V1.01_PB_20180228.pdf
6. 美斯拉瓦尼。巴爾查吉爾工業物聯網安全，中國機械工業出版社，(2019)。
7. 美奇異公司工業互聯網，打破智慧與機器的邊界，中國機械工業出版社，(2015)。
8. 美奇異公司 Predix 工業互聯網平臺 奇異公司
9. 台裴有恆 AIoT 人工智慧在物聯網的應用與商機台灣碁峰資訊股份有限公司

MEMO

日本的工業價值鏈 IVI

5.1 日本的智慧工業的發展

日本在 2015 年開始非官方的「工業 4.1J」實驗計畫，同年也成立了「工業價值鏈促進會」(Industrial Value Chain Initiative，簡稱 IVI)，產生了相關的工業標準，而 2017 年人工智慧以「社會 5.0」角度納入。

在社會 5.0 中，將基於網路空間發展，涵蓋範圍包括金融（FinTech)，移動性（Mobility As a Service，簡稱 MaaS，其中最受矚目的是自動駕駛汽車)，醫療保健（HealthTech)，工廠安全（智慧安全）和城市管理（智慧城市)。

接下來以 IVI 這個日本主推多年的智慧工業組織及對應方案來做日本智慧工業的主要討論。

5.2 IVI 成員與主要概念

日本的工業價值鏈促進會（Industrial Value Chain Initiative；IVI）的成員包括電子、資訊、機械和汽車行業，以三菱電機、富士通、日產汽車和松下等…約 300 家主要企業為代表[1]，也包含中國的華為、德國的西門子，以及美國的思科。

IVI 有三大主要概念：

1. **互聯製造（Connected Manufacturing)**：製造商專注並投資於其核心競爭性生產流程，且動態連接到網路和實體供應鏈中的其他企業。
2. **鬆散定義標準（Loosely Defined Standard)**：指放鬆了標準化過程以適應工業現實世界的多樣性。這個會在 5.3.3 節作詳細介紹。

1 資料來源：日經中文網 https://zh.cn.nikkei.com/industry/manufacturing/39986-2020-04-30-05-00-00.html

3. **以人與場域為中心（Human & Field Centric）**：網路世界和實體世界越來越近，但並非 1：1 的關係。人工系統需要設計師，工程師以及操作員。故人類仍然是未來生產中的關鍵。[2]

5.3 IVI 參考架構

IVI 在 2015 年成立後，開始制定一系列標準，而其中架構方面的標準是工業價值鏈參考架構（Industrial Value Chain Reference Architecture；IVRA）。

IVRA 的架構包含商業層、活動層，以及規格層，如圖 5.1。

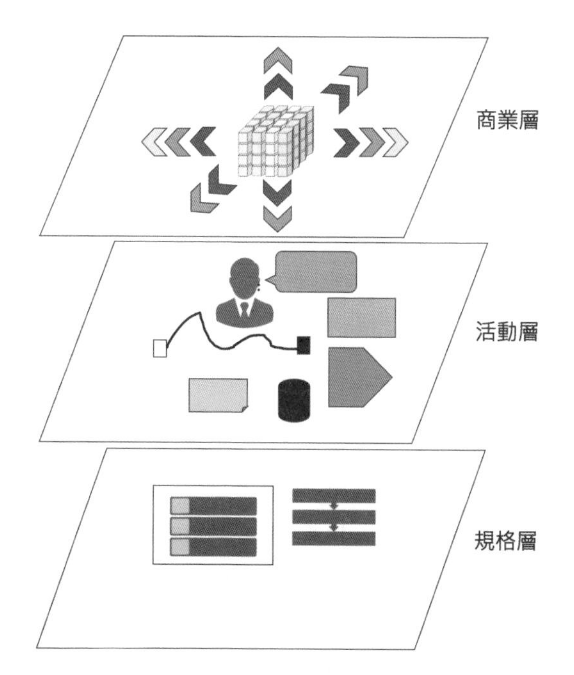

圖 5.1　日本 IVI 制定的 IVRA 三層 商業層、活動層，以及規格層

資料來源：IVRA 官方文件 圖源：裴有恆繪製

2　資料來源：IVI 簡報 "The IVI Approach to IoT and Current Manufacturing Projects"

5.3.1 商業層

在日本 IVRA 官方文件中顯示，IVRA 商業層的架構主體為智慧製造單元（Smart Manufacture Unit；SMU），搭配便攜式裝載單元（Portable Loading Unit；PLU），如圖 5.2 所示。

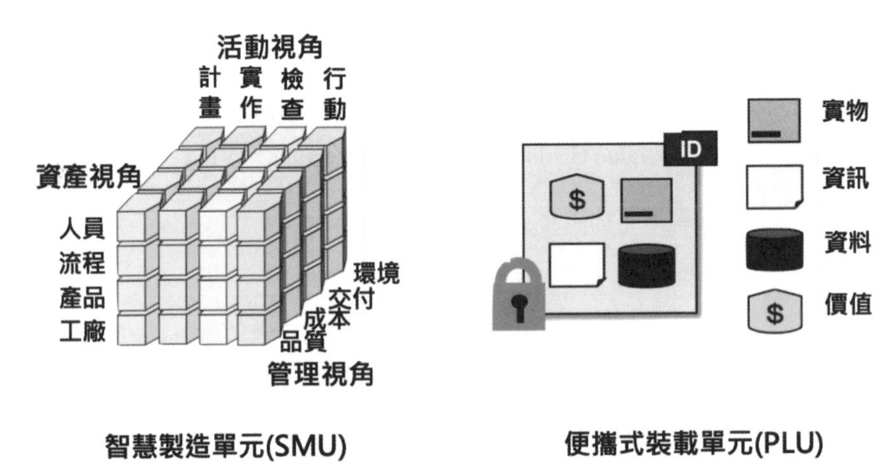

圖 5.2　日本 IVI 制定的 IVRA 商業層的重要元件智慧製造單元 SMU、便攜式裝載單元 PLU 圖

資料來源：IVRA 官方文件　圖源：裴有恆繪製

SMU 由資產視角、活動視角，以及管理視角的組合完成，以下一一說明。

SMU 的資產視角顯示的是對製造組織有價值的資產。此視圖中標識的資產是 SMU 的屬性，其中一些資產可以根據需要在不同的 SMU 之間轉移。資產將是任何活動的對象。它也可以是執行此類活動的主動對象。例如，在某些情況下，人員會在收到指示後進行活動，而在其他情況下，則是根據自己對情況的決定行事。按照這種觀點，資產分為以下四類，以下一一說明。

1. **人員資產**：在生產現場工作的人員是寶貴的資產。人員在實體世界中進行諸如生產產品的操作。人員也可以做出決定並向其他人提供指導，無論是否是管理者

2. **流程資產：**生產現場對操作有寶貴的知識，例如生產過程，方法和專有技術。這些關於流程的知識也是製造的資產。

3. **產品資產：**製造過程中產生的產品和生產過程中消耗的材料都是資產。此外，最終成為產品一部分的事物（例如零部件和裝配體）也計為產品資產。

4. **工廠資產：**用於製造產品的設備，機器和設備被視為工廠的資產。設備（例如夾具、工具和輔助材料）的操作所必需的東西也屬於工廠，屬於此類資產。

智慧製造通過人類和設備進行的各種活動來創造價值。活動視角涵蓋在 SMU 中執行的此類活動。這些活動是在實體世界中的每個製造地點進行的。可以將它們視為一個動態週期，不間斷主動地改進目標問題。無論活動的目的或對象是什麼，活動視角都是由活動的四個基本類別的循環組成的：「計劃」、「執行」、「檢查」和「行動」，這也是品質管理大師戴明當年帶入日本的管理循環。以下一一說明：

1. **計劃：**「計劃」是一項活動，用於列出要在特定時期或截止日期之前執行的操作項目的列表。它還可以決定行為的目標，以完成給定的任務或實現 SMU 的目標。

2. **執行：**「執行」是指通過在實體世界中的實際站點上執行具體活動來努力實現某個目標。它可以根據給定的目標創建新資產或更改現有資產的狀態。

3. **檢查：**「檢查」是一項基本活動，用於檢查計劃活動設定的目標是否已實現。它通過分析測量或感知執行過程導致實體世界發生了怎樣的變化，以及在未實現目標時調查原因。

4. **行動：**根據檢查結果，改善「行動」。它通過定義理想情況和解決目標問題的任務來改善 SMU 的功能。該行動試圖改變 SMU 本身的結構或系統，以填補當前狀況的空白。儘管機器和設備大多不會自行更改其結構，但人員會迭代更改其機制。

管理視角顯示與管理相關的目的和索引。SMU 的資產和活動應在代表管理觀點的品質，成本，交付和環境方面進行適當控制。一個 SMU 可能會受到質疑它最終是否會完全優化。視角的每個項目都可以獨立管理。目標 SMU 中的不同資產視角或活動視角中存在諸如品質管理、成本管理、交付管理和環境管理之類的管理類，以下一一說明：

1. **品質管理**：「品質」是衡量 SMU 提供的產品或服務的特點如何滿足客戶或外界需求的指標。可以討論各種品質的改進，例如與客戶價值直接相關的產品品質，製造產品或服務的工廠或設備的品質，以及與人和方法有關的所有品質。

2. **成本管理**：「成本」被理解為為了 SMU 提供某種產品或服務而直接或間接花費的財務資源和商品的總和。成本的概念包括消耗的材料，將其轉換成產品，為操作設備提供的服務、能源消耗、資產和財務資源以及間接用於維護和管理工廠的商品。但不包括現有資產的價值。

3. **交付管理**：「交付」的準確性是顯示交付給客戶的日期和時間如何滿足 SMU 客戶需求的指標。還考慮了向客戶提供產品或服務的位置和方法。它不僅需要確保滿足要求的截止日期，還需要滿足在指定的確切時間和地點交付的要求，並以針對每個客戶的優化方式交付。

4. **環境管理**：「環境」是衡量 SMU 與環境和諧程度的指標，在進行活動時不會給它帶來過多的負擔。通過與周圍環境和周邊地區保持良好關係，可以實現環境友好。它包括管理有毒物質的排放以及 CO2 和材料的流動，以及優化能源消耗。特別是新冠肺炎侵襲人類，加上地球暖化的省思上，這個部分顯得越來越重要。

SMU 的資產視角對應到德國工業 4.0 CPPS 階層的資產層，以及管理視角對應到德國工業 4.0 CPPS 階層的商業層，另外，活動視角的「計畫」對應到產品生命週期的「原型研發與使用 / 維護」階段，「實作」對應到「實物製造與使用 / 維護」階段（見圖 2.9）。

便攜式裝載單元 PLU 包含實物、資訊、資料、價值。其類似 AIoT 的作法，實物具備感測器，收集資料，分析得出資訊，產生價值。PLU 是要在 SMU 之間傳輸的元素束。PLU 可以包含實物，資訊、資料和價值。當資產在 SMU 之間移動時，網路世界和實體世界都可能存在轉移。此外，在每個世界中，可以根據對象的特性分別發送資產。PLU 是即使所有內容分別傳輸也管理所有內容的對應關係的單元。

1. **實物**：產品、裝配體以及工廠的一部分，例如 當設備從一個 SMU 轉移到另一個設備時，它們在物理世界中被視為 " 實物 "。由於實物需要實體傳輸，因此在現實世界中必須配備用於此目的的設備或方法。
2. **資訊**：資訊包括關於產品和設備的資訊，生產產品的方法或設備的操作知識。資訊以實體媒介上的符號組合來表示，其描述形式包括業務報告、表格和電子表格、工程草稿、紙質便箋和卡片。通過數位設備接收的消息在被識別時也被視為資訊。
3. **資料**：任何類型的資訊都可以被數位化，然後形成資料。資料通過實體世界中的儲存媒介或網路世界中的平台進行傳輸。但是，資料始終存在於網路世界中，並在實體世界中表現為實物或資訊。
4. **價值**：對於實物、訊息和資料的發送者和接收者而言，這些轉移的資產都有自己的價值。因此，發送它們時，可以看到資產的價值也已轉移。無形的價值轉移通常需要支付相關價格的付款。

可靠連接中心（Reliable Connection Center，簡稱 RCC）以 PLU 為單位管理 SMU 之間的傳輸。對於 SMU 之間的資產轉移、安全性和可追溯性尤其重要。關於安全性，將要求傳輸中涉及的所有方（例如發送方、接收方和中繼代理）進行身份驗證。此外，PLU 使用實體和數位密鑰鎖定資產，並在安全級別上對其進行管理。當傳輸的內容是資料時，PLU 必須使用加密。特別是，需要通過管理分類帳來更安全地執行價值轉移。當成批發送不同物質的 PLU 或兩次傳輸之間存在時間滯後時，需要進行適當的可追溯性管理。每個 PLU 都有一個全球可識別的管理標籤。該標籤使您能夠管理每個 PLU 的當前位置和狀態，並在需要時進行追踪。

關於整體運作的方法，請參考圖 5.3 的案例，智慧製造單元 SMU1 及 SMU2 或智慧製造單元群（SMU3a/3b/3c 及 SMU4a/4b），彼此之間透過 PLU 單向連接，而連接到企業間的 PLU 需通過安全閘道。SMU 都可雙向連接到具備資料儲存功能的 RCC，這也顯示此架構的網路連接機制（對應到 AIoT 五層架構的網路層）。

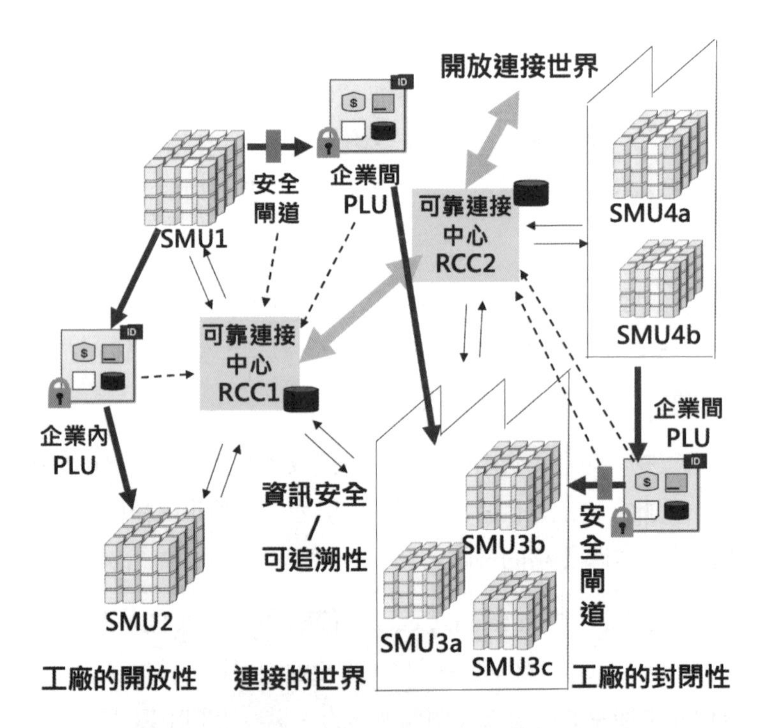

圖 5.3　日本 IVI 制定的 IVRA 架構連接用例圖

資料來源：IVRA 官方文件　圖源：裴有恆繪製

IVI 更進一步從整個製造業的角度來看，通過具有幾個通用功能的多個單元來了解企業的活動。並在需求供應流與知識工程流有交叉點的情況下定義單位。通過跨越知識工程流、需求供應流以及組織層次結構級別的三個軸，可以將智能製造整體建模為通用功能模塊（General Function Block，簡稱 GFB）的組成，如圖 5.4 所示，其中每一個立方體塊即為一個 SMU。

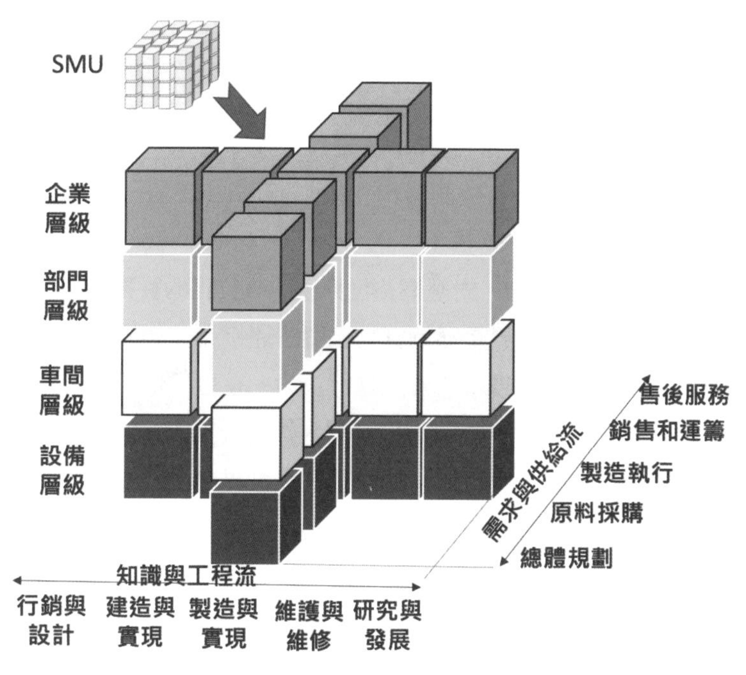

圖 5.4 日本 IVI 官方提供的智慧製造的通用功能模塊 GFB

資料來源：IVRA 官方文件　圖源：裴有恆繪製

日本 IVRA 與美國 IIRA 及德國 RAMI 4.0 為全球合作夥伴，讓 IVRA 可以在世界上與其他系統整合。

5.3.2 活動層

虛實整合系統（Cyber Physical System，簡稱 CPS）是實體世界和網路世界相互同步和整合的系統。實體世界指有形資產實際存在的世界，而網路世界已被數位化，以便由 IT 系統進行作業和運算。考慮到製造業是在 IT 出現之前很長時間開始的，因此應該從一開始就從實體世界的角度對製造業進行建模。然後，該方法嘗試將一部分實體模型數位化後委託給網路世界。在 SMU 中，根據位置和情況詳細描述了「計劃」、「執行」、「檢查」和「行動」的場景。所有活動應通過一系列動作來定義，每個動作都可以定義為對實物或資訊的任何操作。可以將這種在現實世界中的活動流（包括時間和地點的轉換）定義為一種情境。

圖 5.5 為情境描述的示範案例，它顯示了實體世界中實物，資訊和活動的流向。其中帶圓柱符號的是內部裝有感測器和 / 或執行器的 IoT 設備，帶圓柱符號的資訊表示用於資料 I / O（輸入 / 輸出）的資通訊（Information and Communication Technology，簡稱 ICT）設備。對應網路世界中，數位化的實物和資訊可以識別為資料。而實體世界和網路世界是通過實物和資訊連接在一起的。假設工廠車間的工人基於從工廠的平板電腦獲得的資訊進行決策。在這種情況下，顯示資訊的平板電腦是網路世界和實體世界之間的接觸點。如果員工使用連接到網路的 IoT 設備，則實體世界中的作業內容將成為可以在網路世界中處理的資料。一旦將實體世界中的實物和資訊轉換為網路世界中的資料，便可利用強大的電腦運算功能及強大的網路資料儲存和傳輸能力。因此，兩個世界之間的接觸點變得很重要。在接觸點，實體世界的實物和資訊通過數位技術（例如物聯網和 ICT 設備）連接到增強的網路世界。物聯網和 ICT 設備將物理實體中的資產數位化。它們被重新傳輸到資料中，成為網路世界中的另一種形式的資產。

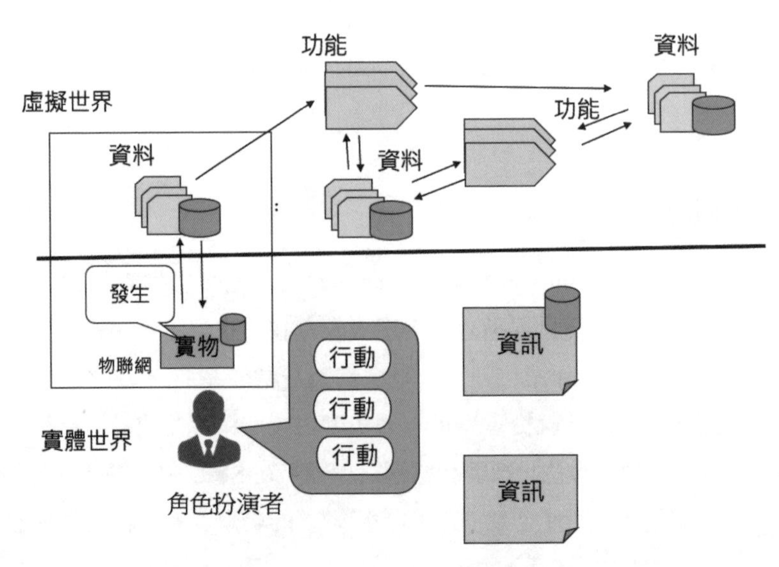

圖 5.5　日本 IVI 官方提供的情境描述的示範案例

資料來源：IVRA 官方文件　圖源：裴有恆繪製

網路世界中的資料通過網路連接和作為軟體提供的各種功能進一步增加了其附加價值。在實體世界和網路世界相互聯繫的製造環境中，需要相互比較和分析各個站點之間的製造情況。這些活動情境可對應各種商業模式，詳見 5.4 節。

5.3.3 規格層

在談規格層之前，需要先談智慧製造平台。在智慧製造中，需要在適當的時間，正確的位置以適當的形式提供必要的資訊，以便 SMU 內部的各種活動得到有效連接。為此，必須在網路世界中將資訊和資訊彼此關聯起來，以便可以在需要的時間和地點傳輸以數位格式編寫的內容。提供這樣的系統作為用於智慧製造平台。智慧製造平台允許資料在企業中使用的不同製造活動和系統元件之間進行交互操作。

智慧製造平台由多個元件組成，例如設備、應用程序、基礎架構和工具。然後，平台通過互連多種硬體和軟體，直接為最終用戶提供服務價值。以下一一就 IVI 的定義說明：

1. **設備**：設備是配備有實體執行硬體的元件。該元件類別包括感測器，終端設備，控制器等。設備將實體世界和網路世界連接起來。尤其是物聯網設備直接連接到網路，並能夠在網路世界中發送接收資料。

2. **應用程序**：應用程序是一種能夠執行或支持實體世界中各個作業的軟體。在網路世界中，應用程序處理並交換平台提供的資料。顯示設備和諸如鍵盤之類的輸入設備有時被配備為應用程序的外圍設備，它們也可以被視為應用。

3. **基礎設施**：基礎設施是用於資料傳輸和累積的基本資產，例如通信電纜線，通信控制單元和雲端資料庫。這樣的網路和專有操作系統有時被稱為平台，但是它們被歸類為平台元件，並且被用於連接能力的功能。

4. **工具**：工具也被視為提供通用功能的元件，例如資料轉換，橋接協議，針對平台用戶的元件配置和整合的工程和管理支持。工具主要用於根據環境定制基礎結構或用於填補元件之間的正式和實質性資料空白。

圖 5.6 分別顯示了設備、應用程序、基礎架構和工具與作業層，軟體和硬體以及利害關係人的關聯性。在 SMU 之間傳輸資料時，PLU 用於資料連接。SMU 之間的連接由可靠連接中心（RCC）管理，因此平台無需根據連接是在同一 SMU 內還是與另一個 SMU 來區分其功能。當資料從外部 SMU 發送到外部 SMU 時，需要選擇合適的網路，並且以 RCC 來做適當的連接。

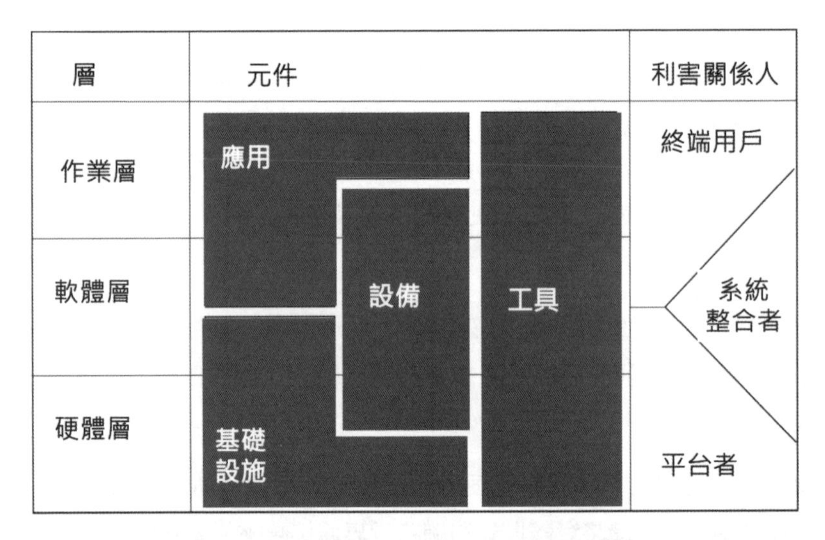

圖 5.6　日本 IVI 官方提供的由應用、設備、基礎設施與工具構成的智慧製造平台

資料來源：IVRA 官方文件　圖源：裴有恆繪製

智慧製造作為系統產生結果，其中每個 SMU 重複「計劃」、「執行」、「檢查」和「行動」的活動週期，以便通過資產來改善評估指標，例如品質，成本，交付和環境包括人員、流程、產品和工廠。為了增加總體結果，SMU 彼此相互連接。為了實現這樣的用於與 SMU 進行連接製造的系統，必須具有一個智慧製造平台，以實現網路世界中的資料連接。該平台由多個組成部分組成，因此，一個平台可以被視為系統的系統（SoS），如 SMU 也是一種 SoS。SoS 應該是混合了不同指標和矛盾值的異構系統組合。關於在這種異構環境中的智慧製造平台，必須建立通用的具體可行決策規則，以實現元件的互連以及在 SMU 內 / 外連接各種活動。

值得注意的是，人工設計系統組成元素的類型和特性，決定了設計時的狀態。

為了使 SMU 能夠隨時反映實體世界現實多樣性的系統的系統（SoS）的獨立發展，平台必須能夠接受連接規範的逐步修改。對於 SoS 的開發，需要自上而下的創新方法和自下而上的方法以及不斷改進的混合系統，在此將基於平台參考架構以自上而下的方式描述智慧製造的 SoS。而此時，需要鬆散定義標準介入，才能適度地做好連接。

建立鬆散定義標準的基本步驟是闡明應定義的術語和資料模型。每個要聯繫的參與者都可以根據每種情況來決定一條共同的規則，而不必只有單個規則。換句話說，可以有與群組變體數量一樣多的通用連接模型。鬆散定義的標準概念減輕了對傳統樣式僅定義了一個標準模型，從而迫使每種情況都符合一個合適標準的限制。使用鬆散定義的標準，每種情況都可以從多種模型中選擇最合適的一種。如果企業需要遵循唯一的通用模型，則有時需要對業務流程進行重大更改。但是，當遵循實際相關各方之間確定的共同部分時，此類更改會更小。另外，如果付出一些努力來彌補企業的通用模型和個體模型之間的差異，則可以保留原始內容的本地資產。這意味著各個企業在各自可以合作的領域進行合作時會利用自己的優勢。

但是，如果有多種連接標準，則元件將需要具有相同數量的接口。當以自下而上的方式構建用於連接的系統時，可能會出現無數類似的通用規範。為了避免這種情況，工業價值鏈參考結構的生態系統框架採用了如圖 5.7 的資料模型的參考層級模型。連接規範始終通過在較高級別上定義與參考模型的差異來確定。如果較高級別的參考模型具有相應的項目，則需要對應應用。

圖 5.7 解釋了資料模型之間的引用關係。元件資料模型是最基本的實施級別，它是指下一級平台的通用資料模型。因此，應遵循事先提出的平台通用模型來定義構成某個平台的元件的資料模型。同時，為了不允許各種平台分別呈現唯一但冗餘的通用資料模型，因此發布了每個平台領域的資料模型。然後鼓勵領域資料模型被平台引用。最終，每個領域模型都由在所有領域中都通用的元素組成統一資料模型。如圖 5.7 所示，自上而下看時，作為鬆散定義的標準的通用連接規範是個體化的。

層級	模型	品質
通用參考架構	單一資料模型	1（標準體）
平台參考架構	領域資料模型	=類別數目（工作群組）
平台實行	通用資料模型	=平台數目（平台者）
元件實行	實行資料模型	=元件數目（元件供應者）

圖 5.7　日本 IVI 官方文件中之資料模型的參考層級模型

資料來源：IVRA 官方文件

因為根據不同製造場所的不同需求描述的連接方案是如此多樣化，以致於難以通過自上而下的方法來實現。所以，IVI 訂定的平台配置文件以及組成前者的元件配置文件根據相應的平台參考模型定義了自己的功能。其所訂定參考模型對於平台開發者和元件供應商來說是有用的資訊，可以通過掌握生態系中大致需求而不是處理每個單獨用戶的情況，來實現系統 80% 的功能。而遵循參考模型的平台和元件提供商的增加反過來會導致基於參考模型的客戶個人需求的增加。

工業價值鏈促進會（IVI）每年都會通過召集每個規範的利益相關者，不斷修訂標準的內容，轉而成為規格。

5.4 IVI 情境對應的商業模式

IVI 官方文件「An Outline of Smart Manufacturing Scenarios 2016」中提到了各類情境，在 2016 年由 IVI 中由 15 個工作群組產生的，是以促進互聯製造的生態系統。這些工作群組從實際場景中創建用例。

2016 年，IVI 擴展了活動框架以建立互聯製造生態系統。在生態系統中，商業情境工作群組（Business Scenario Workgroups，簡稱 BSWG）會根據實際場景建造使用案例。同時，平台開發商扮演著通過「IVI 平台」為他們提供解決方案的角色。管理流程如圖 5.8。

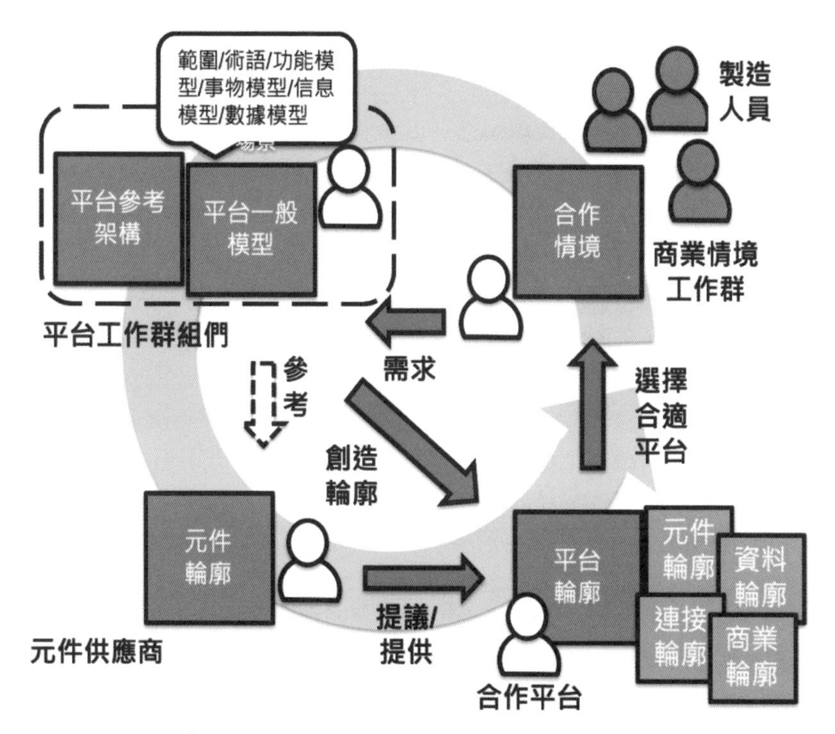

圖 5.8 由鬆散定義標準的 IVI 生態系管理圖

資料來源：IVI 官方文件 An Outline of Smart Manufacturing Scenarios 2016 圖源：裴有恆繪製

如前節所言，IVI 平台是一個系統的系統，用於通過在「應用程式」組成的元件之間保持互操作性來為最終用戶創造價值。也就是說，IVI 平台的主要目的是為製造商增加價值。而該平台是開放的基礎，可通過提供每個元件的配置文件規範來創建生態系統。同時因為自下而上所產生的資料歸企業所有，因此企業可以用這些產生的資料來進行系統改進。

這樣的以平台類別分類，可分為八大類別，分別敘述如下：

1. **生產工程訊息類：**根據設計訊息考慮生產線的配置，並管理從原型到批量生產的流程技術資訊。包含流程訊息和製造訣竅的數位化、設計變更時的生產準備資訊連接，以及虛實整合系統 CPS 對機器人程序資產的利用等。

2. **品質管理訊息類：**通過有關工廠品質，技術和營運的資料，不斷改進 QCD（品質、成本、交貨）。包含品質資料的可追溯性。

3. **生產計劃與控制類：**通過管理製造進度資料，可以根據計劃，規格或車間條件的變化動態控制生產線。包含利用有關工人和實物的即時資料的敏捷生產計劃，以及低成本的位置控制系統等。

4. **供應鏈管理類：**以安全的方式在公司之間交換供應鏈或工程鏈所需的資料。包含通過標準接口（外向物流）在供應鏈中推廣 CPS，以及通過共享流程訊息在公司之間進行協作等。

5. **小型企業訊息類：**通過「銷售」、「採購」和「製造」相結合，整合了中小企業生產管理的重要功能。包含共享技術訊息以實現中小企業的橫向整合，與流程訊息的可視化等。

6. **預防性維護類：**管理超出公司 / 工廠範圍的設備故障診斷資料，以根據需要採取對策。包含包容性預測性維護、所有人的預測性維護、低成本的預測性維護系統，以及可檢測設備異常跡象等。

7. **資產和設備管理類：**利用設備運行資料進行生產管理，品質控制和整體設備效率的提高。包含利用機器物聯網資料進行智慧維護，以及知識數位化的智慧維護等。

8. **維修服務管理類：**對售後產品的使用情況進行監控，以提供維修支持和備件準備等服務。包含售後服務增值。

5.5 IVI 實例

IVI 的成員訪台時，展示了兩大實例，安川電機以及松下電子，敘述如下。

5.5.1 安川電機的 i3-Mechatronics

安川電機提出進化的執行的新概念「i3-Mechatronics」，已做好「數位資料的管理」，並活用實際運轉該設備後的資料，以提高生產力，確保並維持高品質，實現不停工的生產線等，整合並全面提供軟體面的數位資料解決方案，如圖 5.9 所示。

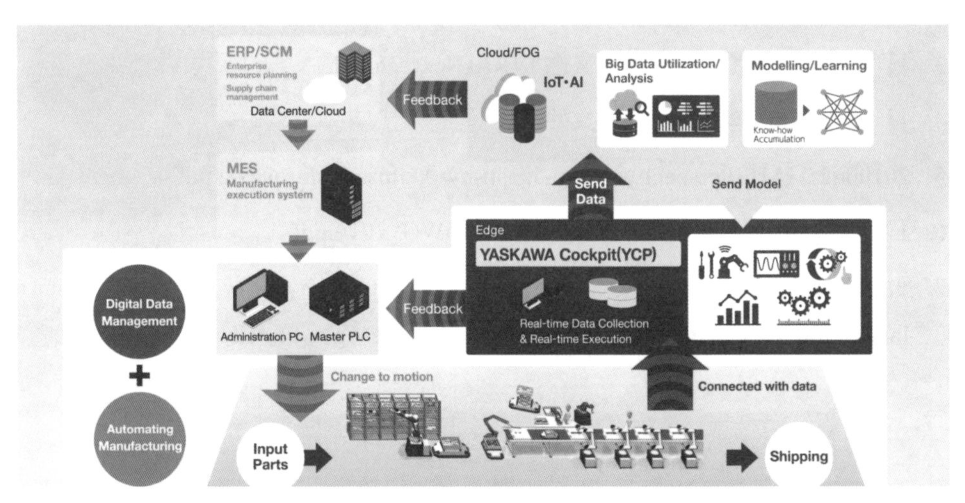

圖 5.9　安川科技的 i3-Mechatronics 的案例作法

圖源：YouTube

5.5.2 松下電子的預測保養管理

松下電子在生產鋰電池上，已能使用人工智慧活用預測保養管理，利用人工智慧學習過去保養實際狀況資料，藉由將保養維修最佳化，防止不良品及故障產生，因為能預測趨勢，一旦系統找出每個零件何時可能會出現狀況，就可以進行預防措施。像是馬達生產的資料多，以低成本物聯網感測器對應網路互通設備，成為

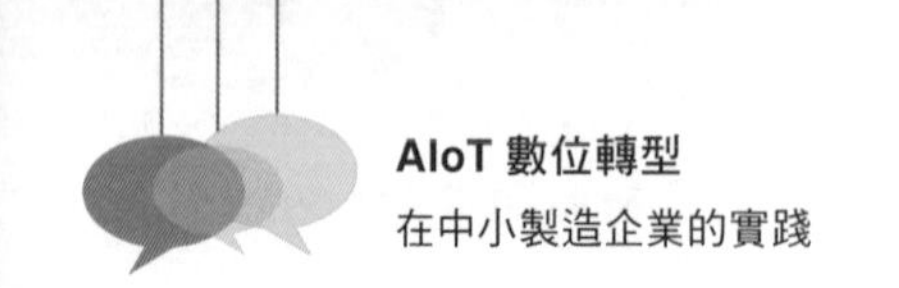

串聯式實體製程，提升工作效率。實現預測管理可避免不必要的停線，隨時做好準備，以免工程停滯。

參考文獻

1. 日本工業價值鏈促進會官方文件 doc_161208_Industrial_Value_Chain_Reference_Architecture.pdf
2. 日本工業價值鏈促進會官方文件 Industrial_Value_Chain_Reference_Architecture_170424.pdf
3. 日本工業價值鏈促進會官方文件 IVRA-Next_en.pdf
4. 日本工業價值鏈促進會官方文件
5. 20190625-1515-Perspective-from-Japan-by-Akihisa-Ushirokawa.pdf
6. 日本工業價值鏈促進會官方文件 ScenarioWG_2016.pdf
7. 日本 Study Group on a New Governance Models in Society5.0 官方文件 Governance Innovation Redesigning Law & Architecture in the Age of Society 5_0。

台灣的智慧機械

6.1 台灣的智慧工業的發展

鑑於歐美智慧工業的積極發展，台灣行政院也積極推動，於 2015 年 9 月 17 日核定推動「行政院生產力 4.0 發展方案」。並提出以下台灣在 1982 年起，由生產力 1.0 到生產力 4.0 的歷程。

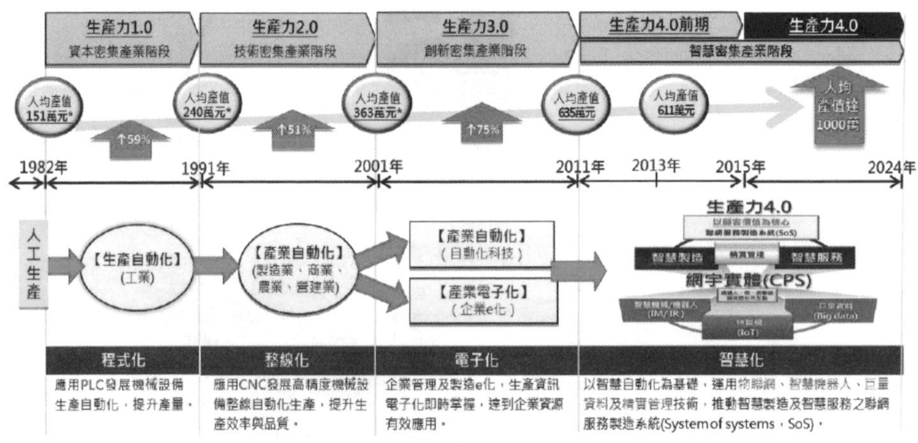

圖 6.1 生產力 1.0 到生產力 4.0

資料來源：行政院 圖源：行政院報告

此發展方案包含工業、農業，以及商業服務業三個方向，在工業上定下解決方案方向：

1. 策略性選擇領航產業，優化產業結構，鞏固國際接單競爭力。
   - 電子資訊業
   - 金屬運輸業
   - 機械設備業、食品業及紡織業等。
2. 以智慧自動化為基礎，導入網實融合系統（Cyber-Physical System, CPS）技術，以創造智能意識化製造業，也就是可以預測製造、預防維修等附加價值高的製造業。

3. 集成電腦化 / 數位化 / 智能化技術，發展具備有適應性、資源效率、及人因工程的智慧工廠，以貫穿商業夥伴流程及企業價值流程，創造產品與服務客製化供應能力。」[1]

而經濟部自 2016 年起另推動「智慧機械產業推動方案」，是現在正在進行中的台灣智慧工業的領導準則。

6.2 台灣的智慧機械產業推動方案

「智慧機械產業推動方案」設定發展願景為：「以精密機械之推動成果及我國資通訊科技能量為基礎，導入智慧化相關技術，建構智慧機械產業新生態體系。使我國成為全球智慧機械研發製造基地及終端應用領域整體解決方案提供者。

1. **『智慧機械』產業化**：建立智機[2]產業生態體系
   (1) 深化智機自主技術中長期布局與產品創新
   (2) 發展解決方案為基礎之智機產品
2. **產業『智慧機械』化**：推動產業導入智機化
   (1) 減緩勞動人口結構變遷壓力，加速人力資本累積
   (2) 創新產業生產流程並大幅提高生產力
   (3) 善用電資通訊產業優勢加速產業供應鏈智能化與合理化」[3]

根據吳明機先生在經濟部工業局局長任職期間的簡報中提到「智慧機械產業化」也就是「整合各種智慧技術元素，使其具備故障預測、精度補償、自動參數設定

1 資料來源：行政院科技會報辦公室 行政院生產力 4.0 發展方案。（民國 104 年 9 月 17 日行政院核定）而內文中的網實融合系統，即之前談的「虛實整合系統」。

2 智機為智慧機械簡稱。

3 資料來源：行政院官網 https://www.ey.gov.tw/Page/448DE008087A1971/e6039c49-74ee-45a5-9858-bf01bb95dc76

與自動排程等智慧化功能，並具備提供 Total Solution 及建立差異化競爭優勢之功能。」其範疇包含「建立設備整機、零組件、機器人、物聯網、大數據、CPS、感測器等產業。」可以參考圖 6.2 了解作法。

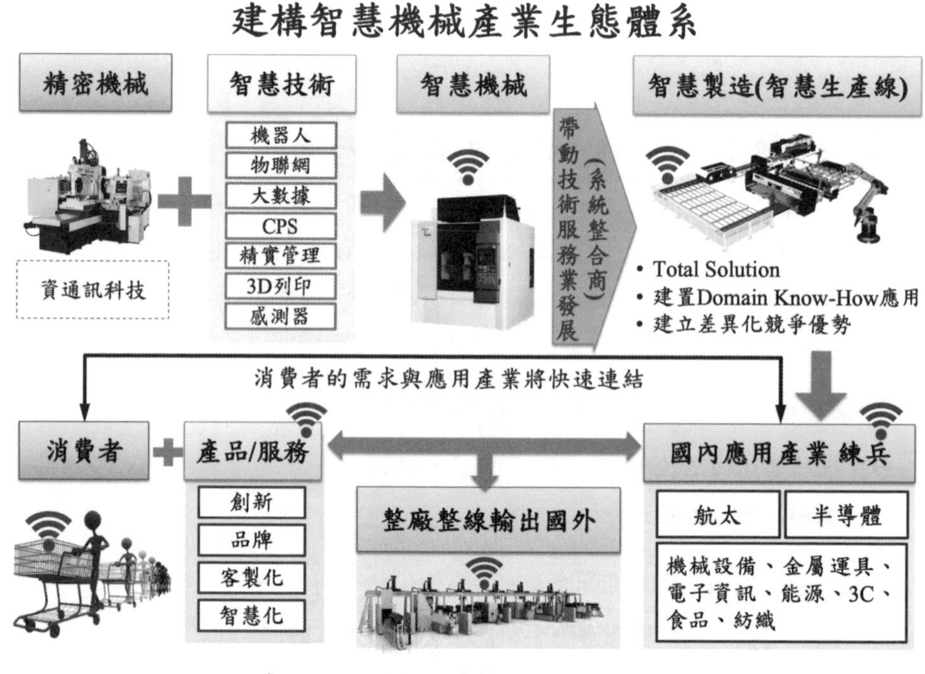

圖 6.2　建構智慧機械產業生態體系

資料來源：行政院　圖源：經濟部工業局報告

而產業「智慧機械化」也就是「產業導入智慧機械，建構智慧生產線（具高效率、高品質、高彈性特徵)，透過雲端及網路與消費者快速連結，提供大量客製化之產品，形成聯網製造服務體系。」其範疇包含「航太、半導體、電子資訊、金屬運具、機械設備、食品、紡織、零售、物流、農業等產業」。[4]

4　資料來源：行政院第 3507 次會議 民國 105 年 7 月 21 日吳明機先生具名的簡報「五大產業創新研發計畫，智慧機械產業推動方案」

而推動策略分為三大主軸[5]：

1. **連結在地**：做到 (1) 打造智慧機械之都 (2) 整合產學研能量（訓練當地找、研發全國找）。

2. **連結未來**：做到 (1) 技術深化，並以建立系統性解決方案為目標 (2) 提供試煉場域。

3. **連結國際**：做到 (1) 國際合作 (2) 拓展外銷。

6.3 台灣的智慧機械產業推動方案成果

根據現任經濟部工業局局長呂正華先生的「智慧機械產業推動方案成果」簡報

資料，台灣的智慧機械目前已經做到了推廣智慧機上盒（SMB）、AI 應用加值、智慧製造關鍵教材、智慧製造輔導團及國際合作，以及智慧機械產業領航。

「智慧機上盒的推廣」是協助企業導入機聯網與生產資訊可視化，以及利用數位化改善傳統生產模式。在民國 109 年 7 月 已達裝機達成 4456 台設備聯網。

在「AI 應用加值的推動」上，讓機械不僅能對話，還能智慧溝通串流，加速跨廠整合，如使用製程設備 AI 化達成「智慧研磨」、「參數建議」、「異常預警」與「品質檢測」的功能，提高工廠效率，讓客戶大大滿意。

在「智慧製造關鍵教材缺口之補強」上，計畫設定的目的是「盤點現有智慧製造課程教材」，以及「開發整合性共通智慧製造課程教材」。後來的推動作法是「開發聯網、感測器、大數據及運營管理等共通教材」，以及「智慧製造跨校跨域教學策略聯盟」。而在民國 109 年 7 月達到的成效是「舉辦 6 場種子師資培育活動，參與人數教師 238 人次、廠商代表 43 人次，活動滿意度達 9 成」。而且「使用共通教材授課之學校達 20 所，授課數達 35 門。」

5　資料來源：行政院第 3712 次會議 民國 109 年 7 月 30 日呂正華局長具名的簡報「智慧機械產業推動方案成果」

在「智慧製造輔導團」上，作法是「免費提供中小企業諮詢診斷與技術服務」，由「84 位專家及 222 家系統整合商（SI）技術服務機構組成輔導團，由產業專家到廠提供諮詢診斷，媒合與系統整合業者技術合作」，而在民國 109 年 7 月達到的成效是「輔導團已走訪 752 家廠商，提供中小企業諮詢診斷服務」，因而「協助 164 家廠商申請政府資源 9.48 億元；帶動廠商促投 13.57 億元」。

在「智慧機械產業領航」上，首先結合政府單位、產業界、公協會、學術界、法人單位，跨域合作，共同協助智慧機械產業推動。而且利用專案打造智慧機械標竿企業，以促成典範轉移。而在民國 109 年 7 月達到的成效如圖 6.3 的共 6 案 20 家廠商，預計結案後 3 年帶動投資 97.3 億元。

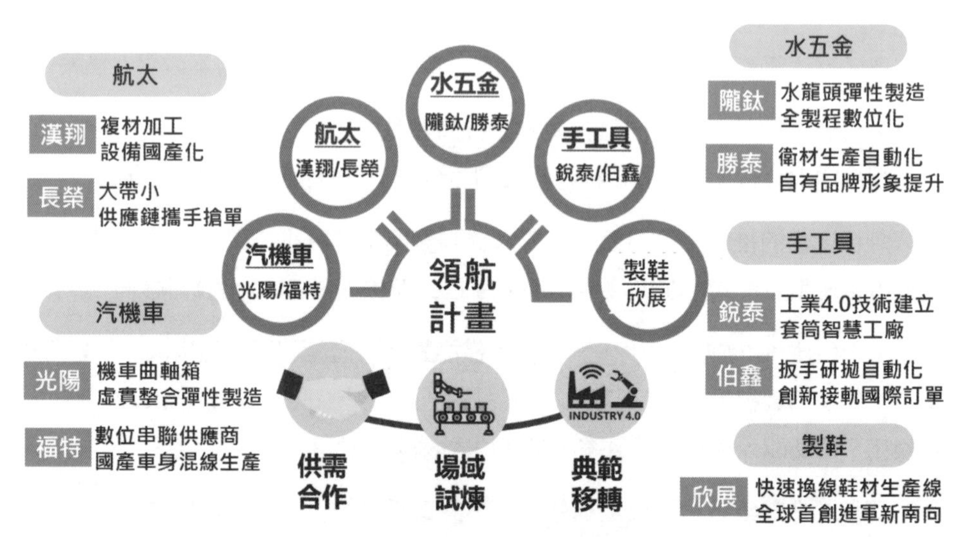

圖 6.3　建構智慧機械產業生態體系

資料來源：呂正華局長的簡報「智慧機械產業推動方案成果」

6.4 結論

台灣本身製造業的佔 GDP 很大部分，相關智慧工業的政策從馬政府到蔡政府，從「生產力 4.0」到「智慧機械」，發展一直持續著，而台灣本身的製造業很多以世界為市場，大多為中小企業，在經濟部工業局的主導下，已達成一些成果。

而台灣的製造業多要跟世界接軌因而必需要跟工業 4.0、美國工業網際網路聯盟、中國製造，以及日本工業價值鏈 IVI 做好對應需求的標準對接，這件事情正在進行中。

MEMO

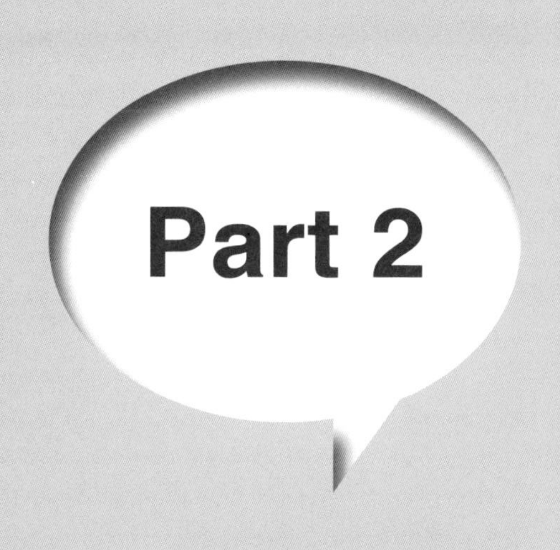

中小製造企業的數位轉型實例

在講完了第一部分的世界各國重要的智慧製造的作法，接下來討論的是實務上真正實踐的案例：從第七章到第十一章是五個中小製造企業的數位轉型案例，這五章分別是「工業 4.0 與數位轉型案例之新呈工業」、「安口食品的數位轉型案例」、「華夏玻璃如何做到數位優化，接下來逐步轉型」、「震旦行旗下的震旦雲如何做到數位轉型」，以及「新漢股份有限公司及他的數位轉型子公司們」。

這五章的章節案例內容架構依序為：「簡介」、「公司簡介」、「產品介紹」、「產業性質」、「組織架構」、「數位轉型架構」、「數位轉型歷程」，以及「數位轉型成效」，並在末尾會有「Rich 顧問的案例分析」來做陳述，以幫助讀者深入了解各個案例的組織、產品與數位轉型架構、歷程、成效等作法。

工業 4.0 與數位轉型案例之新呈工業

7.1 簡介

新呈工業（Everbiz Industrial）是一家超過 31 年專業電子線束（Wiring Harness and Cable Assembly）的代工廠，在業界佔有舉足輕重的地位，對於製造業最討厭與抗拒的少量多樣，100% 客製化，立即交貨，新呈工業總是能夠不負顧客願望達成，因此在電子線束業界頗有名氣。為什麼製造業被視為吃人惡魔的少量多樣、客製化、立即交貨卻能夠讓新呈可以屹立不搖，甚至不斷成長？這都要歸功於新呈工業在數位上的建置。

新呈工業也不吝分享，並透過深入透析說明，新呈工業智慧數位工廠的架構、歷程和成效。希冀讀者透過實際案例，反觀自家工廠與企業是否有值得效仿與啟發，為自家企業未來開創更好的前景及永續經營。

圖 7.1　新呈工業

圖源：新呈工業提供

7.2 公司簡介

新呈工業在 1990 年，鑑於客戶對於線束組裝的需求在新北市汐止創立。初期只有經營者與另外兩位員工，以當年最新先進的全自動金針壓著設備為通信客戶（電話相關）業者代工電話線。初期的單一產線在市場趨勢下不足以推動企業成長，於是開始往其他線束的部分邁進，如電子線等，於是在 1994 年取得 UL[1] 和 CSA[2] 認證，1996 年取得 ISO 9002 的認證，就在開始站穩腳步後，2000 年的納莉與象神颱風的肆虐，原本四五十年沒淹過水的汐止，竟然成為水鄉澤國，第一次淹到 168cm 的高度，第二次竟然淹到 198cm 高度，被浸泡過的機器完全無法使用，當年損失 2000 萬，好在董事長的帶領下，員工上下同心度過難關。不過再出發的路途變得更坎坷，聰明的客戶也害怕交期的延誤及未來風險增加，不少客戶也跑單。董事長一肩扛下，開啟少量多樣有利潤的模式，沒想到這正是未來產業趨勢。

2004 年二代陳泳睿從待了六年資訊業回到自家產業，懷著資訊能夠協助自家製造業提升競爭力壯志的初心，一開始就從 MIS[3] 做起。講到這一段，不難免要說剛回來的少東，驚訝地發覺新呈根本就是一個資訊的沙漠，沒有 MIS、ERP[4]、eMail

---

1 UL（Underwriters Laboratories Inc）是一家獨立的產品安全認證機構，於 1894 年成立，總公司在美國的伊利諾州。UL 主要的業務是產品安全，也建立許多產品、原料、零件、工具及設備等的標準及測試程序。 來源：Wiki

2 CSA（Canadian Standards Association）成立於 1919 年，其目的是在工業界建立規則，負責制訂電氣領域裡自願採用的標準。CSA 制訂的用於安全認證的標準，適用於各種各樣的電氣設備，從工業用設備、商業用設備到家用電器等。來源：Wiki

3 MIS（Management Information System）是一個以人為主導的，利用電腦硬體、軟體和網路裝置，進行資訊的收集、傳遞、儲存、加工、整理的系統，以提高組織的經營效率。來源：Wiki

4 ERP（Enterprise Resource Planning）或譯企業資源規劃 [3]，是一個由美國著名的高德納諮詢公司於 1990 年提出的企業管理概念。企業資源計劃最初被定義為應用軟體，但迅速為全世界商業企業所接受。現在已經發展成為一個重要的現代企業管理理論，也是一個實施企業流程再造的重要工具。來源：Wiki

Server[5]、File Server[6]、Web Server[7] 等等；相較於接觸過 Oracle Server[8]、X-Windows[9]、Linux[10]、Palm[11]、WAP[12]、SMS[13]…協助過許多企業導入當時最夯議題的 Mobile Solution[14]、WAP、ASP[15]…等現今的總經理來說，新呈遍地黃沙，綠洲不知道在哪。好在毅力堅強，不畏困難，一開始就幫助新呈架設，email Server、File Server，讓資訊得以暢流。隨後實習階段依序發現公司管理上的不足，2006 年開始導入正航 ERP，讓手開的工單藉由 ERP 系統印出，加快生產前置作業；2008

---

5 eMail Server 電子郵件伺服器，專門收發電子郵件的服務器。

6 File Server 檔案伺服器，在網路中可由受權連接上的服務器，集中儲存檔案供網路中的電腦分享、備份或軟體共用之途。

7 Web Server 網頁伺服器，提供網頁服務給連接者觀看。

8 Oracle Server 甲骨文服務器，Oracle 甲骨文是一家美國軟體公司，最早提供資料庫軟體，現在也提供 ERP、虛擬伺服器、SaaS 等服務。這裡指的是資料庫服務器。

9 X Window 系統（X Window System，也常稱為 X11 或 X，天視窗系統）是一種以點陣圖方式顯示的軟體視窗系統。最初是 1984 年麻省理工學院的研究，之後變成 UNIX、類 UNIX、以及 OpenVMS 等作業系統所一致適用的標準化軟體工具套件及顯示架構的運作協定。X Window 系統透過軟體工具及架構協定來建立作業系統所用的圖形化使用者介面，此後則逐漸擴展適用到各形各色的其他作業系統上。來源：Wiki

10 是一種自由和開放原始碼的類 UNIX 作業系統。該作業系統的核心由林納斯·托瓦茲（Linus Benedict Torvalds）在 1991 年 10 月 5 日首次發布，在加上使用者空間的應用程式之後，成為 Linux 作業系統。來源：Wiki

11 Palm 曾經是著名的手持裝置製造商，推出的掌上電腦和手持裝置。來源：Wiki

12 WAP（Wireless Application Protocol）是一個使行動使用者使用無線裝置（例如移動電話）隨時使用網際網路的資訊和服務的開放的規範。WAP 於 1999 年推出，在 2000 年代初獲得了一定的普及，但到 2010 年代，它在很大程度上已被更現代的標準所取代。幾乎所有現代手機互聯網瀏覽器現在都完全支持 HTML，因此它們不需要使用 WAP 標記來兼容網頁，因此，大多數不再能夠呈現和顯示以 WAP 標記語言 WML 編寫的頁面。來源：Wiki

13 SMS（Short Message Service）一種可以將簡短文字訊息由一部手機傳送到另一部手機的服務，最先使用是 GSM 系統用，到移動網絡都用得，但隨著 2000 年代尾開始至手機普及，手機上程式可以透過移動數據傳送訊息，短訊現在已經比較少人用。來源：Wiki

14 Mobile Solution，移動裝置如平板、PDA 等，在其作業系統提供應用服務，讓使用者可以在裝置上使用企業所提供的軟體服務，如下訂單、查詢資料、詢問等等。

15 ASP（Application Service Provider）應用服務提供商是一種服務的供應商，該服務名為電腦應用軟體，有如租車公司，令顧客用家有更多的選擇，共享不菲的軟體。來源：Wiki

年有鑑於汽車產業是未來，聘請外部講師協助建立 TS 16949[16] 系統；2009 年更發覺原本利用 File Server 儲存的工程圖面，在列出給生產線上的同仁作為生產基礎的版本錯誤，造成商譽每況日下、生產成本無形間接上升、交期延誤等問題，開始導入 ERP 系統、原本手開單需要的 30-120 分鐘的時間頓時變成 10 分鐘；2009 年有鑑於紙張版本經常性列印錯誤版本，於是導入 DMS[17] 系統，統一工程圖面存放位置，讓需要的部門，因自己藏舊有版本，或者是工程與業務列出錯誤版本，導致生產錯誤的事件降到為零；二代接班並不是導入一些資訊系統就可以完全接班，對於陳泳睿總經理，線束產業並不是一個夕陽工業，至少在他有生之年將會不斷成長；他認為有用電的產品，都必須要有電線串接，才可以有效的利用，也因為如此，對於處在資訊業多年的陳泳睿，決定學習此門的專業技術，透過網路搜尋，無意中發現一家 IPC 的標準協會，其中 IPC/WHMA-A-620[18]（現在已經成為 NASA 驗收標準），對於線束產業的支持，激發了總經理的鬥志，加上自己資訊專長，希望對於台灣中小企業可以透過至德的平台升級數位工廠，遂而在 2015 年另外成立一家至德科技建立一智慧製造平台；2017 年至德科技完成線束產業 2D 的 Cloud CAD[19]，讓設計者可以透過雲端就可以設計出符合自身產品的電子零件，甚

---

16 TS 16949 是國際標準化組織（ISO）的技術規範，目的是發展品質系統，可以在車輛供應鏈以及車廠中進行持續改善的系統，著重在預防缺陷、減少變異及浪費。來源：Wiki

17 DMS（Document Management System）文件管理系統，主要是用來管理我們常用的一些文件、圖紙、視頻和音頻等信息內容。來源：Wiki

18 IPC（Institute of Printed Circuits）成立於 1957 年的印刷電路板協會，透過產業企業的共同制定出印刷電路板的成品標準受到全世界的認可，發展至今，發展出印刷電路到資通訊的產品驗收規範，如 IPC-A-600 印刷電路板驗收標準、IPC J-STD-001 電子產品焊接標準、IPC-A-610 印刷電路板組裝驗收標準、IPC/WHMA-A-620 電線纜線束驗收標準、IPC-A-630 電子裝置驗收標準、IPC-A-640 資通訊光纖驗收標準。IPC/WHMA-A-620 是與 WHMA（Wiring Harness Manufacturer' s Association ）合作開發對於線束標準，現已經成為美國 NASA（National Aeronautics and Space Administration）美國國家航空暨太空總署對於電線纜線束驗收標準。IPC 於 1999 年改名為國際電子工業聯接協會（Association Connecting Electronics Industries）保留其原本 IPC 標誌。

19 Cloud CAD（Cloud Computer Aided Design）雲端電腦輔助設計，是指軟體置放在雲端伺服器，供給使用者在瀏覽器上使用電腦軟體製作並類比實物設計，展現新開發商品的外型、結構、色彩、質感等特色的過程。

至可以自動報價、E-BOM[20]、工單；2018 年對於智慧製造的理解，雲端設計必須結合智慧工廠，從最前線連線到後勤製造的支持，才有機會在這全球化製造的，甚至中國製造紅色供應鏈下突圍，於是開始規劃雲端 MES 將其與設計串接，希望藉此貫穿製造業的產品生命週期（Product Life Cycle）的資訊自動化，讓客戶透過工具可以快速開發自有產品，新呈透過平台上的工具資訊自動化，將前置作業（繪圖、圖面確認、設計 E-BOM、開立工單、產線會議安排生產、人眼成品檢驗）改革為一站式與人工智慧完成；2018 年開始計劃透過一站式的從設計 → 報價 → 電商上架 → 線上訂單 → 自動產生工單 → 投入智慧排程 → 產線 MES[21] 與智慧排程交流 → 每 4 小時根據現場製造進度重新排程 → 數位戰情室縣市現場效果與即時營業額，生產系統資訊化帶來更精確的生產、更好的品質、更有效的生產、更準確的交期、更精確的成本。2020 年終於完成車用產線上的應用，更奠定工業用產品智慧化的信心。

新呈工業現任總經理於 2017 年十月開始接任總經理一職新呈工業在數位轉型的投入與有所成，參加 2020 年國家磐石獎受到青睞，勇奪第 29 屆國家磐石獎殊榮。上述工業 4.0 與數位轉型的轉變也在短短 3 年內達到工業 4.0 轉型的六個成熟度第三階段，透過德國工業 4.0 的健檢，建議可以往第四階段邁進。新呈工業陳泳睿總經理，不僅自身的精進，更發揮領頭羊的角色，藉由自身場域的展示，歡迎產業先進蒞臨指導，為台灣中小製造企業導入智慧製造的轉變，積極參與相關社團組織，提供相關資訊、設備、雲端和解決方案。未來新呈工業將是台灣在工業 4.0 走得最快的企業之一，也背負著帶領台灣中小製造企業數位轉型的飛雁，期望聯結所有小型企業的能力，走出國際，打造工業 4.0 和數位轉型的展示企業。

---

20 E-BOM（Engineering Bill of Materials）採用電腦輔助企業生產管理，首先要使電腦能夠讀出企業所製造的產品構成和所有要涉及的物料，為了便於電腦識別，必須把用圖示表達的產品結構轉化成某種資料格式，這種以資料格式來描述產品結構的檔案就是物料清單，即是 BOM。來源：Wiki

21 MES（Manufacturing Enterprise Solutions）製造執行系統在生產過程中，藉助實時精確的信息、MES 引導、發起、響應，報告生產活動。作出快速的響應以應對變化，減少無附加價值的生產活動，提高操作及流程的效率。來源：Wiki

7.3 產品介紹

Wiring Harness and Cable Assembly 在台灣一般被稱為線材或配線，在大陸被稱為線束，我個人認為線材容易跟電線等混淆，配線大多指裝置內部而侷限，所以偏好後者，因為很多裝置內部的配線。線束產品被使用在有需要傳輸電源和訊號的汽車、家電、電子、工業電腦、醫療、博弈、船舶、運動等設備與裝置上，例如汽車電子上需要的環景鏡頭傳輸的線材、醫療床頭的緊急按鈕線材、工業電腦內部的配線、洗腎透析液的導管。按照 IPC 的分類可以區分為 Class 1 不嚴格控管產品中斷運作的產品、Class 2 產品必須嚴格讓產品不中斷服務、Class 3 產品不僅嚴格還必須在嚴苛環境下還是能夠運作；按照使用環境則可以分為室內、室外；按照電源大小區分可以分為大電流、小電流等等。線束連接系統讓有用到電的裝置得以運轉服務人類。

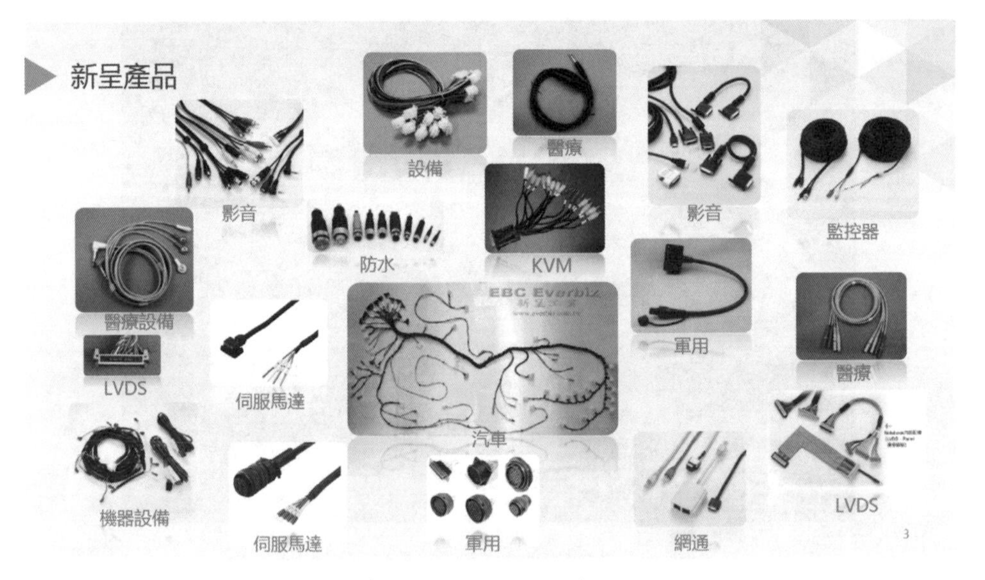

圖 7.2　新呈工業產品

圖源：新呈工業提供

新呈產品比例佔最大宗為相關工業電腦、汽車 ADAS[22] 鏡頭、醫療設備配線、防水線材等產業，近年來以汽車產業為主，這行業特性是進入困難，一旦坐穩，訂單相對長久，畢竟一台車子生命週期都是好幾年，不太可能經常性變化，能夠變化都是在顏色與外觀的不同。

線束基本上為電連接器、電線電纜、相關配件三大物料所組成，每一種物料可以根據功能、傳輸標準、耐候性、環境、外觀、環保、結構、搭配性、產業等不同可以再細分七八層以上，如果認真的細數，料號可多達數十萬種，造就線束產業有根據產業別區分，譬如 XX 公司專門製造醫療、YY 公司專門製造消費產品。

電線電纜是這行業必要之項，沒有電線或電纜不能被稱之為線束，單獨的電線電纜的加工，都可以被稱為一個產品。電線電纜來自於電線電纜的製造商，生產後

22　ADAS（Advanced Driver Assistance Systems）高級輔助駕駛系統，是輔助進行汽車行駛及泊車的系統。當系統中含有人機交互接口時，它可以增加車輛安全和道路安全。來源：Wiki

為一整捲型態，利於攜帶，一捲根據粗細會有 600ft 一捲、1000m 一捲，這取決於電線的粗細、產業特性。加工業者取得電線後，根據客戶需求長度將其裁斷、剝皮、沾錫等。

電連接器扮演的角色，顧名思義就是銜接，又分為固定與非固定，所謂固定就是無法再次分離與接上，反之則可以多次插接。電連接器設計上分為四種型態，壓接、焊接、刺破、纏繞。壓接是將金屬端子透過捲曲包覆壓縮電線導體達到一定接著的能力。焊接則是透過化學作用，將錫與銅形成介面金屬黏著。刺破則是透過端子機構方式將其電線絕緣割破方式接觸及壓迫導體形成連接。纏繞在台灣是相對少見，電連接器或電路板上的針腳相對長，電線導體透過一特殊工具，在銜接過程中剝皮，並將導體纏繞著端子尾端長條方型金屬棒而銜接。

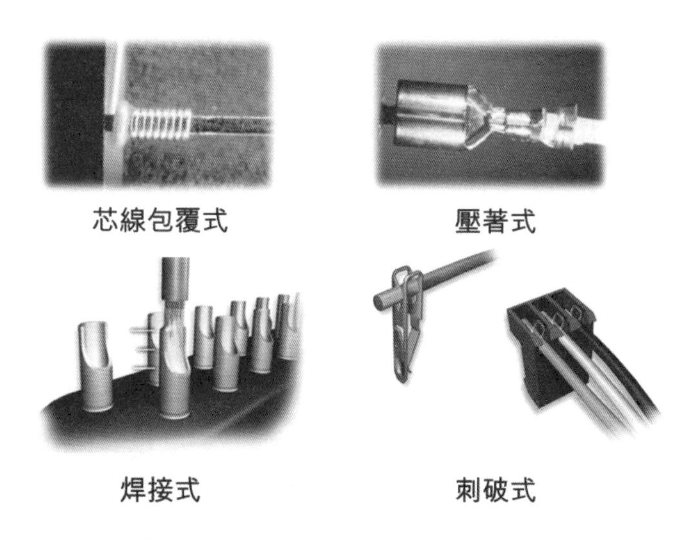

圖 7.3　電連接器設計上分為四種型態，壓接、焊接、刺破、纏繞

圖源：新呈工業提供

生產製造模式有些部分與非線束產品雷同，IPC 廠家就可以延伸製作非線束的特殊產品，例如洗腎透析液管線、網球拍手環等。製造工序有電線裁切、剝皮、壓著、焊接、組裝、熱烘、埋入射出成型、電導通測試等，根據產品需求可以組合成幾千種工序，根據新呈統計這幾種的工序排列組合多達上萬種。

剝皮是線束加工首要工序，剝皮動作是透過刀片將其絕緣體去除，使導體裸露，其設備可以是自動化與半自動。壓著工序也是線束產業最重要的一種加工方式，最主要是將端子與電線的結合，針對電子線在不合壓情況下，可以使用全自動裁切、剝皮、壓接，而電纜線與需要兩條電子線合壓則會使用半自動壓接機，也就是透過手擺放已經剝皮的電線讓設備透過衝壓方式將端子與導體結合。

我們經常接觸到的 USB、電源線、HDMI 等線材，不難發現金屬電連接器後端還是有一個塑膠包覆並連接電纜，這部分就是所謂埋入射出，在電連接器完成與電線電纜焊接或壓接之後放入模具中，塑膠加熱熔融成黏稠狀，經過壓力注入模具使其冷卻成形。這些重要加工的生產製造設備方面，有超過一半的年紀都超過 10 年以上，無法連網。2019 年後購買的新的重要設備都開始有開放的介面連網，也就是可以透過 MES 存取設定和資訊。

線束產業雖然有一些加工自動化設備可以協助，絕大部分加工還是靠勞力組裝，因為電線電纜是軟有彈性無法筆直的固定，幾乎每個客人所需要的長度都不同，加上電連接器的形狀大小都不同，變化組合太多，沒有一定經濟規模下成本過高，除此線束組裝有時候還會搭配配件，如尼龍編織網、熱縮套管、穿鐵粉芯…，搭配上來可以上萬種類型，即使現在人工智慧（弱人工智慧）時代也是難以自動化。

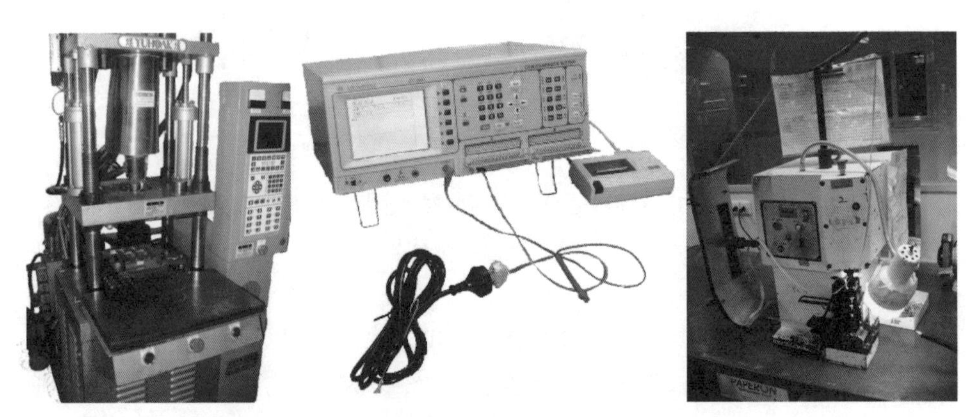

圖 7.4　線束加工的各類機器 圖源：新呈工業提供

7.4 產業性質

自從 1837 年電報發明，1839 年英國大西方鐵路（Great Western Railway）裝設在兩個車站之間作為通訊開啟了商業化，開啟了電的時代序幕。在這裡最重要的關鍵零件就是電線，1845 年 Gutta 谷打橡膠改質也讓電纜得以突飛猛進，在沒有印刷電路板之前的電路完全都是電線構成，電線產業可以是電子產業的鼻祖。不過經過 180 年到現在工業 4.0 年代，電線電纜產業始終還是以勞力密集為主。最主要是電線電纜軟又兼具彈性，導致自動化的設備難以設計，唯獨具有經濟規模的產品有機會。人類的手、眼、觸感的並用至今都還是唯一方法。

線束產業界於電線電纜與電連接器的中間，屬於電子業、醫療設備、家電、設備業的上游，對於工業型的客戶是高度客製化、少量多樣產品；相對於 3C 和家電產品，可以是消費性量大的產品，如 USB Cable、HDMI Cable、電源線等。新呈工業屬於前者的型態，所有客戶都是根據自身產品需求，如電連接器型式、電線耐電壓、耐電流、耐溫的規格，客戶產品機構大小和應用環境不同來生產。

7.5 組織架構

新呈工業主要以代工為主，組織架構如圖所示，生產單位製一擁有全自動裁線、剝皮、壓接設備機台（這裡簡稱自動裁壓機）和自動裁線設備，以電子線為主；生產單位製二擁有半自動壓接設備、剝電纜絕緣體設備、捻導體機等，可以加工範圍為電子線、電纜線、銅編織等；生產單位製三則是委外加工戶，將前一工站的半成品發包出去，通常以電連接器端子穿入電連接器膠殼為大宗、烘熱縮套管、穿尼龍編織網、綁束帶…等根據客戶需求的不同加工形式；生產單位射出有立式射出機，將其電連接器與電線電纜透過熱塑成形；車用線束擁有各式不同的設備，此單位專門生產汽車產業標準的線束；製六課為小量單與粗線方面產品，一般客戶低於 50pcs 的訂單，線徑超過 10mm 的電纜都在這裡生產，最主要這裡的生產方式以手工為最大宗；新呈工業有別於其他公司不同在於成立了一個智慧管理部門，這部門最將其公司管理從商業到交貨中間任何過程都智慧化，可以見得公司的野心與遠見。

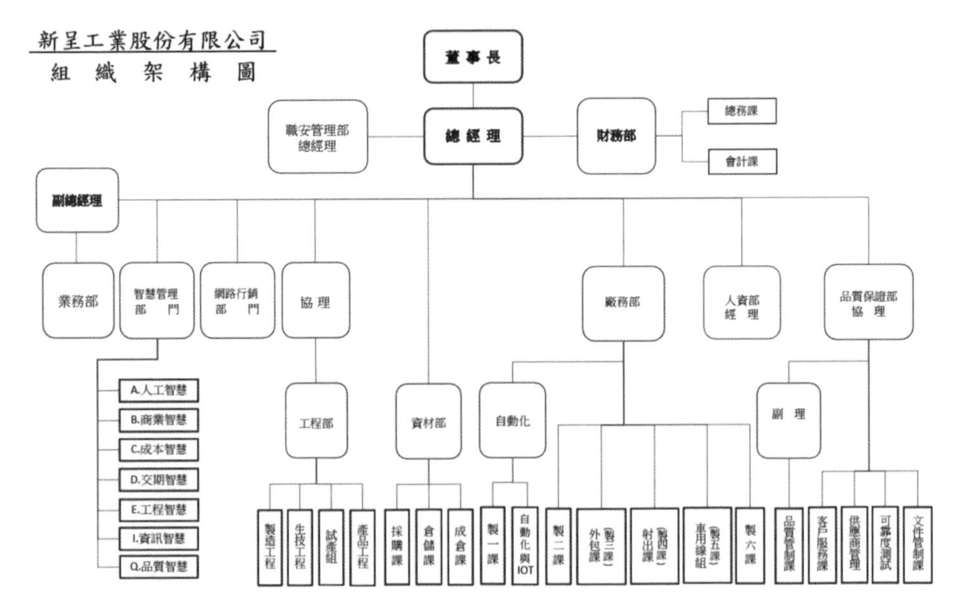

圖 7.5　新呈工業組織架構

圖源：新呈工業提供

7.6 數位轉型架構

新呈工業數位轉型是從兩大構面，產品生命週期七個階段設計和製造生產管理系統為主軸，並借助德國 acatech Digital Transformation Maturity Index（數位轉型成熟度)和資策會產業情報研究所 MIC 開發的數位轉型力健檢工具規劃數位轉型路程。

第一構面產品生命週期營運數位轉型：在市場與客戶需求、產品設計、生產線計畫、生產、產品銷售商業模式、產品使用和售後維護、產品回收展開，並且輔以德國工業 4.0 RAMI 的標準，並以 i4.0 產品的 CPS[23] 虛實整合目標邁進。

23　CPS（Cyber-Physical System）虛實整合系統，是一個結合電腦運算領域以及感測器和致動器裝置的整合控制系統。來源：Wiki

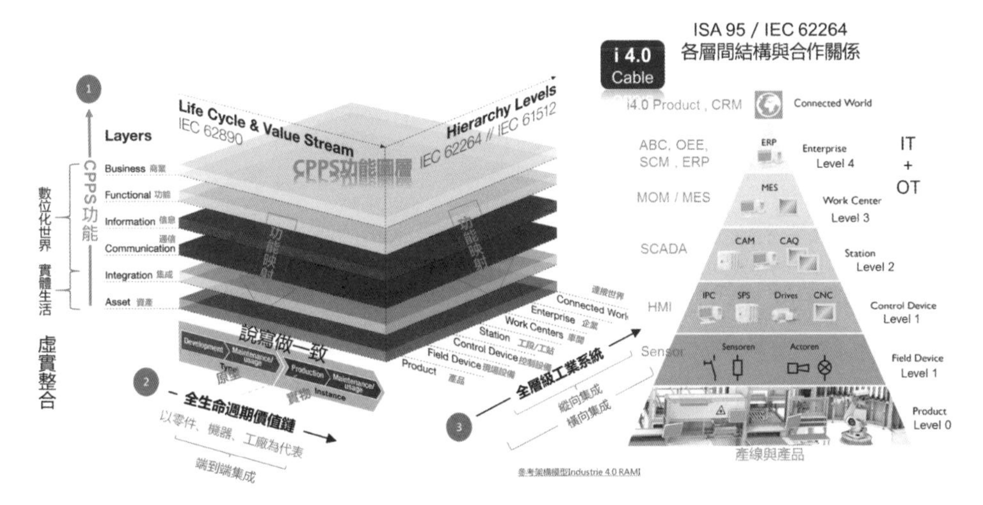

圖 7.6　新呈工業數位轉型架構

圖源：新呈工業提供

新呈在產品生命週期上的數位轉型分別為：

1. **市場與客戶需求：**透過 Zoho[24] CRM[25]、eMail、傳真與當面溝通了解等多元管道了解客戶需求與網路行銷。

2. **產品設計：**產品設計除了 Windows 系統原本使用的 CAD[26] 軟體設計，更自主開發 Cloud CAD 結合 ERP 的 BOM 在繪圖時拖拉圖庫快速設計產品，自動報價、BOM、上架電商。

---

24 Zoho（又名：Zoho Office Suite，以及 Zoho.com）為線上辦公室網站，Zoho 是 ZOHOCORP（原名 AdventNet）基於雲端運算技術推出的一系列辦公應用，包含線上 Office、電子信箱、客戶關係管理（CRM）、專案管理（PM）、客戶服務管理、商業智慧型、建站工具等。資料來源：維基百科

25 客戶關係管理（Customer Relationship Management，縮寫 CRM）是一種企業與現有客戶及潛在客戶之間關係互動的管理系統。通過對客戶資料的歷史積累和分析，CRM 可以增進企業與客戶之間的關係，從而最大化增加企業銷售收入和提高客戶留存。資料來源：維基百科

26 電腦輔助設計（英語：Computer Aided Design, CAD）是指運用電腦軟體製作並類比實物設計，展現新開發商品的外型、結構、色彩、質感等特色的過程。資料來源：維基百科

3. **生產線計畫**：工程部門規畫產品生產工序與資源，會將此設定輸入進 MES 系統，建立 RMS（Receipt Management System）[27] 所需資料，如裁線應該的長度、壓接線材與端子相互搭配的壓接參數、焊接資訊、檢測資訊等等，讓後續作業可以透過 MES 完全控制生產線。
4. **量產**：MES 系統完全掌握生產製造流程、資訊和控制設備。
5. **產品銷售商業模式**：完全客製化產品，其銷售模式以客戶訂單為主，因此 ERP 管理交貨訊息的跟催就顯得重要，使其貨物不逾期交貨。
6. **產品使用和售後維護**：新呈屬於完全客製化生產，對於產品售後服務則以接受客訴為主，所以會透過客訴系統和 CRM 管理與追蹤，並進一步改善使客戶滿意。
7. **產品回收**：線束產品是電子設備裝置的配件或物料，所以在這方面暫時沒有客戶要求協助回收。

從整體來看，客戶需求到產品交貨的過程，CRM 獲取客戶需求，開發 APP 讓客戶可以透過 AI 辨識電連接器取得廠牌型號，再利用雲端 CAD 和下拉式選單設計線束產品，電商上架下單購買自動產生 BOM 與工單，然後工單投入智慧排程，計算出交期與派工，生產線透過 MES 會與智慧排程每 4 小時重新安排，讓產品得以順利產出交貨給顧客。

27 RMS（Receipt Management System）生產工序管理系統，指的是產品生產過程中所需經過的多道工站才能完成的產品，就如同煮菜時，先放肉絲蔥蒜爆香，然後再放入主菜等順序。

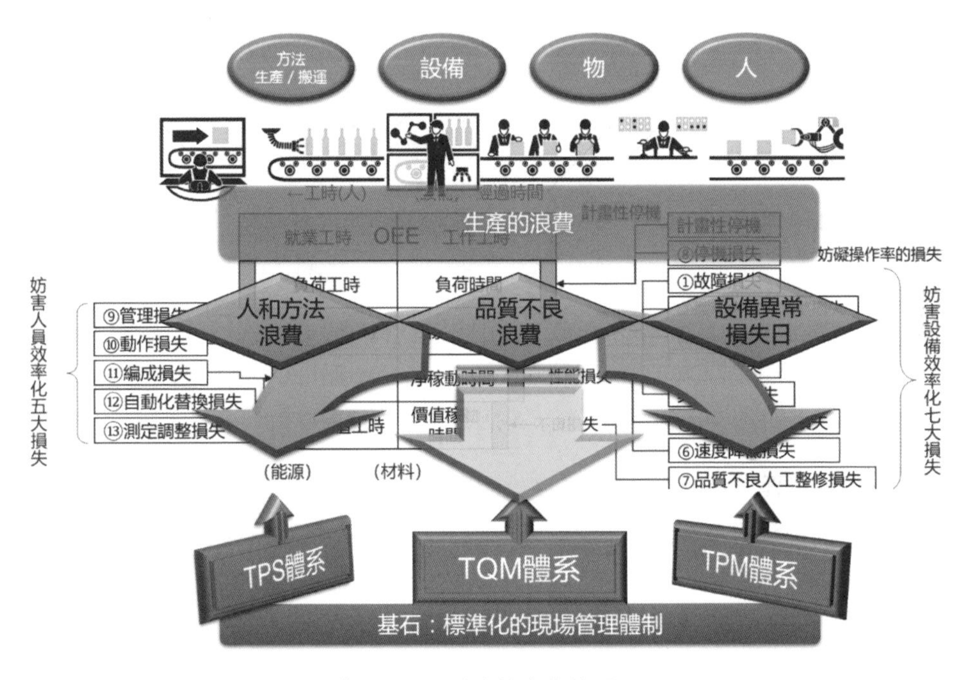

圖 7.7　妨害效率化的原因

圖源：新呈工業提供

第二構面製造生產營運管理：以現場管理、精實生產系統（TPS）、全面品質管理（TQM）、全面生產管理（TPM）等系統以及協同合作為基礎，使用數位化工具優化紙張作業、流程最佳化、預知保養、全面生產效率、品質控管、流程管理、專案管理等。這些系統在某些程度上都是有交集，在這裡就列出系統中最主要數位化系統。

生產線的管理是透過自行開發的 MES 收集生產線上生產資訊，搭配機聯網機制和作業同仁的報工，在現場顯示效率資訊，並透過 Power BI[28] 作為數位戰情室的介面，讀取 ERP 系統與 MES 資料，展現廠區即時作業狀態、即時銷貨金額、SPC

28 Power BI 微軟所推出的一種報表系統。

(Statistical Process Control)[29]、OEE[30]、SCADA(Supervisory Control And Data Acquisition)[31]。

- **現場管理**:透過 MES 取得生產履歷、生產線上即時看板、廠區即時狀態。
- **精實生產系統(TPS)**:三現之即時資訊、OEE 七大浪費之分析、智慧排程交期準時。
- **全面品質管理(TQM)**:APQP[32]、PPAP[33]、FMEA[34] 等使用文件管理(DMS, Document Management System)與工作流程(Workflow)則使用了叡揚 Vitals ESP。MES 記錄 IPQC 資訊。數位量測台即時記錄現場自主保養資訊。
- **全面生產管理(TPM)**:使用溫度感測器、壓力感測器及計數開關連結設備機台,取得資訊建模,建立 PHM 系統。MES 現場人員與設備資訊建立 OEE 分析生產過程中的損失,進而改善提升效率。

---

29 SPC(Statistical Process Control)統計製程控制,主要是指應用統計分析技術對生產過程進行實時監控,科學的區分出生產過程中產品質量的隨機波動與異常波動,從而對生產過程的異常趨勢提出預警,以便生產管理人員及時採取措施,消除異常,恢復過程的穩定,從而達到提高和控制質量的目的。

30 OEE(Overall Equipment Effectiveness)整體設備效率,是一個評量生產設施有效運作的指數。在新呈同樣也評量現場同仁的運作的指標,此時也稱為(Overall Enterprise Effectiveness)。

31 SCADA(Supervisory Control and Data Acquisition)即數據採集與監視控制系統。SCADA 系統是以計算機為基礎的 DCS 與電力自動化監控系統;它應用領域很廣,可以應用於電力、冶金、石油、化工、燃氣、鐵路等領域的數據採集與監視控制以及過程控制等諸多領域。來源:Wiki

32 APQP(Advanced product quality planning)先期產品品質規劃,是私營部門產品開發相關程序及技術的框架,常用在汽車產業中。來源:Wiki

33 PPAP(Production part approval process)生產件批准程序規定了包括生產材料和散裝材料在內的生產件批准的一般要求。PPAP 的目的是用來確定供應商是否已經正確理解了顧客工程設計記錄和規範的所有要求,以及其生產過程是否具有潛在能力,在實際生產過程中按規定的生產節拍滿足顧客要求的產品。來源:Wiki

34 FMEA(Failure mode and effects analysis)失效模式與影響分析,又稱為失效模式與後果分析、失效模式與效應分析、故障模式與後果分析或故障模式與效應分析等,是一種操作規程,旨在對系統範圍內潛在的失效模式加以分析,以便按照嚴重程度加以分類,或者確定失效對於該系統的影響。FMEA 廣泛應用於製造業產品生命周期的各個階段;而且,FMEA 在服務行業的應用也在日益增多。失效原因是指加工處理、設計過程中或項目 / 物品本身存在的任何錯誤或缺陷,尤其是那些將會對消費者造成影響的錯誤或缺陷;失效原因可分為潛在的和實際的。

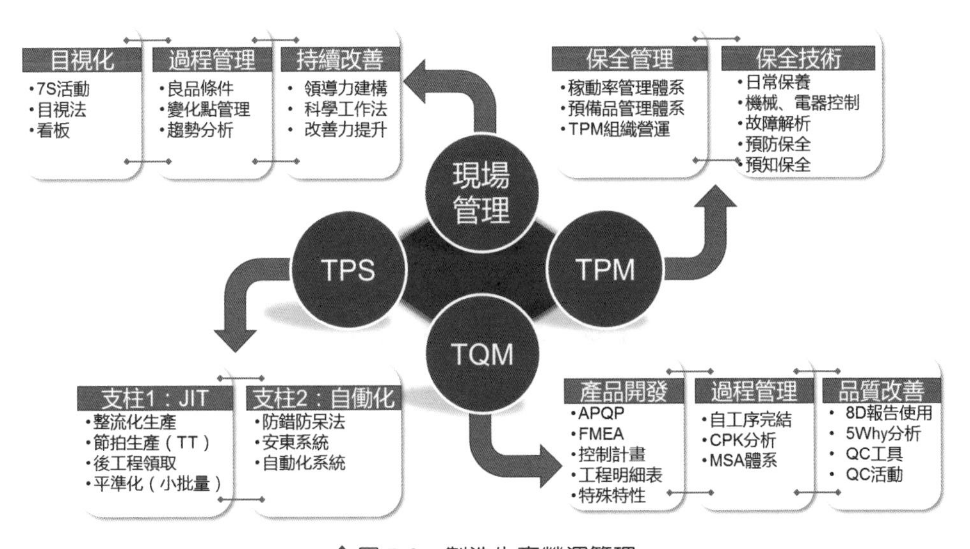

圖 7.8　製造生產營運管理

圖源：新呈工業提供

- **協同合作**：微軟的 Office 365 作為專案管理、團隊溝通、email 伺服器、內部管理、協同作業的工具。ERP 系統則是使用正航 ERP，並搭配自行開發外掛系統，例如客訴管理、委外加工、報價系統等。

對於跨系統作業自動化，使用 RPA 替代一般性常態操作，如客戶採購單 RPA 機器人協助自動登打入 ERP、自動產生承認書（承認書為產品的圖面、物料規格、物性、材質證明等資料的集合）。

第三構面客戶體驗：首先將傳統 B2B 的商業交易方式數位化，例如透過 AI App 服務為客人找出想要的連接器，再透過雲端 CA 設計需要的產品，如此一來中間人力延遲將消失殆盡。另一方面也透過網路行銷之銷售自動化（Sales Force Automation）、銷售漏斗（Sales Funnel）、Marketing Automate（行銷自動化）、陌生開發 2.0、MOT（Moment of Truth）找出顧客價值關鍵時刻、YouTube 影片教學、IG 行銷、FB 社群行銷和 SEO 等全面提升客戶體驗價值與開發新客戶。

7.7 數位轉型歷程

新呈工業在經營策略有句名言，就是「嫌無不嫌少」，在可以買到一般性都會用到的材料下，都會想盡辦法完成客戶少量的要求。在 ERP 內的產品料號多達六萬多，每年都還持續的增加當中；工業產品不同於消費性商品的量大，譬如 POS 機（收銀機）拓展店面可以只有兩三家，每家的裝潢會因為建築物不同而不同，或者為了美觀，機構可能有所變化，有部分線材就必須根據環境需求而訂製，訂單數量可以是一兩條。也因為少量關係，很多客戶都會認為這相對簡單，經常會早上下單，下午就需要取貨的要求。不過這樣少量多樣往往無法提高營業額，但是利潤相對也高出數倍。

新呈工業成立到 2021 年為 31 年，在數位轉型分為三階段，第一階段為數位賦能，2004 ～ 2014 年，公司內部導入數位系統；第二階段為數位優化，2018 ～ 2020，分析數據展現 OEE、OPE、ABC、SPC、KPI 作為改善的依據；第三階段數位轉型，2020 年將其被動傳輸電源和訊號的電線做出主動方式，也就是測漏水偵測系統，讓原本偵測只有點的感測器變成最長 500M 的電線，只要水接觸電線，就會主動通報到雲端與手機，提早偵測到異常，甚至可以知道第幾米有異常。另一個數位轉型則開始透過雲端平台設計出的圖面轉到內部為工單，透過智慧排程自動化派工，每四小時與 MES 溝通，如果有工段提前或延誤，智慧排程會重新演算安排。未來預期雲端平台上繪製好的圖面，現場使用手機或平板裝置就可以設定設備機器立即生產。

數位賦能階段：總經理陳泳睿在 16 年前回到自家公司，第一件工作就是 MIS，那時候公司的資訊環境可以說是資訊沙漠（數位沙漠），於 2004 架設 email、Web、File server（自行使用 Linux 架設）開始，2006 年導入 ERP，經歷一整年的磨合與修改，2007 年開始運作順暢。為了管理客訴事件和委外加工，也開發相關資訊系統管理。2009 年導入 Aras Innovator 的 PLM[35] 作為 DMS 管理工程部門所繪製的圖

35 PLM（Product Lifecycle Management）產品生命週期管理，是覆蓋了從產品誕生到消亡的產品生命週期全過程的、開放的、互操作的一整套應用方案。來源：Wiki

面版本，更串接連結客訴系統，在品保 FQC[36] 檢驗時加強重點檢查。

數位優化階段：2018 年自行開發 MES 系統，從作業同仁的報工開始收集生產履歷，同時也與 SI（系統整合商）和工研院合作開發機連網，於 2020 年擷取無法連線自動裁切剝皮壓接機的生產數據，透過 AI 拍照辨識射出參數數據化、壓力感測器即時監控壓接好壞、焊接溫度數據收集等。在這時期開始除了繼續數位化硬體，最重要指標是數位戰情室的分析，如 OEE、OPE、ABC、SPC 等讓，數據形成知識和指標得以監控，這期間數據管理開始起了作用變化，提升競爭力。

數位轉型與未來展望：2020 年始於數位轉型，數位已不再是管理工具，更企業商業模式轉型、產品價值增值、創新產品開發的基礎，例如線上繪圖報價，一站式從繪圖 → 報價 → 上架電商 → 購物車 → 工單 → 智慧排程 →MES 相互溝通創新商業模式，也在數位過程中的學習成長，搭配專利開發測漏水線材得以將漏水資訊上雲端下手機通知。新呈也將持續創新，正在開發，讓手機或平板可以在線上即時設定加工設備，一旦線上圖面與工單完成，拿著智慧排程所派工的訊息，按下 App 上的設定，機器就完全設定完成，不再需要調出之前紀錄、找老師傅、資深技師，甚至架模都是拿來就掛上，讓過往詬病和厭惡的架模得以在一兩分鐘內完成。訂單也在更先進的智慧排程預算下回報何時下單，何時將有機會取貨。插單、急單的安排可以透過智慧排程與機器溝通（所謂 M2M（Machine to Machine））滿意客戶需求。所有生產履歷、產品物性、特性、規格書、3D 圖檔都將在網頁上即接存取，並按照 AAS（Asset Administration Shell）標準設計，作為 CPS（Cyber Physical System）和 Digital Twin 為基礎，按照 i4.0 Product 目標前進，一旦完成後歐盟國家只要上網利用新呈官網設計，就可以拿到工業 4.0 標準產品，對於客戶在設計產品與安排生產都有絕對的優勢快速。

使用到的相關工具大家可以在附錄 B 看到細節。

36 FQC（Final Quality Control）完成品檢驗，是指產品在出貨之前為保證出貨產品滿足客戶品質要求所進行的檢驗。來源：Wiki

7.8 數位轉型成效

2004 年數位化開始，溝通的效率從傳真、電話變成 email，幾分鐘或幾小時被幾秒鐘取代；過往只有展覽才得以發放 DM 變成關鍵字、網頁展現；產品手寫 BOM 和裁切剝皮長度到 ERP 列印工單，從一天最多一張工單，變成生產線上一天六七百張工單運行；內線溝通了解產線生產狀況到系統搜尋調閱產線狀況，從紛爭到線上分鐘內查詢。對於新呈來說，少量多樣，完全客製化產線上萬種工序的情況下，若要前後比較，成為不可能的任務。但這默默的演化過程，回頭來看，好比手機對比電話，不同年代，不同基礎下要怎麼去評估效益？唯一可以確定的是你開始離不開手機，那代表著這個效益是確實存在的不可限量。

從另外一個角度來看 MES 導入，MES 不僅掌握現場資訊，也透過 ERP 和委外加工系統的連結取得物料和加工資訊，透過 ABC（Activity Based Costing）作業為基礎會計方法，讓財務部可以每周透過時間區間和成本比例上限的篩選，找出沒有利潤、物料上漲、製程異常、加工異常等產品，要求生產線上主管改進，業務重新報價，這也使得原本中小企業以每月結算營業額扣除人事、水電、租金、其他費用和購買物料金額來計算淨利來得更精確，新呈工業導入 ABC 之後驚覺有些產品越做越虧得以立即修正。相信新訂單帶來利潤下，過去沒有利潤的訂單消除吃掉沒利潤訂單獲利絕對是成長的，如果要一定得比較，是否要調動過去有賺錢與虧本訂單的比例，了解導入後的成效對比，這樣的作法比過往觀念有很大的改變，流程數位化的進步直覺成本來得實際。

最早期的圖面都是按照手來繪製，再交給生產線生產，慢慢進化到 Auto CAD，ZWCAD[37] 快速列印圖面，不僅如此，供應商與客戶都可以透過網站來了解所有生產狀況，還有生產製程中的自主檢查的留存，好讓問題得以有依據的分析，找出真正原因，對症下藥的解決問題。

37 ZWCAD 是電腦輔助設計的其中一個軟體。

數位轉型如果只是在效率上考量，那就落入過去思維，試想想企業未來要招募的年輕人對象，都是在平板電腦、手機環境下成長，面對一家企業完全沒有數位的系統，他會習慣嗎？他會認為這樣的一個企業有未來優勢嗎？如果還是有人認為導入系統之前就要計算 ROI 是非常可笑與無知。這話說得很重純粹是新呈工業陳泳睿總經理的認知，希望讀者多多原諒。

圖 7.9　測漏定位感應線系列產品

圖源：新呈工業提供

最後要跟讀者表述的是，類比好比過去的飛鴿傳信，數位的未來相對於有 IM（即時訊息），對於新呈陳泳睿總經理的遠見，數位帶來的效益遠遠高於一切，除了自身努力，很期待與各位讀者有好的互動交流，讓彼此可以成長。

各位讀者從新呈的案例來看，希望對你們在決策上有所助益，導入數位系統的決定更有信心，也冀望讀者未來在數位轉型上有所發展與成功。

Rich 顧問的案例分析

新呈工業的案例，總經理陳泳睿本身就是資訊專業出身，所以了解資訊科技的力量，2004 年開始利用數位科技來賦能，2014 年成立至德科技，就是要協助公司做到數位優化。在 2018 年開始協助新呈工業，把自家公司當作實際強化的場域，到 2020 年完成階段任務，接下來開始數位轉型，用完成的解決方案為其他企業服務。因為了解資訊科技的力量，所以能夠提早佈局，而且看見商機就開始佈局，所以才有今天的成果。

應用層	智慧工廠服務
平台層	- RPA[38] 服務 - 全自動裁切剝皮壓著機連網，後整合其他資料做戰情室做資料分析 - 利用 AI 輔助人員工作效率分析 - 利用 AI 輔助影像辨識、瑕疵檢測 - 雲端 MES 強化生產效率 - 雲端 CAD+PLM 強化研發效率 - 工單智慧派工 + 即時工單生產
網路層	- WI-FI　- 內部專線 - 4G
感知層	- 攝影鏡頭 - 各類感測器（測漏定位、電氣測試、焊接溫度、壓力感測） - 觸控螢幕輸入
實體層	- 智慧型手機 - 數位量測台 - 測漏定位感應線 - 電氣測試機連結 - 焊接溫度感測 - 壓力感測裝置 - 電腦 - 顯示幕

圖 7.10　新呈工業的 AIoT 五層架構圖

圖源：裴有恆製

在商業模式上，其客戶瞄準的是中小企業的廠商，以自家公司已經整合好的完整解決方案，協助客戶工廠做數位優化的服務。

38 RPA（Robotic process automation）機器人流程自動化，是以軟體機器人及人工智慧（AI）為基礎的業務過程自動化科技。來源：Wiki

<table>
<tr>
<td rowspan="2">關鍵夥伴：
RPA 開發商
AWS
Microsoft
Zoho(CRM)
至德科技
先知科技
叡揚資訊</td>
<td>關鍵活動：
導入服務
代理產品</td>
<td rowspan="2">價值主張：
利用 CRM 強化客戶關係
利用 MES 強化內部生產管理
利用戰情室知道即時生產狀況
利用 PDM+CAD 強化內部研發
利用 RPA 強化內部作業效率
利用 AI 輔助影像辨識、舊機台參數辨識、人臉辨識、連接器辨識與工業工程（IE）之績效監控
工單智慧派工＋即時工單生產</td>
<td>客戶關係：
直接銷售</td>
<td rowspan="2">客戶區隔：
想要導入數位轉型的中小企業</td>
</tr>
<tr>
<td>關鍵資源：
工廠作業人員
研發 / 設計人員
營銷人員</td>
<td>通路：
直接銷售</td>
</tr>
<tr>
<td colspan="2">成本：
製造成本；研發成本
管銷成本；代理成本
系統租賃成本</td>
<td colspan="3">收益：
系統導入服務收費
線束加工服務收費
RPA 等代理服務收費</td>
</tr>
</table>

圖 7.11　新呈工業的商業模式

圖源：裴有恆製

MEMO

安口食品的
數位轉型案例

8.1 簡介

圖 8.1　水餃

圖源：安口食品

安口食品機械股份有限公司（以下簡稱安口食品）是一家行銷全球的食品機械業，早在網際網路才剛開始發展之時，創辦人就看到其前景，20 年前就利用 Google 關鍵字，將設備外銷到國外，網路行銷讓他看到數位威力，也認識到未來一定是數位的年代，在別人都還在紙張作業的時代，率先導入 ERP 系統，接下來二代接班，更進一步透過 CRM 與 PDM 系統，完整地將企業數位轉型，從設計到產出，速度提升好幾倍，深得客戶信任，進而口碑行銷擴展到 144 個國家。

8.2 公司簡介

安口食品成立於西元 1978 年，以製造全自動免電芽菜培育機起家，隨著社會與食品型態改變，1987 年後，致力研發一系列的中國點心食品機械，如餃子、燒賣、春捲、餛飩、鍋貼、小籠包、蝦餃、蔥油餅、湯圓、包子與饅頭等食品機械。而後更跨足多國種族食品機械，如東歐食品、中東食品、印度等食品機械，並已拓銷至世界 112 個國家。

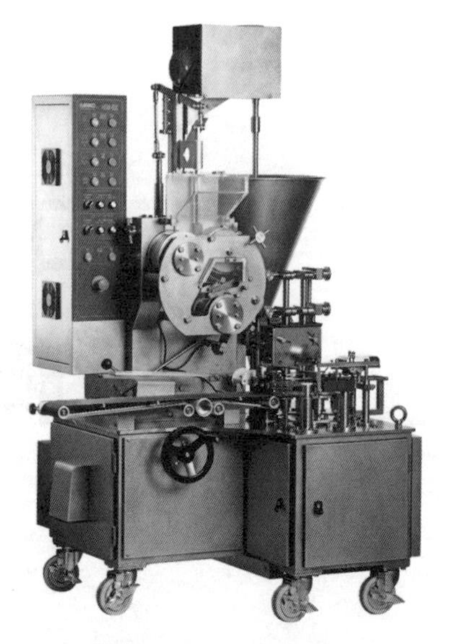

圖 8.2　水餃機

圖源：安口食品

安口食品秉持服務盡善盡美、品質精益求精、研發求新求變的企業文化與精神，持續不斷依客戶與國際市場需求，創新研發品質優良的機器與提供迅速確實的售後服務。為了提高服務速度，在 2014 年美國加州設立分公司，並在各國有十多個代理商的服務據點，能提供客戶即時的服務，解決客戶軟硬體的問題。

8.2.1 公司沿革

1978 年創立，草創期間以豆芽菜培育機為主。

1985 年自行開發全自動春捲機，奠定安口食品的基石。

1987 年開始外銷國外，並研發餃子機。

1988 年～ 1992 年，市場受到好評，不斷推出新機種，打下歐洲、印度、中東等市場。並在寧波設立工廠。

1996 年開始使用 Google 關鍵字網路行銷，成果大好，開拓更寬廣的國際業務。

2011 年汰換用了多年 ERP 轉為 SAP ERP 系統。

2013 年買土地建立新廠，全新落成新廠，除了 5S 的規劃，並導入資訊化思維，作為未來數位轉型的基石。同年導入 Solidwork[1] PDM[2] 系統，讓設計更有效率，並建置企業入口網站（EIP），並使用其中 Workflow 流程簽核，讓流程得以更系統數位化。

2016 年再次重整 ERP 的流程與結構，使其 ERP 得以發揮最大效用。

2018 年開始建置 Salesforce CRM 系統，建立售後服務數位化，可以更快速有效的服務客戶。

2020 年著手開發 SCM，管理供應商交期正確率，讓庫存物料存貨周轉率更快速。

1 SolidWorks 是達梭系統（Dassault Systemes S.A.）旗下的 SolidWorks 公司開發的，運行在微軟 Windows 平台下的 3D 機械 CAD 軟體。來源：Wiki

2 PDM（Product Data Management）產品數據管理，是一門用來管理所有與產品相關信息（包括零件信息、配置、文檔、CAD 文件、結構、權限信息等）和所有與產品相關過程（包括過程定義和管理）的技術。來源：Wiki

8.3 產品介紹

圖 8.3　安口食品做出來的食品

圖源：安口食品

安口食品主要產品以國人熟知的水餃為出發點，擴展世界各地不同餃子，近年來也往燒賣、春捲、餛飩、鍋貼、小籠包、蝦餃、湯圓、薄餅、炸肉餅、可麗餅、水晶餃、咖哩餃、墨西哥捲餅、豆沙包、比司吉、流沙包、包子、炒飯、炒麵、印度脆餅、披薩派、蝦餃、麵疙瘩、中東炸肉球、蔥油餅、湯圓、包子與饅頭等許許多多同性質食品為主軸擴展。擁有自己的工廠，導入 ISO 9001 品質系統，提供給客戶高品質的設備。

面對這麼多不同的餃子，安口食品也有一套生產規劃提案的流程，從選材到配方，外型等，擁有自己一個食品試吃實驗室，希望透過不斷實驗，不但擁有自動化的設備，更可以吃到米其林五星等級的餃子。也是因為如此的嚴謹與實驗精神深得客戶認同。

8.4 產業性質

安口食品所屬產業為食品製造業，在這一個工業與都市化的時代，在家裡用餐的次數明顯降低許多，餐飲業者為了滿足客戶需求大量需求，必須購買取代人工的設備，第一時間利用率提高、第二品質的改善。

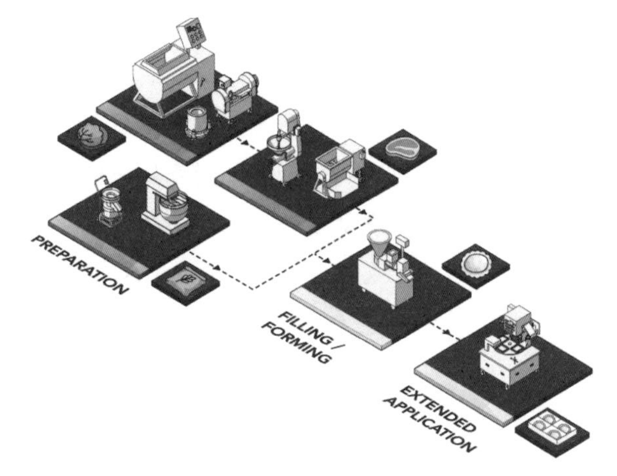

圖 8.4　設備研發製造流程

圖源：安口食品

自動化設備是不會像是人類有勞累、干擾、心情、身理等因素導致效率不彰與品質偏差問題。安口食品創業初期鎖定人性弱點開發一系列設備。並且透過機械化的過程，讓食品安全等級得以更上一層樓，減少人為不確定因素。相對的交貨日期和成本得以更精確掌握。

身在台灣人可能會誤以為水餃只有亞洲地方才吃，其實不然，全世界都在吃水餃，只是外型都不同。例如：義大利餃子 Ravioli 和 Tortellini、俄國餃子 Pelmeni、日本餃子 Gyoza、韓國餃子 Mandu、尼泊爾餃子饃饃、波蘭餃子 Pierogi、烏茲別克餃子 Manti、猶太餃子 Kreplach 等。這也是為什麼安口食品的餃子機行銷 112 個國家。

圖 8.5 義大利餃子 Ravioli

圖源：安口食品

8.5 組織架構

安口食品現任董事長創辦人歐陽禹，總經理已經由二代歐陽志成接班完成，在數位轉型任務中，總經理也擔任 CDxO 的角色，不管是公司整體數位系統的規畫和挑選、顧問導入教學課程，都是親自參與不假手他人，因為他認為上行下效，才有辦法落實執行數位轉型成功。另外安口食品董事長是一位非常開明的企業家，只要歐陽總經理說明清楚，導入數位系統的理由與效益，都是非常贊同，唯獨就是一個小小叮嚀，處處小心為上不要讓公司吃虧。

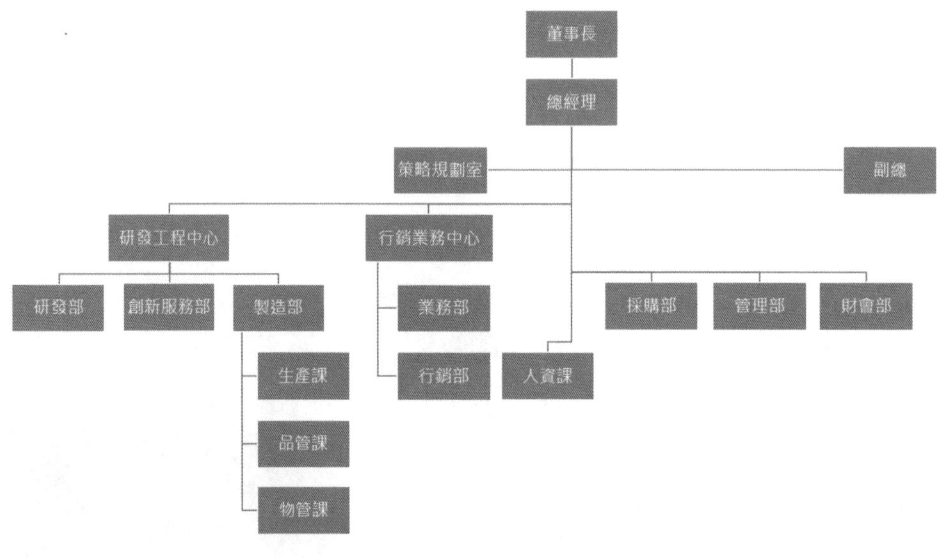

圖 8.6　安口食品公司組織架構

圖源：安口食品

8.6 數位轉型歷程

安口食品董事長熱情上進，對於新事物總是有一窺究竟精神，總是能夠發掘有利於企業的經營策略技術與工具。可以從公司沿革發現，1996 年大家對於網際網路還是矇矇懂懂的認知之時，就投入 Google 關鍵字的投放，在國內堪稱首屈一指。

在官網與關鍵字的推波助瀾，安口食品業績蒸蒸日上，為了應付越來越多的訂單，開始導入 ERP 系統，協助企業無紙化與資訊化。雖然很早就導入 ERP，但是實際作業並不落實，ERP 的資料庫零零散散，淪為打單紀錄而已。

2009 年現任總經理歐陽志成進入公司，了解過往公司所導入的 ERP 只有用到少部分功能，加上系統運行多年，系統已經不符時宜，且有許多揮之不去的包袱，試過許多方法，決定下定決心更換一套，更加符合未來趨勢的 ERP，在多方評比審慎評估之後，2011 年選擇 SAP Business One 導入。

雖然 SAP Business One 的啟用，也正好將過往的包袱一一拋開，但在考慮未周詳，應該說是沒有先前經驗情況下，按照團隊需求執行系統，經過一兩年後，發現當初所有考量都沒有考慮到彈性，擴充性，完整性，導致新系統無法如預期展現成效。於是 2016 年關帳，全面重置，將一階 BOM，轉為多階 BOM，讓供應商不會以為自己是單一供應商而拿翹，多階 BOM 的一個好處就是臨時要更改新設計，針對修改創新部分調整，而不需要重新設計，只要將其變更的 BOM 做修改，效率與彈性大幅提升。除此，倉庫呆滯料也因為有多階 BOM 得以替換，部分零部件模組化共用，交貨得以提升效率，半成品可以多一些備品取得更好議價能力；物料倉得以消耗呆滯料，避免庫存過多囤積。因此，生產管理上，面對成本、廠區運作、網路行銷等，都有顯著的提升與創新。

2011 年導入 ERP 的缺失，終於在 2016 多階 BOM 的功能得以順利運作。此時安口食品，為了進一步服務好客戶，2018 年導入時下最先進的 Salesforce CRM[3]（客戶關係管理）系統，透過 CRM 的強大雲端功能，模組客製化的串接網頁資訊，取得客戶即時回饋資訊，這都是過往無法確切呈現。有了客戶即時回饋資訊，讓安口食品即時掌握客戶抱怨與需求，藉此分析改善設備進化功能。另外 Salesforce 的人工智慧分析，也讓安口食品，從網頁就可以了解潛在客戶從哪來，藉此分析屬性給予確切的需求，提高成交率。

---

3 Salesforce 是一家公司名稱，他取用原本 "Sales Force" 銷售人力管理作為名稱。CRM（Customer Relationship Management）是一種企業與現有客戶及潛在客戶之間關係互動的管理系統。通過對客戶資料的歷史積累和分析，CRM 可以增進企業與客戶之間的關係，從而最大化增加企業銷售收入和提高客戶留存。來源：Wiki

2013 年為了更有效率管理耗盡心力所開發的設計圖，原本使用的 Solidwork CAD 再搭配上 Solidwork PDM 系統，不僅加快設計的時程，透過 PDM 資料庫的能力，建立一套完善 MBOM，結合 ERP 系統，每次工單的成立同時也是生產順序完成。PDM 正確連結資料庫，圖面的完整性大大提升，從此也不再發生錯用零件、找不到零件圖等問題。

2020 年疫情突然來襲，新冠肺炎打的人類措手不及，為因應口罩需求台灣政府組織了口罩國家隊，三個月內提升口罩產能達到需求。剛好二代大學的同學生產核酸檢測機，突然來襲的疫情，各方需求湧入，為了突破產能限制，於是乎聯合二代大學連同自己六位同學一起成立防疫國家隊，透過數位轉型力量，在短短兩個月內將其一個月只能最多生產五台設備，提升到三十台，其中安口食品不僅扮演人力資源協助，更透過既有經驗，將其所有生產必備資訊數位化，才得以順利生產，並且後續也請到 AR 的廠商協助，在疫情難以出國售後服務的情況下，透過 AR[4] 的威力，不管客戶身在地球哪一端，只要有網路就可以透過智慧裝置尋求問題的即時解答。同樣的安口食品自身也透過這樣的系統服務客戶，讓客戶在疫情也可以有完善的服務。

8.7 數位轉型架構

安口食品數位轉型，早在 20 世紀末就已經開始導入 ERP 系統，再從網際網路的網路行銷拓展商業到全世界，經過多年演進，ERP 的淘汰換新，為增強客戶服務導入與網路行銷得以協同合作的 CRM 系統，我們可以從以下圖示發現，最主要核心點在於 ERP 系統的完善支援前端網路行銷的 CRM，使其公司、產線與客戶需求的資訊得以數位化傳輸，在這樣數位轉型尚未普及年代就可以達成，真是難能可貴。

4 AR（Augmented Reality）擴增實境，也有對應 VR 虛擬實境一詞的轉譯稱為實擬虛境或擴張現實，是指透過攝影機影像的位置及角度精算並加上圖像分析技術，讓螢幕上的虛擬世界能夠與現實世界場景進行結合與互動的技術。

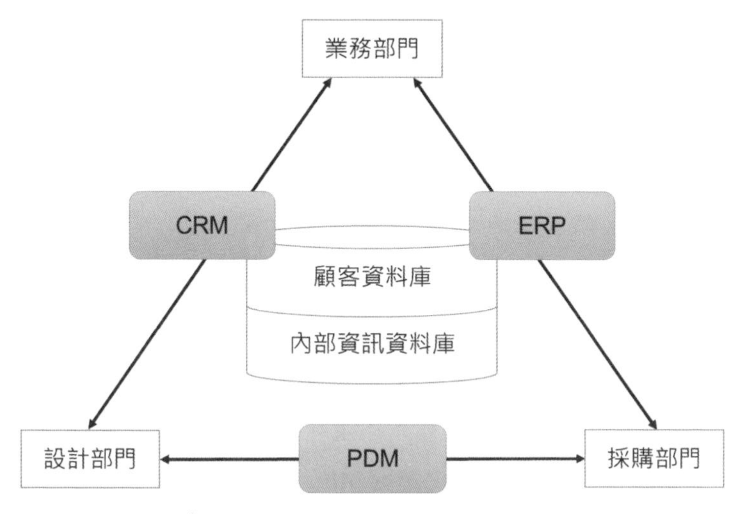

圖 8.7　安口食品數位轉型金三角

圖源：陳泳睿

CRM、ERP、PDM 成為數據中心的獲取和應用的金三角，產品相關所有資訊（例如：產品結構、技術情報、專案管理、庫存、營業額等）的共有化，並針對所有業務流程進行有效地產品獲利管理。接下來將介紹各系統的功能。

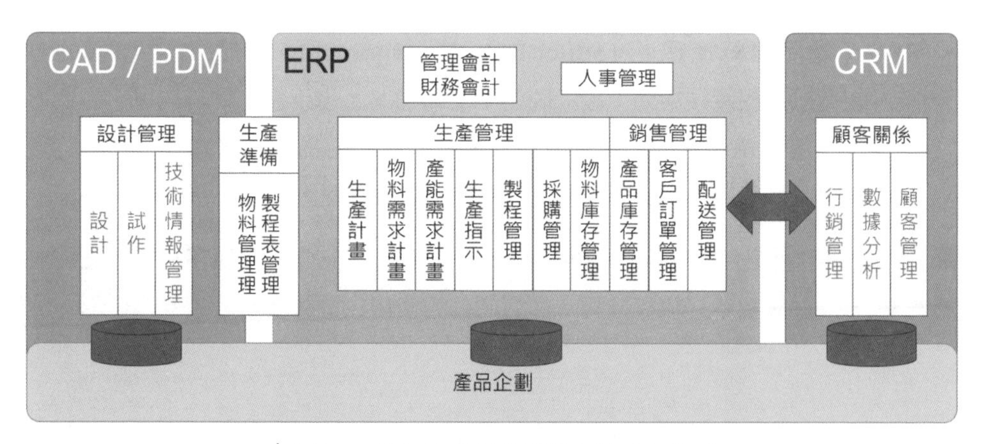

圖 8.8　安口食品數位轉型系統模組架構

圖源：陳泳睿

- **CRM（客戶關係管理，Customer Relationship Management）**：透過雲端介面獲取顧客第一手資料如，產品功能、品質資訊、客戶屬性、需求條件等重要數據的管理。從中做好顧客服務品質、提高顧客滿意度、保持顧客忠誠度、增加顧客未來信任度。使用 Salesforce 售後服務模組，提供顧客統一窗口與便捷服務。

- **ERP（企業資源計畫，Enterprise Resource Planning）**：針對企業人、物、錢等資源做整體性的規劃，使其效率提升。管理著從銷售到生產如，銷售管理將記錄與控管訂單、庫存和運送相關資訊；生產管理對於採購、製程、生產命令、物料需求計畫（MRP）、產能需求計畫、生產計畫（MPS）等。業務接到訂單立即輸入 ERP 系統，隨之透過 MPS 系統會計算物料需求量給予採購採買，並展開為工單與交期建議。有了物料、生產、訂單資訊之後就可以將其轉為財務、管理會計和人力資源的管理，在確實輸入資訊情況下，可以達到一天帳，也就是隔天就可以知道所有營運獲利狀況。

- **CAD（電腦輔助繪圖，Computer Aided Design）**：使用電腦取代傳統針筆的繪圖，讓製造圖數據化，對於保存、管理、繪圖效率、傳承等更有效的控管。再搭配 3D 列印對於設計開發、打樣確認時效將提升數倍。

- **PDM（產品資料管理，Product Data Management）**：針對產品整體的設計、開發以及相關技術如：設計圖面、文書檔案、規格書、物料清單、說明書手冊等，進行統一管理，系統還包含所有與產品結構有關的零件、物料等資訊，數據主檔不僅包含品項代碼、還會特別對設計變更的代碼進行管理。

除了數位轉型金三角，安口食品也有導入 EIP 系統將 ISO 文件儲存與控管在內，透過 Workflow 確實掌握流程控管，面對同仁的使用也更為便捷。

8.8 數位轉型成效

安口食品透過數位轉型金三角的架構縮短產品開發時程，讓製造有更充裕時間、節省更多資金，透過 ERP 完善的資料庫，帳物合一透明化，從 CRM 系統串接到 PDM 乃至 ERP，現在安口食品可以確實掌握每個客戶、每個產品在銷售給哪位客人從行銷到生產的所有成本與利潤，對於公司經營策略決策有很大參考價值，如那些地區必須投入多少行銷費用、產品報價、經銷制度、甚至新機器的開發都可以更精確，而不是像過往銷售完畢後是否真的賺錢，無從查起，公司賺錢賺得很沒有掌握感。

歐陽總經理也表示數位轉型之後對於資源管理更精確，人員與生產的配置、稼動率的掌控、存貨的遞減是最大的效益，整整降低了 25% ～ 30%，財務相對更健全，獲利更高。原本打單需求人員也因為數位轉型系統的更新，變為更自動化後而降低。採購需求過往為了安全起見，都會提早發出需求讓庫存堆滿物料，不必要的應付帳款提早支付，對於庫存周轉率與資金調度應用都有提升。現在只要透過 ERP 系統計算，該是哪時候進料都會一清二楚，不會有提早的狀況，系統也會在需求日之前自動下單與提醒。採購相對壓力也比較小，更能夠花更多心思在找尋更好的供應商。

總經理也表示未來將對所掌握的數據做更進一步的分析，並且訓練同仁更有數據感，直接由底層就可以自己判斷快速回應。相對的同仁也反映，數位轉型之後他們不僅效率提升，時間更充裕來充實更多知識。

Rich 顧問的案例分析

安口食品很早就導入 ERP，歷經舊的 ERP 功能不足，導入 SAP Business One 後數年又重置成多階 BOM 才能滿足需求的辛苦過程，加上後來導入 Salesforce 雲端 CRM，才有了客戶即時會饋資訊，讓安口食品即時掌握客戶抱怨與需求，藉此分析改善設備進化功能，強化客戶忠誠度。另外透過 CAD+PDM 資料庫結合 ERP

系統，每次工單的成立同時也是生產順序完成。在新冠肺炎疫情期間，防疫國家隊將生生產必備資訊數位化，大大增加產能。

以 AIoT 的角度，接下來我們來看安口食品的 AIoT 五層架構圖以及商業模式圖。

在 AIoT 五層架構圖的部分，首先根據前述的內容，可知他們的五層架構圖為：

應用層	智慧工廠
平台層	- ERP：多階 BOM，做好物料產品管理 - CRM：即時掌握客戶抱怨與需求，藉此分析改善設備進化功能，強化客戶忠誠度。 - PDM+CAD：讓製造圖數據化，再搭配 3D 列印對於設計開發，做好最佳控管。
網路層	- WI-FI　- 內部專線 - 4G
感知層	- 攝影鏡頭 - 觸控螢幕輸入 - 智慧機械上的感測裝置
實體層	- 智慧型手機 - 智慧機械 - 電腦

圖 8.9　安口食品的 AIoT 五層架構圖

圖源：裴有恆製

在商業模式上，安口食品透過 Salesforce 雲端 CRM 獲得客戶回饋，改善產品強化客戶關係，ERP/PDM/CAD 強化整體效率。圖 8.10 顯示了他們的商業模式圖。

<table>
<tr>
<td rowspan="2">關鍵夥伴：
Salesforce
SAP
Solidwork</td>
<td>關鍵活動：
導入 ERP
整合數據
客戶回饋</td>
<td rowspan="2">價值主張：
利用 ERP 強化內部生產管理
利用 PDM ＋ CAD 強化內部研發
利用 Salesforce 雲端 CRM 系統即時獲得客戶回饋
未來將對所掌握的數據做更進一步的分析，並且訓練同仁更有數據感，直接由底層就可以自己判斷快速回應</td>
<td>客戶關係：
透過數據了解客戶回饋，因此改善產品</td>
<td rowspan="2">客戶區隔：
各國要做餃子的企業</td>
</tr>
<tr>
<td>關鍵資源：
工廠作業人員
研發 / 設計人員
營銷人員</td>
<td>通路：
直接銷售</td>
</tr>
<tr>
<td colspan="3">成本：
製造成本；研發成本
管銷成本；系統導入成本
系統租賃成本</td>
<td colspan="2">收益：
機器買斷服務收費
存貨遞減省下金額</td>
</tr>
</table>

圖 8.10 安口食品的商業模式

圖源：裴有恆製

MEMO

華夏玻璃如何做到數位優化，接下來逐步轉型

9.1 簡介

台灣華夏玻璃股份有限公司（以下簡稱華夏玻璃）創始於 1925 年，發展至今，已有 96 年悠久歷史，位於台灣新竹市，公司下設玻璃、電子、化工等等八個子公司。其中日用玻璃制造業為台灣地區最大，年營業額新台幣 30 億元。

1994 年起，華夏總公司在大陸投資，先後在無錫、江門、長興、鳳陽建立了四家玻璃製造公司及上海、廣東兩家模具製造廠，2004 年又追加投資，在無錫進行了三期工程，江門二期工程的建設。至此，華夏總公司員工人數約 900 人，大陸華眾玻璃公司共有員工 900 人，員工總人數達 1800 人，年產日用玻璃 20 萬噸以上。[1]

9.2 公司簡介

華夏玻璃的產品都是玻璃瓶，廠內很早就引進了國際先進水平的生產線，配置由電腦控制的自動化配料及窯爐系統，美國電子式雙材料玻璃成形機，電加熱和燃氣自控退火爐，檢驗采用 CIM 綜合計算器檢測設備及熱冷液噴塗技術，後道加工有印花，貼花，蒙砂及噴塗生產線，產品五光十色，工藝精湛。[2]

華夏玻璃公司實收資本額為兩億五千萬台幣，略大於政府中小企業標準。

1 資料來源：華夏玻璃官網

2 資料來源：華夏玻璃官網

9.3 產品介紹

華夏玻璃主要生產食用瓶、牛奶瓶、酒瓶、飲料瓶、醫藥瓶、化妝品瓶、燈具燈飾及器皿等八大類。[3] 是國內的玻璃瓶市占率最高的公司。

9.4 產業性質

玻璃產業是傳統產業，而且是寡占市場，台灣玻璃股份有限公司是此產業第一大的公司，平板玻璃都是它的產品；華夏玻璃是此產業第二大的公司，產品都是玻璃瓶。玻璃的市場根據台灣政府，在過去 2017 ～ 2019 年的統計，發現整體出貨逐年下降，不過 2020 年受惠於中美貿易戰，訂單有增加。

9.5 組織架構

廖冠傑總經理回到公司時，發現公司的組織方向過於繁雜，不利效率及整合。決定先從台灣總公司下手，建立制度後再轉到子公司。然後從品牌延伸部門，建立新科技部門，建立稽核及經營戰略組，強調總經理幕僚。並且總公司直接掌控子公司「財、買」權利 - 逐漸收緊及審視。[4]

圖 9.1 是華夏玻璃現在的組織架構圖，其中科技部跟行銷策略部是傳統製造業不會有的組織架構。科技部是主導公司自動化，研發機構及 ERP 負責編輯需要模組的部門；而行銷策略部主要是針對網路外銷行銷加上水晶靈品牌的自負營虧部門。並且有經營戰略組，直屬於 CEO，當然也協助品牌及轉型戰略。

3 資料來源：華夏玻璃官網

4 資料來源：華夏玻璃廖冠傑總經理所提供的「企業接班與數位轉型」簡報。

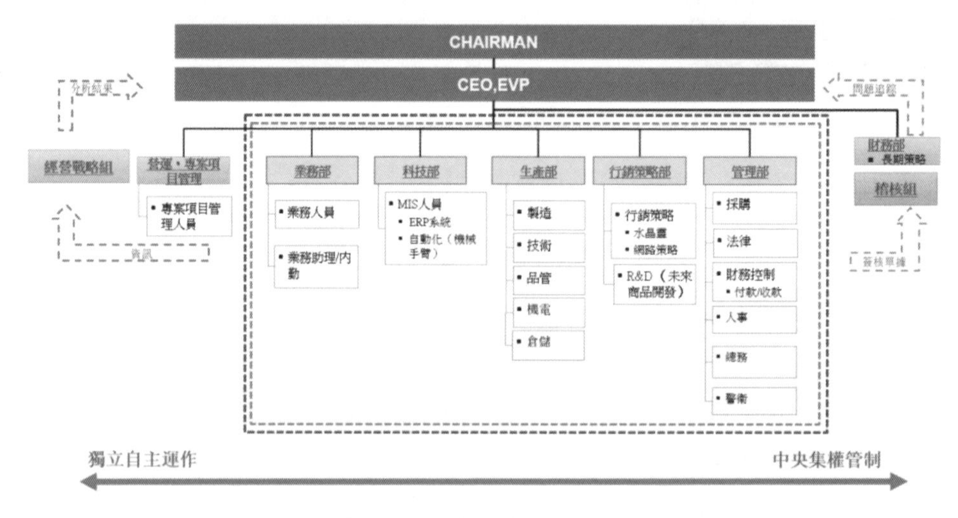

圖 9.1　華夏玻璃組織圖

資料來源：華夏玻璃 CEO 廖冠傑總經理提供

9.6 數位轉型架構

華夏玻璃使用數位科技在公司內部管理上的優化，從以下五大重大議題開始考量：

1. 掌握廠內資訊的速度緩慢，以及跨國管理的難處：解決方案是培養遠距離管理數位能力。
2. 公司內部營運容易受到人事變動而影響：解決方案是職能建立。
3. 無法對外藉由網路達成銷售，以及無法出國就無法擴展業務：解決方案是數位業務能力。
4. 工業 4.0 的發展突破，以及人力不足整合與管理企業內部資訊：解決方案是智慧生產與運作。
5. 整合與管理企業內部資訊：解決方案是數位整合能力。

接下來就開始著手五大對應解決方案，設定了對應目標，而且達成：

1. **遠距離管理數位能力**：在現場建立數位績效看板，接下來達成使用電腦 / 手機就能夠了解公司、生產等管理資訊，而且即使出國亦可管理。

2. **職能建立**：從製造到品管建立職能分配藍圖，確認明確的職能分工。

3. **數位業務能力**：

    i. 建立數位銷售平台（阿里巴巴、蝦皮、亞馬遜、Walmart）：利用平台數據提高洞察客戶的能力 - 整理出資訊來調整業務內容，整理客戶資料並進一步擴展業務。

    ii. 開啟數位媒體行銷（Instagram、Facebook、YouTube）。

    iii. 強化網站的架構與廣告的設計。

    iv. 導入 CRM，且與供應鏈做數位整合。

4. **智慧生產與運作**：公司大方向朝著工業 4.0 的趨勢去發展，做這塊是為了解決人力需求 / 不足的問題，於是決定從基本功開始 - 檢視生產線上「核心」去做數位化升級。

    華夏玻璃導入數位科技有 3 大步驟：設計 → 整合 → 運行，以下分別說明：

    i. 設計：指把整個工作流程想成一個系統來做設計。首先反方向思考，觀察最終端「客戶 / 使用者」需要達到什麼樣的效果，來去設計系統。而在這個過程中，設計的 KPI 不能想要一步登天。需要靠小勝利累積團隊經驗與信心，才能往下走。

    ii. 整合：指思考如何把所有的工作以流程方式串聯起來並開始測試。首先要觀察分析人工作與新系統運作的對照，並準備設置平台與實體物件；接下來做組裝測試、程式編寫、預備測試環境、設想情境以及訓練。

    iii. 運行：指實際使用，並且是回饋狀況不斷改進。以導入 Universal Robot 的人機協作機器手臂為例，針對抓取的夾具做不斷的測試以及改進，應對不同的瓶型，大小以及箱子包裝需求做不斷迭代的調整與改進。

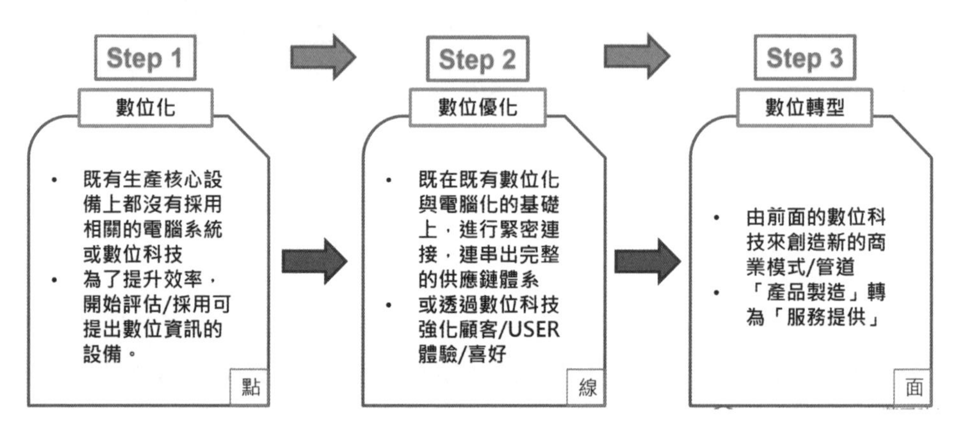

圖 9.2 華夏玻璃的數位轉型三階段 從點到線到面

圖源：華夏玻璃廖冠傑總經理所提供的「企業接班與數位轉型」簡報

5. **數位整合能力**：能透過電腦數據所提供的資訊及時完成決策，如圖 9.3，把所有的數位系統 - 內部和外部結合起來，再利用這些系統所產生的數據結合 AI 和大數據來進行分析，藉由分析出來的結果來進行策略的決定和調整。

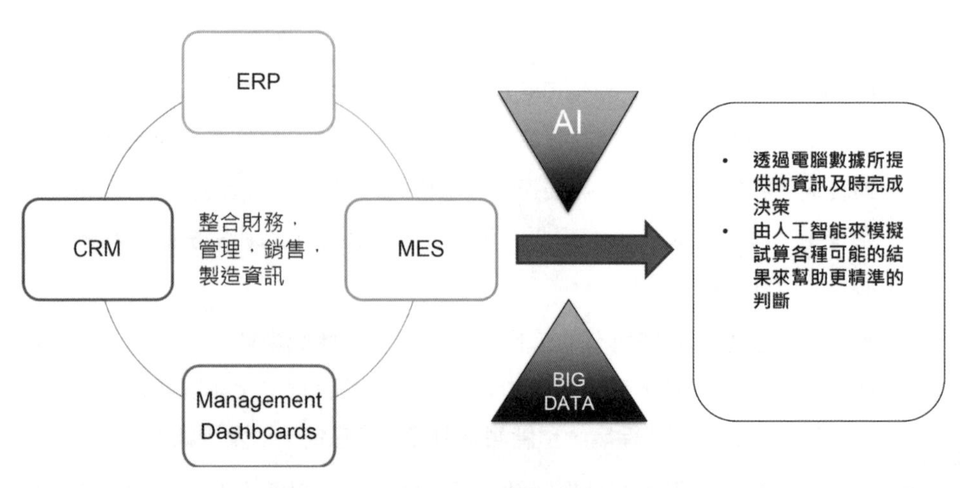

圖 9.3 華夏玻璃的現有數位系統整合

圖源：華夏玻璃廖冠傑總經理所提供的「企業接班與數位轉型」簡報

9.7 數位轉型歷程

在 2013 年，華夏玻璃的第四代大兒子廖冠傑就被父親廖霞榮要求回來接班，當初廖霞榮先生對著廖冠傑說道，「如果你不回來幫我忙的話，我就會坐高鐵，再坐捷運。到台北市南京東路五段的台玻大樓去，找到台玻董事長說我把公司賣給他。」[5] 基於對家人的情感連結，讓他希望幫家人出一份心力，所以他回國接班了。

廖總當初回到國內，才發現公司使用的電腦都是用 DOS 系統，90 天才能做決策，速度慢到讓他嚇到。而且對公司的員工而言，如果有新進員工來公司就是行銷經理，不是從基層做起，沒有戰功可以說服員工。所以廖總決定先從建立戰功開始，因此，2014 年他決定建立 B2C 品牌 水晶靈來建立戰功，並且從中國大陸做起，開拓新的獲利來源，以改善組織原來年年下跌的獲利趨向。因而在組織中建立行銷策略部，以開始做品牌行銷，並且廖總跟自己的爸媽「要求」職位，才能在這樣的傳統組織中帶領團隊。並且從建立公司官方網站開始，逐步數位化。在品牌「水晶靈」上，以打造「精緻玻璃服務業」為目標，透過品牌行銷策略以改變公司形象，之後拿下星巴克、施華洛世奇等國際品牌訂單，成功將台灣玻璃推向國際市場。

廖總發現要做好華夏玻璃的這個百年企業的升級，不能只靠自己孤軍奮戰，需要弟弟廖唯傑的協助，所以他特別飛到弟弟當時工作的日本，請弟弟回來一起奮鬥，第一次去被弟弟拒絕了，廖冠傑不放棄，去了第二次，這次弟弟終於點頭回來，一起奮鬥。這樣他們公司的董事會，就由三個人變成四個人，爸爸媽媽加上廖冠傑與廖唯傑，這樣廖冠傑跟廖唯傑兄弟倆想做的轉型導入，董事會討論起來就比較有力，推動起來更有機會。後來兄弟倆甚至幫爸媽報名了交大 EMBA，讓爸媽在學習最新的管理知識外，還讓爸媽在跟他們的 EMBA 同學交流中，發現別人都在導入數位科技與轉型升級中，能夠更理解兄弟倆做的相關努力的原因，在幫公司轉型升級的過程中，給予更多的支持。

5　資料來源：裴有恆訪談廖冠傑總經理得到的資料。

接下來為了公司系統運作效率順暢，決定導入企業資源規劃 ERP，做到數位優化，這時在內部有兩種聲音，一種是先用台灣本土的廠商，像是鼎新電腦，導入之後可以慢慢修正，一種是一次到位，使用的是國際名牌 SAP，最後他們決定使用 SAP，2017 年底完成導入 SAP，2018 年跌跌撞撞的最佳化流程，但是 2019 年發現效率大大增加，例如找一隻瓶子，以前業務要繞很久，現在可以在 SAP 上很清楚知道這種瓶子的相關狀態，一找就到。而導入 SAP ERP 華夏玻璃也是業界第一，目的是建立數位轉型的決心與方向。

在整個轉型升級的過程中，現有員工的抗拒改變往往是最大的問題，但是面對公司現有逐年衰退的狀況，廖總之前做了決定，必須建立目前大家可以預期的 " 危機感 "，目的是讓員工能重視公司現在的問題！接下來召開啟動會議，聚集大家的凝聚力，向心力。並引進 PWC 跟 Deloitte 做為顧問團隊，來幫忙釐清問題及調整，這讓他們嘗試執行了一段時間的流程改善計畫，最後雖沒能成功，但是種下了數位轉型的火苗。[6]

之後廖家兄弟在獲得父母支持後，就對員工宣告，轉型升級是公司必然走的路，而這件事已經獲得董事會的支持，員工們如果不支持的，就會被調離現在的位置，讓他們不會影響公司前進的進度。根據對他們兄弟訪談結果，約有六到七成的員工願意支持，這是一個好的開始。而在工廠中也提到了幾種標語，提示員工公司轉型的決心，例如圖 9.4 顯示的工業 1.0 到工業 4.0 的標語。

圖 9.4　華夏玻璃場內標語

資料來源：裴有恆拍攝

6　資料來源：廖冠傑總經理提供之「企業接班與數位轉型」簡報檔

華夏玻璃在數位轉型上，最先做的就是開發新市場與新客戶，建立品牌水晶靈，由 B2B[7] 的生意，改成 B2C[8] 的生意，而對應的通路，就考慮到不只在台灣，還增加跨境電商，透過蝦皮賣到新加坡、馬來西亞跟印尼。

不只 B2C，在 B2B 上，也開啟了新通路，以阿里巴巴國際站做跨境電商，連結全球 B2B 買家，以多國語系呈現。使用信用保障交易，線上金流交易 / 物流系統，更便捷。此生意於 2019 年底正式開通。而且透過阿里巴巴找到合作供應商，一起接單，滿足更多客戶的多元需求。[9]

後來為了轉型成玻璃界的完整解決方案商，又陸續跟地方生態系合作，並強化自體研發：

1. 跟新竹的在地小農合作，推出 3 咖啡加 1 個玻璃杯的組合禮盒。
2. 跟金門酒廠合作，提出限量精品酒。
3. 茶仔堂結合文創，玻璃工藝創造特殊色調與玻璃瓶身，單價達到 2000 元。這是結合特殊設計造就新價值。
4. 自體研發純手工，結合儲藏，醒酒，及杯子的醒酒器，獲得 2017 年經典設計獎肯定。

為了推廣自家的產品，廖家兄弟倆，還自己做了 YouTube 跟 Podcast 頻道來做行銷：透過玻璃兄弟自媒體平台，推銷公司新商品，如牛奶杯、彈珠汽水 Whiskey，並結合浪 live、liveme 直播銷售醒酒器，及 Aquasoul 水晶靈防疫清潔用品。

同時，在公司管理上導入數位系統，作法在 9.6 節有很詳細的描述，朝著工業 4.0 邁進，導入管理儀表板、ERP、CRM、MES 工廠管理系統做好數位整合，讓員工具備遠距管理數位能力，還有，重新設計機器手臂導入後應有的流程，讓導入機器手臂大大增加效率，圖 9.5 是華夏玻璃導入機器手臂在工廠的照片。

7　企業對企業。

8　企業對消費者。

9　資料來源：華夏玻璃廖冠傑總經理所提供的「企業接班與數位轉型」簡報。

圖 9.5　華夏玻璃導入 UR 機器手臂來做包裝

資料來源：裴有恆拍攝

接下來華夏玻璃準備使用機器手臂所提供的數據做分析，並且搭配數位攝影機，做產線上的影像瑕疵辨識，直接在包裝時做好品管。

對公司未來的願景，廖總說到，華夏玻璃算是玻璃界的標竿學校，接下來準備彙整知識成為玻璃聖經這樣的大數據資料庫，留下老師傅玻璃製作的經驗，讓傳承不間斷。

9.8 數位轉型成效

在數位行銷上玻璃兄弟開播一年的時間 - 累積 600 小時觀看時數，2.5 萬觀看次數，曝光人數超過 45 萬。

2020 年蝦皮賣場 - 新南向市場各月營業額佔比如圖 9.6。

月份	新加坡	馬來西亞	印尼
1月	--	--	--
2月	--	--	--
3月	4.73%	0.00%	4.73%
4月	1.42%	6.19%	0.00%
5月	4.94%	3.94%	0.00%
6月	11.49%	3.91%	0.00%
7月-7/23	32.27%	9.94%	16.23%

圖 9.6　華夏玻璃在蝦皮平台跨境銷售 2020 年 1-7 月的營業額佔比

資料來源：華夏玻璃廖冠傑總經理所提供的「企業接班與數位轉型」簡報

Rich 顧問的案例分析

廖冠傑總經理為了家人的情誼，回來接班，著手進行數位轉型。轉型的歷程包括從建立水晶靈品牌建立戰功，以跨境電商展開新的 B2B 的生意，水晶靈也展開跨境電商 B2C 網購，還有轉型做玻璃界的完整解決方案商，跟生態系合作，還有自體研發精品玻璃，做了很多之前不會做的事。

而從數位化，走到數位優化，進入數位轉型。從建立官方網站開始，華夏玻璃的員工從一開始抗拒，父母一開始不懂，到後來弟弟廖唯傑回來成為最佳戰友，協助處理，幫父母報名報了 EMBA，而父母唸 EMBA 之後開始了解而支持，因此開始導入 ERP 等數位系統，而且導入了 Universal Robot 的協作機器人，接下來還要利用 Universal Robot 在產線獲得的數據，創建玻璃聖經。

以 AIoT 的角度，接下來我們來看華夏玻璃數位轉型的 AIoT 五層架構圖以及商業模式圖。

在 AIoT 五層架構圖的部分，這裏討論的是他們工廠的數位優化的架構。

應用層	智慧製造應對少量多樣化
平台層	- 應對各種玻璃需求達到少量多樣化 - AI+AOI 品質分析 - 利用大數據分析找出最佳玻璃製成，效率最佳化 - 華夏玻璃 Platform as service（Glass Bible）
網路層	- WI-FI6 - 5G - Cable 中央數據（in progress）
感知層	- 攝影鏡頭 / 影像辨識 - 包裝資料記錄 - Barcode 讀取機 - 玻璃膏成型溫度記錄 訊號/ 數據收集
實體層	- AOI 照相檢查機器 - UR 協作型機器人 - Barcode - 玻璃膏成型溫度測量

圖 9.7 華夏玻璃數位轉型的 AIoT 五層架構圖

圖源：華夏玻璃廖唯傑副總經理提供

在商業模式圖上，華夏玻璃在品牌價值、市場轉換、增加 B2C 客戶、增加跨境電商通路，增加合作夥伴，共創價值，也利用 Universal Robot 改造流程，強化效率。

<table>
<tr>
<td rowspan="2">關鍵夥伴：
機械手臂供應商
感應器廠商與整合廠商（華夏自有研發團隊 - 華俊機械設備商）
軟體 / 硬體 / 雲端通路商
Servo feeder/ 自動打油機器設備供應商</td>
<td>關鍵活動：
研發產品；製造
銷售維護客戶關係
整合數據並達到生產最佳化</td>
<td rowspan="2">價值主張：
透過數據即時反應產品參數，達到傳遞給客戶生產資訊
銷售並變成玻璃顧問
整合數據並發展最佳玻璃製造經驗 /
給任何需要玻璃商品 / 知識 know-how 提供全方位服務供應商</td>
<td>客戶關係：
網路 / 社群</td>
<td rowspan="2">客戶區隔：
玻璃容器需求商 / 大、中、小型通路商
玻璃知識 / 服務需求製造商
玻璃整體服務輸出需求商</td>
</tr>
<tr>
<td>關鍵資源：
研發人員 / 科技人員
機械設備人員 / 生產部電機人員
領導階層</td>
<td>通路：
專業玻璃製造網站
網路商城
既有客戶延伸通路</td>
</tr>
<tr>
<td colspan="3">成本：
製造成本；研發成本
管銷成本；合作費用成本</td>
<td colspan="2">收益：
賣產品的費用；賣顧問服務的費用
Glass bible 的月租費用</td>
</tr>
</table>

圖 9.8　華夏玻璃數位轉型的商業模式圖

圖源：華夏玻璃 CEO 廖冠傑總經理提供

震旦行旗下的震旦雲
如何做到數位轉型

10.1 簡介

震旦集團於 1965 年在台灣創立，以協助企業打造美好的辦公環境為目標，提供一系列優質的辦公室自動化設備、家具、資訊軟體等解決方案，發展迄今，台灣事業取得超過 50% 以上的市場占有率，辦公家具更是市場領導品牌。

震旦集團包含零售與製造等單位，為追求更有效率的經營績效及顧客服務，震旦集團自 1982 年在內部開始推行企業 E 化，並搭配全台超過 150 家分公司實施，強化集團在各項作業的處理效率，讓公司經營持續成長，透過 E 化讓管理費用逐步下降，以穩固的 IT 基礎奠定集團在 OA 市場競爭力。2014 年因應雲端科技發展成熟，以內部人才，結合工研院技術，成立雲端事業群，推出震旦辦公雲服務。

10.2 單位簡介

2014 年震旦辦公雲開始營運，提供 eHR、POS 跟 EIP 等中小企業辦公室營運所需的軟體服務。[1] 這是震旦集團從內部 e 化，轉而以標準化雲端產品開始經營數位雲端業務。2015 年林敬寶總經理上任之後開始以 eHR 為主要業務，逐漸發展成現今的單位。

震旦辦公雲在 2020 年初改名成震旦雲，讓其單位的業務範圍不只是辦公方面，從震旦雲的願景「成為『智慧企業』的倡導者，重新打造 21 世紀的生產力，為企業填平『現實世界所需要的技能』」可知。

震旦雲在震旦集團內部為雲端事業部，員工人數不到 200 人。

1　資料來源：震旦雲官網。

圖 10.1 震旦雲官網

資料來源：裴有恆擷取

10.3 產品介紹

震旦雲提供辦公室應用系統或軟體，透過雲端服務架構供中小企業使用，讓顧客所購買的辦公室應用軟體服務皆可在他們專屬平台中啟動使用，免去傳統系統重覆登入帳密所帶來的不便。[2] 在 2015 年林敬寶總經理上任之後，專注於 eHR 系統為主要發展，囊括 HRM 跟 HRD：包含雲端人資系統、AI 面試系統、測溫人臉辨識系統、人臉辨識系統、雲端 ERP 系統、外勤管理系統、CRM 客戶關係管理系統、業問 100 銷售課程、電子簽核系統等，還有電子發票系統這個 POS 系統。

2 資料來源：震旦雲官網。

震旦雲現在主力推出的 eHR 系統是透過訂閱取代購買，這可以幫企業購置系統高昂的授權金，當然如果客戶堅持買斷，建置自家的私有雲服務，震旦雲也會提供服務。震旦雲提供的應用服務皆可支援平板、手機，讓客戶可正確即時掌握公司動態，增加工作效率。另外針對企業對資訊安全的需求，震旦雲的雲端主機獲得 ISO 27001 認證，無毒無駭外，更提供 SSL 加密傳輸、閘道安全、資料安全、弱點掃描、個資防護五道資安防護措施，讓您從服務登入到資料傳輸、儲存，由裡到外，皆能獲得頂級的全面保護，防止任何不肖的駭客竊取行為。在服務方面，震旦雲整合集團服務資源，提供全台 150 個服務據點及客服支援專線，讓中小企業在雲端化的過程中，能獲得有效的協助，不會求助無門，才能真正享受雲端帶來的好處，降低使用門檻。

到 2021 年 2 月止，震旦的 HRM 的服務有人臉辨識系統、測溫人臉辨識系統、外勤管理系統、雲端 ERP 系統、電子發票系統、電子簽核系統、CRM 客戶管理系統，HRD 的系統有 AI 面試系統、業問 100 銷售課程、雲端人資系統，以及顧問諮詢服務。

其中測溫人臉辨識系統，特別適合 Covid-19 疫情期間企業員工在公司打卡整合非接觸的量測體溫。

AI 面試利用遠距雲端錄影面試，這在 Covid-19 疫情期間非常受歡迎，減少實體接觸的傳播風險，以及不必勞民傷財。它利用 86 次方微表情分析，得出人格特質分析報告。此報告針對五大人格特質：情緒穩定性、外向性、經驗開放性、親和性、盡責性，加上人際溝通技巧評分，根據這些產生了工作態度、彈性應變、人際關係、獨立自主，以及領導力傾向的分析建議，最後並建議未來可以多詢問的方向，幫助企業接下來對這位被訪談者想要進一步訪談的 HR 及主管有一些想法，而且節省了很多時間。

圖 10.2　震旦雲的使用手機做 AI 面試 DEMO

資料來源：裴有恆拍攝

還有 AI 智慧排班則是發現連鎖零售、餐飲及製造業，具有多達上百種班表，每次排班調度、耗費大量時間，而這個功能解決方案為利用 AI 最佳化班表，並有 LINE 智慧排班功能。

10.4 產業性質

原來震旦集團是辦公用品專業，後來成立震旦辦公雲，之後專注於 eHR，也就是 HR 的數位化。而 eHR 包含 HRD 跟 HRM 兩個部分。

雲端的線上課程，從 YouTube 上可汗學院提供免費的課程開始出名並被人接受，接下來隨著頻寬越來越大，串流服務普遍起來，讓雲端 HRD 線上課程逐漸受到重視，特別是在 Covid-19 疫情期間。而雲端人資管理系統一開始是針對不想買大型人資管理系統的中小企業提供人資管理的服務。

雲端 HRD 服務有很多企業投入，線上課程很為盛行，國外有「Coursera」、「Udemy」、「edX」…等等平台；中國大陸有「得到」、「喜馬拉雅」，「混沌大學」…等等平台；在台灣有「緯育 Tibame」、「Pressplay」、「Hahow 好學校」、「SmartM 大大學院」…等等知名的提供服務平台，而做 HRM 的有 Mayo 的 Appllo 的雲端人資系統、NUEiP 的雲端人資管理系統…等等雲端人資管理服務平台。

10.5 組織架構

在組織策略上，在 2014 年起一開始有設研發部、系統部及運營部三大部門，銷售人力只占 12%的組織 1.0；後轉變成將系統部與研發部整合成系統研發部，運營部轉換成銷售規劃部及行銷規劃部，變成銷售規劃部、行銷規劃部、系統研發部三大部門，其中銷售人力占 30% 的組織 2.0；現在進化到增加顧客成功部，專注顧客管理的健康指數，整個組織（組織 3.0）擁有四大部門：銷售規劃部、行銷規劃部、系統研發部，以及顧客成功部，此時銷售人力佔 42%。

而這樣的 3.0 組織就是要讓整個組織符合推動《成長駭客：未來十年最被需要的新型人才，用低成本的創意思考和分析技術，讓創業公司的用戶、流量與營收成長翻倍》一書中所提到的 AARRR（Acquisition、Activation、Retention、Referral、Revenue）流程的需求。林敬寶總經理擔任成長 CEO，銷售規劃部與行銷規劃部的功能分別為獲得顧客與活化顧客，而顧客成功部則負責留住客戶，當顧客對公司滿意，自然會轉介，並且有好的收入。而三大部門都有自己的業務 PM、工程師、行銷設計、用戶研究員，而系統研發部致力於研發整合，直接跟成長 CEO 報告。目的是致力以顧客成功為導向，打破組織隔閡以共同推進，強調用戶數據洞察，以做到推升顧客滿意的迭代策略步驟：分析、構想、測試、優化。會有這樣的組織是因為學習國際級雲端公司：Dropbox、LinkedIn、Twitter、Facebook 以及 Airbnb。

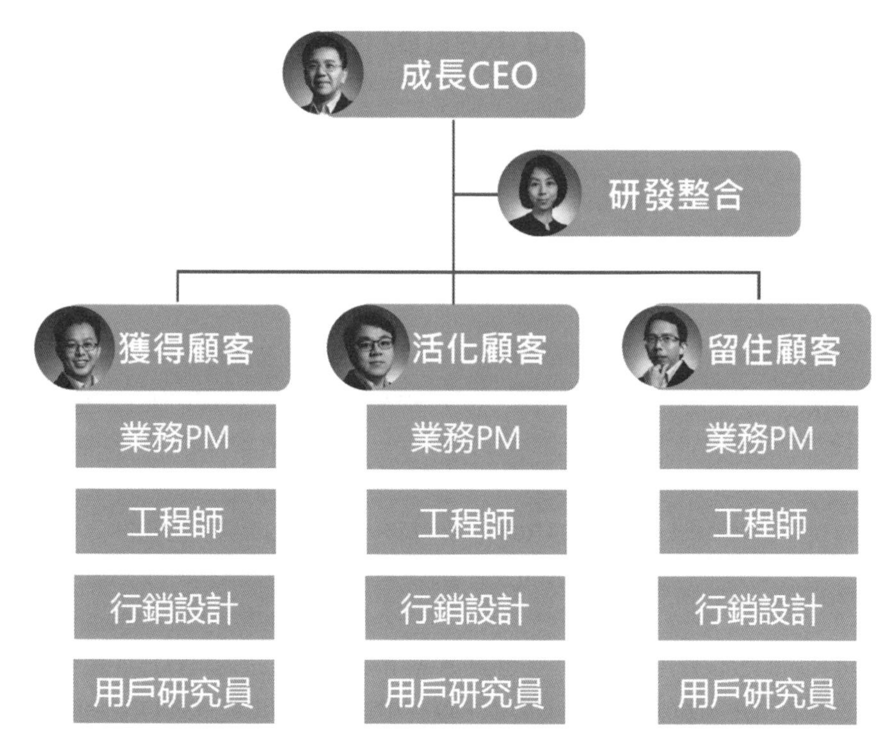

圖 10.3　震旦雲的成長駭客組織（3.0 架構）

資料來源：震旦雲端事業部林敬寶總經理提供。

10.6 數位轉型架構

數位轉型是需要有轉型方向的策略思維的，震旦雲以客戶最大化滿足為最優先，至少要做到滿足客戶，更要往前想一步，提供超越客戶講出來的需求，讓客戶驚喜跟感動，這個就必須具備對市場與客戶的洞察。而對應競爭者做什麼，當然也要看一下，不過客戶滿足才是最重要的重點。

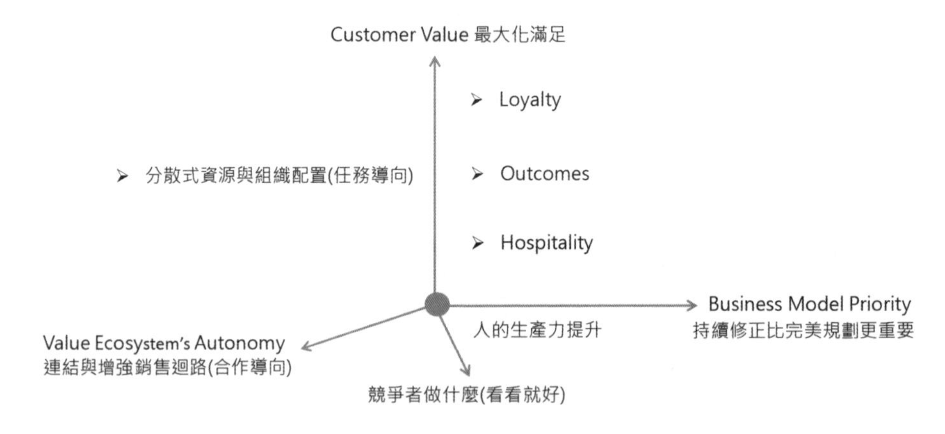

圖 10.4　震旦雲的 Recognize 及 Redefine 的策略規劃思維

資料來源：震旦雲端事業部林敬寶總經理提供

震旦雲具體的數位轉型方案，一方面提供 AI 解決方案，透過科專達成產學合作，合作大學有台灣師範大學、中央大學，以及中正大學。達成形塑專家團隊，提升顧客信任，做到專案知識移轉，轉變為顧問式服務。而在 2021 年在台師大成立震旦雲 AI 人資實驗室，加速創新，並且培育校園種子，以成為未來潛力顧客。而這樣的震旦雲基礎設施，也做了很好的資訊安全防護，並在 2021 服務協議 SLA[3] 中，訂定服務指標為系統可用性 99.85%，年度停機不能超過 4 次的合約，一旦違反，會主動賠償。透過訂定顧客服務的此種量化標準，刷新顧客的信任，這就是給予顧客超乎期待的服務。

3　SLA：Service Level Agreement 服務層級協議，指的是服務提供者與使用客戶之間，應就服務品質、水準以及性能等方面達成協議或訂定契約。

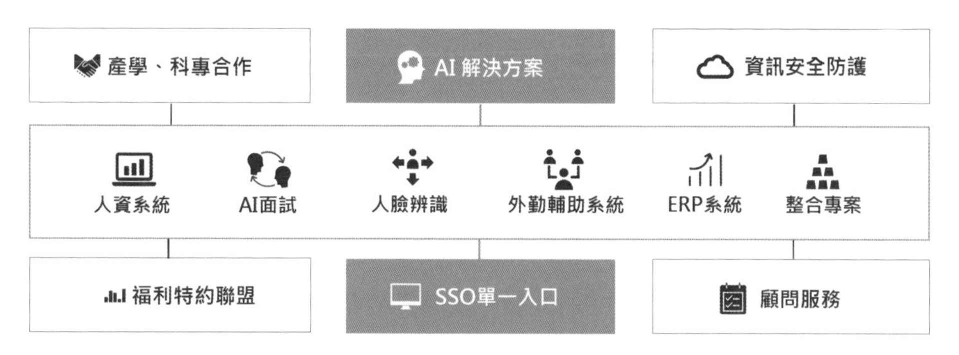

圖 10.5　震旦雲的數位轉型信任平台架構

資料來源：震旦雲端事業部林敬寶總經理提供

圖 10.6　震旦雲跟國立台灣師範大學合作震旦雲 AI 人資實驗室 2021 年 3 月 2 日揭牌

資料來源：裴有恆拍攝

而為了做好顧客服務，強化客戶黏著度與信任，震旦雲的信任平台還提供了福利特約聯盟服務，讓使用他們系統的餐飲零售公司，可以提供給所有使用他們系統的職工福利委員會一個特惠的廠商列表，達到減輕 HR 福委工作，也幫顧客引進生意。

為了讓客戶體驗良好，震旦雲提供 Single Sign On（單一入口登入，簡寫 SSO）服務。而針對系統導入，震旦雲提供了顧問服務，讓顧客導入無障礙。

10.7 數位轉型歷程

震旦雲的數位轉型歷程可分為 4 個階段，2014 年成立即為數位化階段，林敬寶總經理的加入帶領數位優化階段，現在正在進行數位轉型階段，之後計畫會做到數位再造的階段。

一開始 2014 年成立震旦辦公雲時為數位化階段，此時重點是協助企業使用雲服務，那時所有產品為標準化外產品，此時部門剛開始，容許失敗經驗。

到了第二階段，數位優化階段，此時重點在使內部與外部團隊合作互補，並且讓數位基因在公司萌芽。而必須有更多的倡導者，才能成事。

林敬寶總經理回憶 2015 年上任震旦雲主管時，人員流失到只剩下一開始的 1/2，他心想必須有不同以往的方式才能開展，決定做人力資源網路平台。

林總經理當時有很強烈的信念，認為突破知道的核心須以美感出發，而美感＝藝術＊科技（創新融合），也就是先「美學」感之以情，再「科技」服之以理。利用企業和顧客互動過程產生的資訊或現象，林總經理定義其為「商機密碼」，而從這裡去洞察那些有經濟價值，卻未被充分利用的隱藏寶礦。這必須針對客戶滿足其顯性的需求，更須同步化解客戶隱性的擔憂，並給予安心的保證。而這些這是林總經理在公司文化上的根本信念。

為了達成成功轉型的目的，林總經理決定採用針對內部員工的「好教練策略」、「好人才策略」，針對客戶及市場行銷的「好滿意策略」、「好品牌策略」、「好市場策略」、」好商品策略」，以及「討好價策略」等，現在看來，這些策略是他成功的要素。

以下一一說明：

一、對內部員工：

1. 在好教練策略上，震旦雲鼓勵挑戰，特別是在陌生領域，此時相關的知識來源，就是過去的經驗，也因此這時想像力，比知識還重要。專注在讓員工工作量變少，卻變得更好。

2. 在好人才策略上，專注在三點：(1) 讓「同仁」的生活過得更好；(2) 找到「適合」的人建構團隊；(3) 建立「全新」的工作體驗。

二、對客戶及市場行銷：

1. 在好滿意策略上，要求員工「堅持每一個商品和服務，顧客的互動環節，都要『美』」。為了讓顧客有更好的體驗，舉辦客戶回娘家活動，跟客戶玩在一起。並且辦理 Prosumer 開發座談會，到 2021 年 2 月時已舉辦四場，一對一了解客戶需求，轉化成的關鍵成果有：優化友善系統介面、功能優化 Line 應用 / 多國語系 / 招募模組，並且對競品功能強化研究。
2. 在好品牌策略上，全力讓顧客知道「震旦雲是好公司」，並且全力廣告行銷「震旦雲是好公司」，以「FES」方式，先以事實化（F）呈現（真），讓客戶有好的體驗（E）的體驗化（善），最後形成好故事（S）傳播的故事化（美）執行策略。並且為員工拍攝專業對外形象照，塑造團隊一致美學風格。
3. 在好市場策略上，震旦雲以三大方向執行：(1)「創造」對的市場，「做有」價值生意 - 針對 eHR；(2) 做好系統開發並快速疊代，以符合客戶需求；(3) 以「信任經濟」為核心，創造訂閱經濟。
4. 在好產品策略上，同時兼備標準化和彈性化融合，滿足顧客需求，提供訂閱服務，根據客戶回饋快速修正，但客戶也可以要求買斷式產品。
5. 在討好價策略上，因爲價格影響消費者決定的行為，透過長期訂閱優惠及服務分級定價，達成價值與價格最佳化，強化客戶訂閱意願。

現在正在進行的是第三階段：數位轉型，此時團隊已經有明確的商業模型：信任平台，穩健快速推進中，而因為導入 AI 科技，發展出集團原商業模式沒有的新價值，像是測溫人臉辨識系統，在 Covid-19 疫情期間，滿足客戶可以非接觸打卡的需求。而整個組織成為數位科技組織，所有作業由直屬於林總經理的系統研發部做出來。

為了達成數位轉型，震旦雲做了邁向轉型之路的四個升級：跟國立大學產學合作（達成信任升級）→ 產品導入達成價值與價格最佳化。AI+ 刷新認同（達成產

品升級）→ 建立強弱連結生態系（達成合作升級）→ 完成 SLA 服務水平協議 & ISO27001（達成安全升級）。

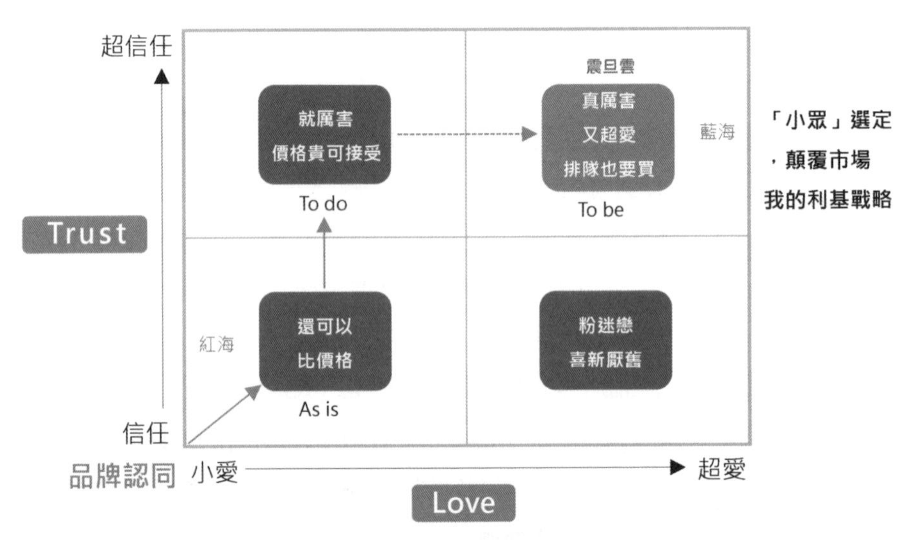

圖 10.7　震旦雲的品牌認同定位圖

資料來源：震旦雲端事業部林敬寶總經理提供

而未來將進入的數位再造階段，林敬寶總經理提到目標除了營收比例的增加，讓品牌面對顧客刷新體驗，建立數據化、系統化、規模化，達到新與舊事業部的合作。

10.8 數位轉型成效

數位轉型成效上震旦雲跟外部廠商及學界合作開發很多 AI 產品，例如 AI 影像辨識、AI 系統面試、AI 智慧排班、HR 彈性佈署…等等，形成了很棒的 eHR 系統服務。

震旦雲系統已經導入了很多公司，有冠霖不動產、生洋網路、史偉莎集團、浩翔運通、全鼎香食品公司、純慶公司、樂樂購國際股份有限公司、茶路公司、宏林跨媒體整合行銷、凱捷聯合會計師事務所、艾思維特、泰山新庚診所、吉星港式飲茶、肉多多、雨揚科技、鮮茶道、宇宙光、台灣紋意、傑群國際、金龍旅遊…等等。

Rich 顧問的案例分析

震旦雲的數位轉型的案例是在集團看到雲端數位化的商機，決定獨立出震旦辦公雲，但是用標準化的產品並不符合客戶需求，一段時間之後單位人員只剩原來的1/2，於是緊急找來同是辦公室自動化 OA 產業有多次領導原公司單位突破經驗的林敬寶先生來帶領變革，林敬寶總經理一路從養成震旦雲的變革文化，培育數位基因，帶領震旦雲轉往數位優化，到現在數位轉型：導入人工智慧，擁有客戶數據，加上以客戶為尊，直接訪談客戶，了解客戶痛點，因此能夠洞察客戶需求，而以信任平台提供客戶更好的服務。

以 AIoT 的角度，接下來我們來看震旦雲數位轉型的 AIoT 五層架構圖以及商業模式圖。

在 AIoT 五層架構圖的部分，首先根據前述的內容，可知他們 AI 體溫臉部辨識打卡的五層架構圖為：

應用層	AI 體溫臉部辨識打卡
平台層	- 分析臉部數據、確認是哪位員工 - 從紅外線感測分析得知員工體溫
網路層	- WI-FI　- 4/5G
感知層	- 攝影鏡頭 - 紅外顯像測溫儀
實體層	- 體溫臉部辨識掃描器

圖 10.8　震旦雲的 AI 體溫臉部辨識打卡系統的 AIoT 五層架構圖

圖源：裴有恆製

根據前述的內容，可知他們 AI Interview 打卡的五層架構圖為：

應用層	AI Interview
平台層	- 面試者影片上傳後做相關分析 1. 分析臉部表情數據，確認情緒變化 2. 分析語調語音數據（未來）來做分析 3. 分析語言內容來做分析
網路層	- WI-FI - 4/5G
感知層	- 攝影鏡頭 - 麥克風
實體層	- 智慧型手機 搭配 AI Interview App

圖 10.9 震旦雲的 AI Interview 系統的 AIoT 五層架構圖

圖源：裴有恆製

在商業模式上，震旦雲透過信任平台提升客戶價值，解決客戶痛點，整體系統提供很多服務圖 10.10 顯示了他們的商業模式圖。

關鍵夥伴：	關鍵活動：	價值主張：	客戶關係：	客戶區隔：
師範大學 / 中央大學 / 中正大學人資所 AI 研發廠商	獲得 / 活化 / 留住顧客 會員回娘家 福利特約聯盟 資訊安全 產學科專合作 新服務研發	提供雲端人資系統，做人力資源整體管理 AI 面試系統來協助企業做到面試的第一關 AI 測體溫人臉辨識做是否有感染新冠肺炎初步篩選 做外勤人事管理 管理客戶關係 強化簽核效率 幫助客戶訓練銷售人員 福利特約聯盟給客戶福利	官網 / 成長團隊 跟大學人資所合作讓客戶有信心 福利特約聯盟增加客戶黏著力 透過數據洞察客戶	需要有有划算的人資系統且願意使用雲端系統的中小企業 願意使用 AI 人資系統的企業
	關鍵資源： 研發人員 / 科技人員； 業務 PM 工程師 行銷設計 用戶研究員		**通路：** 直接銷售	
成本： 製造成本；研發成本 管銷成本；合作費用成本			**收益：** 服務租賃費用 系統買斷服務	

圖 10.10 震旦雲的商業模式

圖源：裴有恆製

新漢股份有限公司及他的數位轉型子公司們

11.1 簡介

林茂昌董事長在 1992 年決定離開神達電腦股份有限公司時，考慮再三決定創業，因為林董事長過去是神達電腦股份有限公司的第一個產品經理，基於過去的產品經理的經驗，決定成立一家跟別的公司不同的公司，新漢股份有限公司因此誕生了。

一開始新漢股份有限公司做的是個人電腦的圖形工作站，剛好因爲日本 Canon 投資了賈伯斯的 Next 電腦，要求賈伯斯將個人電腦版（486PC）圖形工作站的銷售權交給 Canon，因此找到新漢股份有限公司。這筆生意讓新漢有好的開始，創業剛開始的前三年就靠這個做起來。後來在 1995 年轉向工業電腦，從工業板卡走到系統，技術始終領先同業，進入很多垂直應用，包含跟台塑集團合作‧。

2012 年起看到智慧化商機後，就積極投入智慧工業解決方案的提供，後來針對所有解決方案分別成立了新漢智能系統股份有限公司、創博股份有限公司、綠基企業股份有限公司、椰棗科技股份有限公司、安博科技股份有限公司，以及安恩嘉股份有限公司。

11.2 公司簡介

接下來一一就新漢智能系統股份有限公司、創博股份有限公司、綠基企業股份有限公司、椰棗科技股份有限公司、安博科技股份有限公司，以及安恩嘉股份有限公司做個別介紹。

11.2.1 新漢智能系統股份有限公司

新漢智能系統股份有限公司（以下簡稱新漢智能系統）資本總額為 2 億 [1]，經常雇用員工 145 人 [2]，符合政府 200 人以下員工的中小企業的標準。

1 資料來源：台灣公司網 https://www.twincn.com/item.aspx?no=54705841

2 資料來源：新漢智能官方網站。

新漢智能系統專注於開放標準的智慧製造整廠解決方案，包括跨行業打造智慧工廠，企業戰情室，OT/IT 數據與應用整合，以及打通瓶頸完成企業的數位轉型等。以開放架構與工業標準整合海內外的技術夥伴之產品與方案，發展技術與解決方案的生態系，服務所有產業。

11.2.2 創博股份有限公司

創博股份有限公司（以下簡稱創博）資本總額 1 億[3]，剛好符合政府中小企業定義資本額 1 億以下為中小企業的標準。

創博提供的產品是工業機器人系統，但可依客戶需求提供機器人關鍵模組：包含硬體平台、硬體平台＋控制軟體、機器人電控箱，以及整體機器人系統等服務提供。

11.2.3 綠基企業股份有限公司

綠基企業股份有限公司（以下簡稱綠基企業）資本總額為 1.5 億[4]，但員工人數 97 人，不到 200 人，符合政府中小企業定義的標準。

2012 年正式成軍的綠基企業，主要團隊成員來自數位相機、視訊監控、網路攝影機等相關領域，產業平均年資超過 17 年，具備豐富的產品專案開發、製造、品質與專案管理等實力。公司成立之初，主要項目是影像監控產業（或稱安全監控），以團隊豐富技術經驗承接國際品牌的設計代工與客製化訂製產品服務。[5]

綠基企業的營運模式為以原廠委託設計並代工（ODM）、合作設計代工（JDM）及製造代工（OEM）為主，並且提供彈性的客製化服務。其中 ODM 由公司發起初步設計構想，向客戶提出建議方案並經雙方合意後，進行產品開發直到生產製

3 資料來源：台灣公司網 https://www.twincn.com/item.aspx?no=69417586

4 資料來源：台灣公司網 https://www.twincn.com/item.aspx?no=53411100

5 資料來源：新漢董事長林茂昌提供。

造階段；或客戶提出產品開發需求方向，由綠基提供產品規格設計，經客戶同意後進行專屬產品開發直到生產製造階段。JDM 模式，則由客戶端提出產品需求，與綠基企業部分開發人員進行人力整合共同開發產品。OEM 則完全由客戶將設計完成之產品委託本公司生產製造，綠基企業提供品質管制與生產製造等服務。此外綠基企業也以自有標準產品依據客戶需求，提供客製化設計與生產製造。[6]

11.2.4 椰棗科技股份有限公司

椰棗科技股份有限公司（以下簡稱椰棗科技）資本總額 5000 萬[7]，為政府中小企業定義資本額 1 億以下為中小企業的標準。

椰棗科技為新漢集團成立於 2017 年的新創子公司，這是針對反應客戶導入工業 4.0 對智慧製造場域的資安需求而投入的新事業。椰棗科技也是 IBM 的數位轉型夥伴之一。

11.2.5 安博科技股份有限公司

安博科技股份有限公司（以下簡稱安博科技）資本總額 5000 萬[8]，為政府中小企業定義資本額 1 億以下為中小企業的標準。

安博科技於 2014 年創立，專注於以 ARM 為基礎的產品及各種工業無線解決方案。也可稱為 outdoor 的工業 4.0 解決方案。

11.2.6 安恩嘉股份有限公司

安恩嘉股份有限公司（以下簡稱安恩嘉）資本總額 600 萬[9]，為政府中小企業定義資本額 1 億以下為中小企業的標準。

6　資料來源：新漢董事長林茂昌提供。

7　資料來源：台灣公司網 https://www.twincn.com/item.aspx?no=67147904

8　資料來源：台灣公司網 https://www.twincn.com/item.aspx?no=54730243

9　資料來源：台灣公司網 https://www.twincn.com/item.aspx?no=53948031

安恩嘉是新漢集團網路攝影機相關應用解決方案的銷售公司，其中有應用軟體工程師負責做系統整合。

11.3 產品介紹

新漢股份有限公司本身的產品解決方案，包含 IoT 智動化、智能監控、智慧城市系統、車載電腦、智慧醫療，以及網路通訊等相關方案。

1. **IoT 智動化：**工業 4.0 智動化與專案執行、智能化邊緣運算及網關閘道方案、戰情室建構 、工業機器人及控制器、EtherCAT 運動控制解決方案、工業物聯網無線和 嵌入式解決方案。
2. **智能監控：**數位監控器、網路數位錄影系統；車載專用錄像系統。
3. **智慧城市系統：**智慧城市、智慧零售、數位看板、互動式多媒體平台（AI）、AI Edge、客製化服務。
4. **車載電腦：**強固型車載電腦與設備、車載資通電腦、列車專用電腦、車載 AI。
5. **智慧醫療：**醫療資訊化：多元的醫療資訊系統解決方案。
6. **網路通訊：**網安平台、HCP、電信通訊平台、產業用儲存設備、產業用交換器、SDN/NFV、工業防火牆。

接下來一一就新漢智能系統、創博、綠基企業、椰棗科技、安博科技，以及安恩嘉做產品個別介紹。

11.3.1 新漢智能系統的產品與解決方案

新漢智能系統全力協助企業做數位轉型，提供工業 4.0 一站式服務，包含工業物聯網及自動化產品、工業電腦、Gateway 及工業 4.0 客戶系統整合專案，以自行開發之 iAT2000 雲智化監控系統和企業戰情室為主力銷售產品，並與全球知名之雲端服務公司，如微軟、AWS、Google、MindSphere、SAP 和阿里雲組成策略夥伴。新漢智能透過現場顧問勘查，深入了解客戶在轉型上遇到的問題，量身打造靈活且合適的解決方案，服務及產品品質獲得客戶一致認同。

此外，新漢智能系統以「工業 4.0 + 數據中台」為研發創新核心，憑藉在工業電腦的專業及精神，投入將近 10 年研發數據中台和 AI 人工智慧，如企業戰情室（EWR）、設備預知保養（PDM）、AI 機器人視覺檢測及一鍵上雲與數據中台等創新技術，致力與自動化廠商結成好友，也是工業物聯網系統整合商的最佳夥伴。[10]

11.3.2 創博的產品

創博提供的是 EtherCAT 通訊標準機器人，提供工業機器人流程自動化（industrial Robot Process Automation；簡稱 iRPA）的服務，以開放標準串聯智慧機械。根據客戶需求，彈性提供機器人關鍵模組：包含硬體平台、硬體平台＋控制軟體、機器人電控箱，以及整體機器人系統，使用基於微軟 Windows 以及 Linux 之即時運算核心，易於整合第三方軟硬體。

創博開發的工業機器人可以用在以下方面：

1. 整合 CNC 系統與機器人系統控制，並收集數據呈現數位化顯示，完成機器人 CNC 取放應用。
2. 結合智能輸送帶、機器手臂、條碼、視覺辨識的智能貨物倉儲系統。
3. 立式電腦組裝產線自動化，全面替代原有人工、新機產能提高 50%。
4. 化妝品整合線上以 EtherCAT 控制整線，並收集機器人資訊。
5. 利用開放平台加入 AI，利用工業標準串聯機械 / 機器人，達成 AI 加值機器人自動化。
6. 高度整合 AI 達成智能噴漆工業機器人。
7. 達成手臂與機台預知維護，其流程為預先分類模型 → 即時監測 → 趨勢管理 → 數據清洗 →AI 化。
8. 利用 AI 視覺進行外觀檢測，完成瑕疵檢測。
9. 利用 AI 視覺辨別物品顏色、位置、角度，協助車用 LED 組裝。

10 資料來源：新漢智能官網。

10. 利用 AI 判斷手臂補償，機器人精準度提升。

11. 機器人加速 AI 學習以取代人工取像及標像需求。

12. 以開放標準，打通所有智慧機械，促成完全相容的機器人與智慧機械產業[11]。

11.3.3 綠基企業的產品

綠基企業的產品以網路攝影機（包括日夜兩用紅外線攝影機）與 NVR 系統主機兩大類產品為主，另外也根據客戶需求開發特殊用途之攝影機或監控錄影設備。

網路攝影機產品以解析度分類：有 2 百萬畫素、3 百萬畫素、5 百萬畫素、6 百萬畫素、8 百萬畫素網路攝影機。以外型分類：室內與室外之半球型、子彈型、槍型網路、多鏡頭全景攝影機。技術特點有：超低照度、H.265 壓縮、智能分析功能、超級寬動態網路攝影機

NVR 系統主機產品以應用分類：有車用或鐵路交通用、機架式（企業用）、獨立式、超薄型監控網路錄影機。以影像接入能力分類：32 路、48 路、62 路監控網路錄影機。以運算處理分類：雙核心、四核心監控網路錄影機。

綠基在核心技術的發展上，目前已開發一系列高性能視訊監控系統以及全景高畫質數位網路攝影機，根據林董事長提供的資料顯示，綠基未來三年將著重於攝影機與系統硬體與韌體的進化，對「影像擷取」、「影像處理」、「影像壓縮」、「智慧影像分析」、「影像儲存與管理」等技術能力，不斷研發與創新。研發團隊更已經開始致力投入新一代視訊運算元件 VPU 相關領域的研究與開發，將會擁有更強的視訊處理能力以及更多的智慧分析功能。

11.3.4 椰棗科技的產品與解決方案

椰棗科技提供的是工廠內的資安方案，基於新漢集團深耕工業電腦和製造產業近 30 年，深刻了解工業物聯網安全屬性不同，面對日益升高的網路攻擊和潛在威脅，安全性不足的工業設備和網路設備可能遭駭客攻擊而造成營運停擺，或者遭

11 資料來源：創博在 2020 年中華亞太智慧物聯協會大會簡報

入侵竊取企業敏感資料，因此椰棗科技所提出到「eSAF」工業物聯網資安系統將為工業 4.0 撐起安全保護傘。[12]

「eSAF」資安平台應用於工業物聯網（IIoT）、工業機器人、機器控制和智慧製造環境。

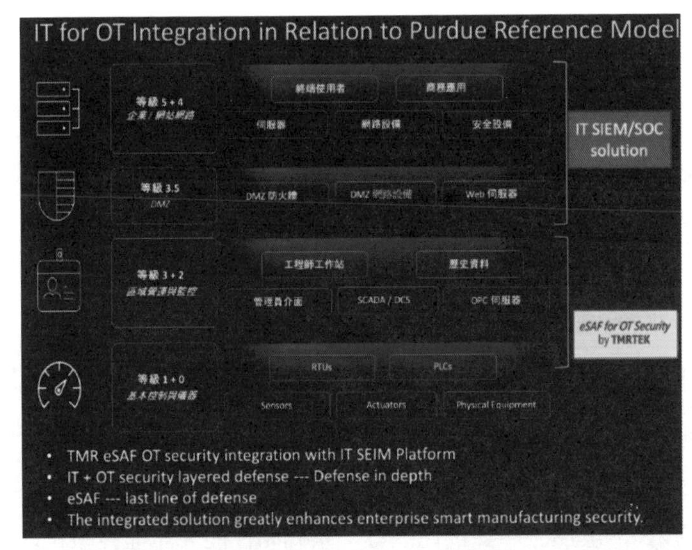

圖 11.1　椰棗 eSAF OT 資安跟 IT SEIM 安全資訊與事件管理平台整合圖

圖源：新漢林董事長提供

11.3.5 安博科技的產品

安博科技提供了各種工業用的網路裝置，產品線包含無線解決方案、閘道器方案、嵌入計算，以及跟微軟合作的 Azure Sphere Guardian 安全解決方案。無線解決方案包含工業用無線 AP、戶外用無線 AP，以及防爆用無線 AP；閘道器方案目前有 Mesh 閘道器、Modbus 閘道器、LoRa 適配器以及 LoRa 閘道器；嵌入計算則是提供企業計算能力的 PCBA[13] 或系統；Azure Sphere Guardian 安全解決方案包含

12　資料來源：新漢董事長林茂昌提供。

13　PCBA：已打上零件具備功能的印刷電路板。

模組、閘道器，以及嵌入系統。

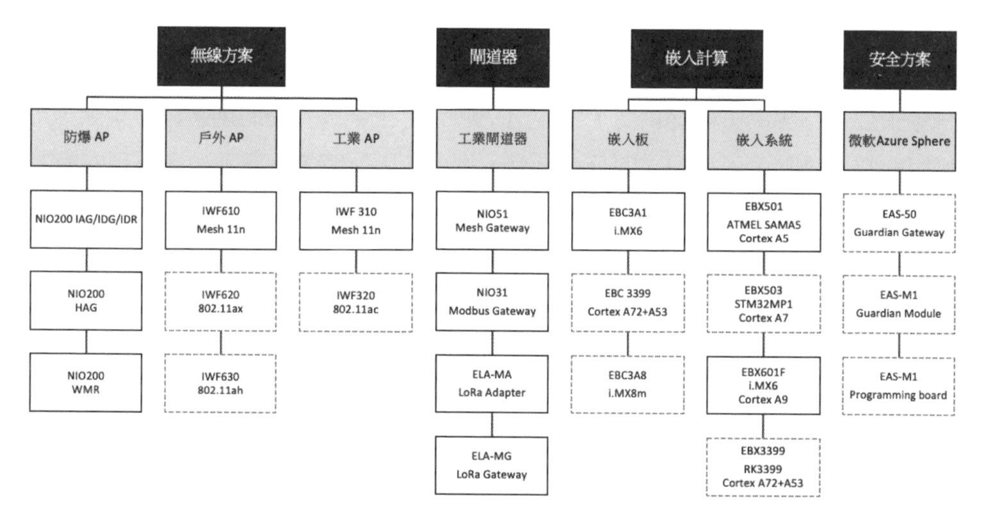

圖 11.2　安博科技產品方案

圖源：新漢林董事長提供

11.3.6 安恩嘉的服務與解決方案

安恩嘉提供各種雲端的影像智能分析（AI）深度學習、車載 / 道路智能智慧城市應用、自動化工廠 IoT 的影像、智能商業零售解決方案。客製化軟體服務，針對客戶所需要的解決方案做適當的客製化。[14]

11.4 產業性質

新漢股份有限公司原為專注於工業電腦的公司，這個領域本來就是針對客戶需求達成少量多樣的目的。現在以新漢智能系統領軍帶領其他子公司進入了智慧製造的領域，要協助其他公司完成智慧製造，這個部分也需要客製化服務。

14 資料來源：安恩嘉股份有限公司在 104 上的敘述，網址 https://www.104.com.tw/company/1a2x6bilce。

11.5 組織架構

新漢集團的組織架構是以新漢股份有限公司為硬體平台的供應中心，新漢智能系統等子公司為解決方案提供者，打造出一個智慧工業為基礎的創新創業集團，用集團的整合優勢，子公司之間分進合擊，例如，因為資安很重要，所以現在有案子，管資安的椰棗股份有限公司就被會帶入一起做整合。影像需求多，孫公司安恩嘉就協助提供網路攝影機相關應用整合方案。

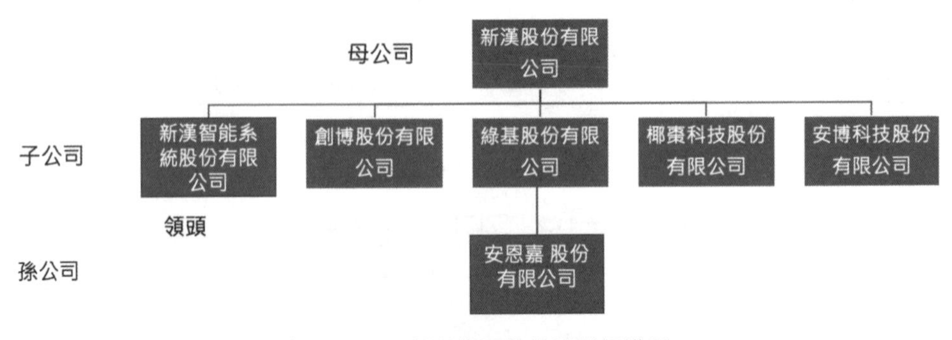

圖 11.3　新漢集團數位轉型組織圖

圖源：裴有恆繪製

11.6 數位轉型架構

新漢智能系統的 IoT Automation Solution 解決方案，包含「工業 4.0 諮詢與專案執行」、「SCADA[15] 自動化產線」、「智能化邊緣運算及網關閘道方案」、「企業私有雲及戰情室建構」，以及「工業電腦及人機介面」等，以 iAT2000 為解決方案主體，並建置工業物聯網大中台。

15 SCADA：Supervisory Control And Data Acquisition，資料採集與監控系統，根據維基百科，一般是有監控程式及資料收集能力的電腦控制系統。可以用在工業程式、基礎設施或是裝置中。

iAT2000 系統共有製造資訊、會統 4.0、廠務視訊、網路管理、設備監控、產線監控、預知維護……等 13 個應用模組，完全符合開放型架構與工業通訊標準，能夠建構為物聯網生態系統商的共同開發平台。

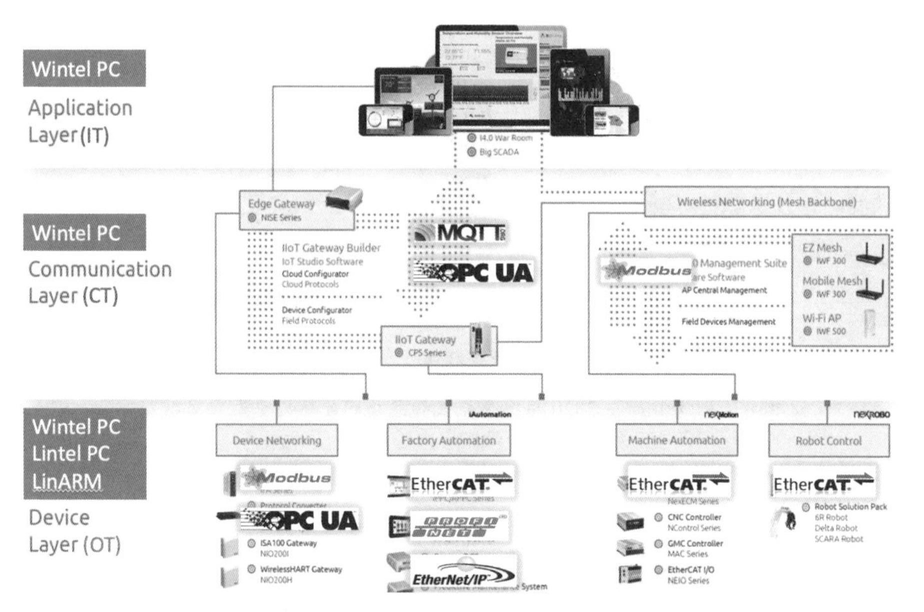

圖 11.4　iAT2000 解決方案架構圖

圖源：新漢智能在 2020 年中華亞太智慧物聯協會大會簡報

新漢智能系統鎖定生產設備商、機器人製造商、工具機製造商、系統整合商、IT 服務整合商及生產製造企業等目標市場，重點產品涵蓋 Level 1(L1) 工廠自動化與機台自動化、Level 2(L2) 機聯網及雲端閘道器（Gateway）、Level 3(L3) 邊緣運算器與數據中台與 Level 4(L4) 企業戰情室及工業 4.0 專案導入，期許成為企業智慧製造的最佳夥伴。

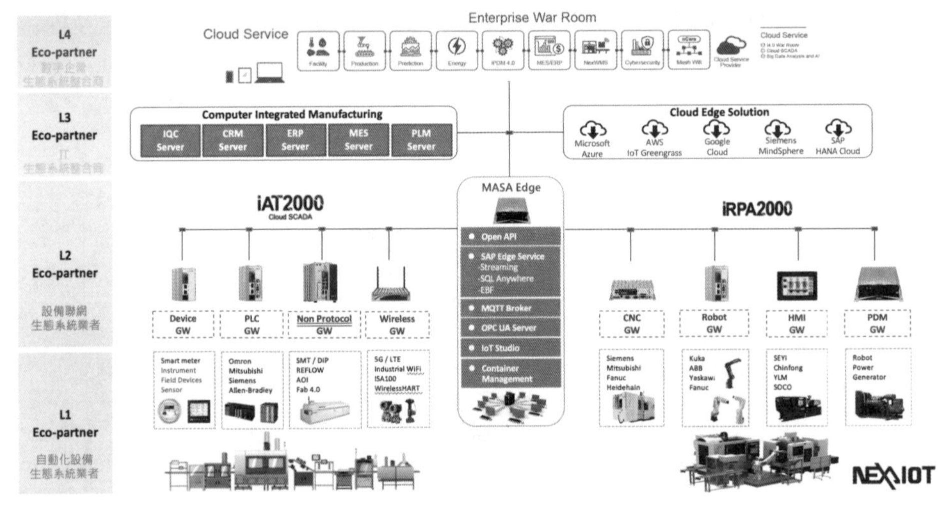

圖 11.5　新漢智能系統的 Level 1~Level 4

圖源：新漢智能在 2020 年中華亞太智慧物聯發展協會大會簡報

11.7 數位轉型歷程

新漢集團深耕工業電腦 25 年，在 2010 年預見工業 4.0 趨勢，轉換原本的硬體、設備思維，啟動全新產品線研發，於 2014 年創立新漢智能，朝向系統整合、平台化、共享經濟等全新商業模式前行，致力於提供工業物聯網 End-to-End（局端到雲端）的智動化整廠解決方案。

林董事長回憶起當年想要做軟硬整合的歷程，一開始公司決定雇用應用軟體工程師，結果公司高層因為最早習慣於硬體思維，讓軟體應用工程師因為不得志而紛紛求去；後來就只好投資軟體公司，卻仍然紛紛失敗。連跟中國的有名公司合資成立新公司，也未能合作成功，也讓新漢股份有限公司發現自己從公司的部門來先孕育新創公司較好，而要投資新創公司也要先合作過一段時間，證明是否有緣，才知道是否合適。孕育公司內部部門成為新公司，需要五年才能讓此事業獨立成公司，而不是一般認為的三年，因為三年技術才算初步可用，也未成熟，但是沒有足夠可以生存成長的客戶，就如上面所說的新漢智能股份有限公司在 2014 年成立，但在公司內外共五年才站穩獲利。

新漢集團的策略是自己研發，做技術積累，以掌握關鍵技術，包括 EtherCAT Master 主站、工業機器手臂、CNC 演算法、I/O 等控制部分，預測保養技術…等等，最後開發成整個平台。

現在新漢集團打算以自家獨立出來的新創公司為基礎，再跟其他技術夥伴與新創公司合作，建構整廠解決方案的生態圈，一起完備與拱大市場。

另外，數位轉型需要人才，新漢股份有限公司本身 IPC 還是專注於硬體思維，要發展垂直整合部分，軟體人才還是有留不住的風險，所以先將網安網通、工業電腦、車用電腦、機器人的部分先獨立成事業群，一一對適合分出來的事業來成立新公司，讓這些事業部有依其特色獨立發展的空間，避免被總公司牽制，也因為這些事業已經培養了五年，比較不會像一般新創容易夭折，分出去之後才夠穩，才能夠好好存活。而人才在這些事業群因為可以好好發揮，可以做出很好的產品，領先同業。

在過程中發現工廠裡從機器與環境提取出來的資料以及 ERP/MES 等資料，彼此間無法打通，所以開發了「數據中台」。

11.8 數位轉型成效

新漢集團的數位轉型的作法是協助其他公司完成智慧化方案：以新漢智能系統股份有限公司為中心，帶領其他集團子公司一起完成智慧製造的數位轉型專案。

新漢智能系統的解決方案在其林口華亞示範工廠有展示，並且將方案導入了石化業、工具機業、電子業、印刷業、玩偶橡膠業、半導體業，另外還有智慧農漁牧、智慧醫療的解決方案。[16]

16 資料來源：新漢智能總經理在 2020 年 8 月在中華亞太智慧物聯發展協會年度大會之簡報。

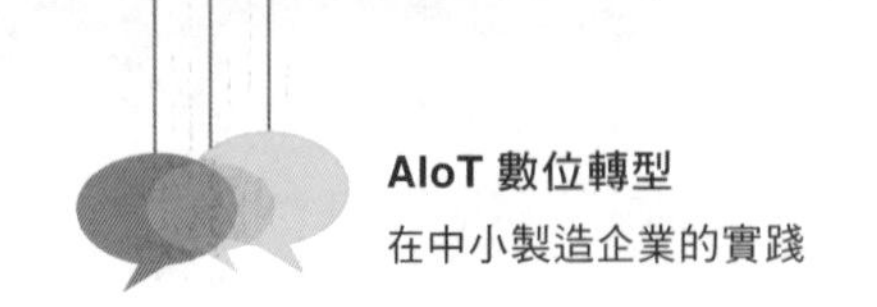

在石化業的案例，新漢智能系統協助台塑石化公司完成了 Cloud/Big SCADA 系統，達成了「安全控制」、「工廠 / 流程自動化系統」、「預知保養系統」…等等功能。

在工具機的案例，新漢智能系統協助客戶完成 B2C 客製化智能產線，並完成「友嘉戰情中心」、「無人化生產線」、「智慧機械建置」、「自動下單自動生產」等功能。

在電子業，新漢智能系統拿到了政府頻率元件智慧製造聯盟的智慧製造協助導入的專案計畫，此計畫目的為頻率元件標準機連網協定和共同應用模組，提升產業成本控制與先進製程研發能力。最後計畫達成效益為提升產業設備連網比率（由 25% 至 50% 以上），與生產效率（至少 10 -15% ）。

在印刷業，新漢智能系統協助了台中印刷公司的印刷新廠建置，完成了「全數字化智能廠房」、「整合送料倉儲系統」、「智慧維運 , 移動管理」等功能。

在玩偶橡膠業，新漢智能系統幫助了東南亞製作芭比娃娃的廠商完成了整廠智能化。

新漢智能系統更協助半導體業完成了柴油發動機不斷電供應系統振動分析及預先檢修規劃，做到產品資料管理服務，以及作為柴油發動機不斷電供應系統振動分析和資料的預處理，存儲以及人機交互。並且通過網頁瀏覽的遠端監控軟體 Jmobile 讓人機交互更便捷

新漢智能系統也在智慧農漁牧上有所成就，參加了政府主導的「智慧綠能漁電共生聯盟（白蝦、石斑魚）」：臺鹽綠能為積極推動「漁電共生」發展綠能發電結合水產養殖，攜手資策會、國立海洋大學、新漢於台南北門打造一座 200KW 漁電共生的示範案場，主要養殖白蝦、石斑魚，新漢導入 iAT2000 系統來滿足整體在 AIoT 設計，建置和實現上的需求，得以漁電雙贏策略引導產業發展智慧化水產養殖，提升傳統農漁產業的生產力。[17]

---

17 資料來源：新漢智能系統官網。

新漢智能系統的智慧醫療解決方案從洗腎中心開始做起，提供解決方案，提供血液透析、生理量測及數據整合，以科專計畫打造相關數據中台。

Rich 顧問的案例分析

新漢集團的數位轉型的案例是在母公司新漢股份有限公司先看到製造業企業數位轉型的商機後，再決定切入，以事業單位的方式先做培養，等成熟之後有穩定收入後才獨立出來成許多子公司，是標準的母雞帶小雞的方式，而其解決方案在智慧製造上遍及實體層、網路層，以及平台層，並且整合成智慧工業 / 農漁業整體解決方案。

以 AIoT 的角度，接下來我們來看新漢集團數位轉型的 AIoT 五層架構圖以及商業模式圖。

在 AIoT 五層架構圖的部分，首先根據前述的內容，可知他們是以集團的各個分公司分別切入五層架構圖的各個層面，所以得到的智慧工業 / 智慧農漁業的五層架構圖為：

層	內容	
應用層	智慧工業 / 智慧農業	
平台層	- 分析場域數據（數據中台）（新漢智能系統） - 企業戰情室（EWR）（新漢智能系統） - 設備預知保養（PDM）（新漢智能系統） - AI 機器人視覺檢測（新漢智能系統）	
網路層	- WI-FI - 4/5G - Ethercat（新漢智能系統）	
感知層	- 攝影鏡頭 - 感測器群	-Gateway (Mesh/Modbus/LoRa) （安博科技）
實體層	- 工業機器人（創博） - 工業攝影機（綠基）	「eSAF」資安平台 （椰棗科技）

圖 11.6　新漢智慧工業 / 智慧農漁業的 AIoT 五層架構圖

圖源：裴有恆製

在商業模式上，以新漢智能系統領軍，帶入了集團其他相關解決方案公司，並且針對客戶的個別需求，完成了工廠 / 農漁業場域的智慧化。現在更跟技術夥伴如工具機大廠友嘉，機器人大廠達明，以及大型系統整合商如精誠、東捷等一起組成了智慧製造國家隊。而根據跟新漢集團林董事長訪談，得知在未來的智慧製造上，新漢集團也會跟其他新創合作，一起完成智慧製造的整體解決方案中原集團沒有提供的功能而客戶需求的部分。而結合之前所提到的資訊，得到圖 11.7 的商業模式圖。

<table>
<tr><td rowspan="2">關鍵夥伴：
系統整合商

工具機大廠友嘉

機器人大廠達明

新創企業</td><td>關鍵活動：
系統整合
根據客戶需求
客製化</td><td rowspan="2">價值主張：
以「工業 4.0 + 數據中台」為研發創新核心
提供企業戰情室 、
提供設備預知保養、
AI 機器人視覺檢測、
一鍵上雲服務
協助企業達成工廠智慧化
提供企業個別智慧工業產品服務的需求：
工廠內的資安方案、
工業機器人流程自動化 服務、
網路攝影機、
工業用的網路裝置</td><td>客戶關係：
直接銷售
協會</td><td rowspan="2">客戶區隔：
想要做數位轉型的工廠</td></tr>
<tr><td>關鍵資源：
硬體研發人員
軟體研發人員
資料科學家
工廠人員
管銷人員</td><td>通路：
直接銷售</td></tr>
<tr><td colspan="3">成本：
製造成本；研發成本
管銷成本；合作費用成本</td><td colspan="2">收益：
服務租賃費用
系統買斷服務</td></tr>
</table>

圖 11.7　新漢集團智慧工業 / 智慧農漁業的商業模式圖

圖源：裴有恆製

往數位轉型的下一步

看了第二部分的五個案例，您有什麼心得嗎？而數位轉型的整個歷程至少需要 8 到 10 年，先從數位化開始，做到數位優化，再做到數位轉型。

第二部分的這五個案例，在數位轉型上都仍在進行式，隨著科技的快速進步，世界局勢的快速變化，數位轉型對大多數企業已經是在未來十年企業要生存的不得不做的事。

接下來第 12 章會從第二部分五個案例回顧，以及行政院科技會報辦公室的 YouTube 影片「台灣 2030-- 智慧未來擁抱美好生活」的未來想像來談數位轉型，而第 13 章會介紹要做數位轉型可以合作的提供智慧工業服務的幾個夥伴。

套句華夏玻璃總經理廖冠傑說過的一句話：「現在要作數位轉型的人很幸福，有很多資源可以協助。」而且「未來已來，只是尚未流行」，找好的夥伴一起擁抱未來，才能在未來擁有。

成就數位轉型的未來

12.1 從本書五個中小製造企業案例中看數位轉型的發展

在《數位轉型力》一書中揭示了數位轉型三階段：從數位化到數位優化，最後到數位轉型。而數位轉型的核心技術就是數位科技，包含人工智慧、物聯網、區塊鏈、5G 行動通訊…等等技術。如第一章所言，人工智慧根據資料形成準確預測與分類模型，是現在數位轉型的重點，所以利用巨量資料建立模型，產生洞見，提高效率與效果，強化客戶洞察力，是數位轉型的核心能力與目標。

之前我們提的五大案例，都是從幾年前就開始做的，到現在已經有五年以上的數位轉型奮鬥歷史。

新呈工業成立子公司至德科技，協助新呈工業的數位優化後，轉而把整個解決方案推薦到其他的中小企業，這是把整個解決方案變成了協助其他想做數位轉型的企業成就數位優化的服務。

安口食品的數位轉型現階段偏重於數位優化，以多階 BOM 的 ERP，結合 Salesforce 雲端 CRM，加上 CAD 及 PDM 資料庫大大強化效率。而在新冠肺炎疫情期間，防疫國家隊將生產必備資訊數位化，達成優越產能。而結合 AR 後，不管客戶身在地球哪一端，只要有網路就可以透過智慧裝置尋求問題的即時解答。因為提供很好的客戶服務，讓客戶忠誠度大大增加。

華夏玻璃從新建品牌開始，由 B2B 業務分出 B2C 業務，接下來強化數位業務能力，並且進行數位生產與運作，在數位轉型上透過資料即時反應產品參數，達到傳遞給客戶生產資訊；藉由銷售並變成玻璃顧問；整合資料並發展最佳玻璃製造經驗 給任何需要玻璃商品 / 知識 know-how；也就是提供全方位服務供應商。

震旦雲原來想做多種雲端生意，在林敬寶總經理進入後，改成專注於 eHR 的業務，利用最新的人工智慧技術，產生了 AI 人資面試及 AI 測體溫臉部辨識打卡，這跟原來震旦集團的主要製造與零售的業務不同，而是衍生出來的新服務，有了截然不同的商業模式，這就是數位轉型。

新漢集團看見智慧工業的商機，在內部針對智慧工業各個環節，先培養成內部部門，待技術與生意各個層面都成熟後（大約培養 5 年），再一一獨立成公司，之後分進合擊，提供完整的智慧工業解決方案，協助國內各類企業及政府做到智慧工業、智慧城市及智慧漁業的數位優化。

這些企業都是利用數位工具，但是規劃不同的商業模式，著重在客戶（如 B2B 轉 B2C、提昇客戶忠誠度）及通路（如進入跨境電商、應用不同雲端通路），還有利用新產品跟服務，創造新的價值主張。

12.2 從未來想像來看數位轉型的必要性

行政院科技會報辦公室，2020 年做出了一套關於未來的 YouTube 影片「台灣 2030-- 智慧未來擁抱美好生活」，這部片子展現了未來的樣貌，很值得參考。

這個影片提到了 9 種智慧生活場景，跟 AIoT 相關的包含遠距學習、居家上班、智慧住宅、智慧購物、智慧交通、智慧農業、智慧診療、智慧單車，以及虛擬實境等。

圖 12.1　YouTube 影片「台灣 2030-- 智慧未來擁抱美好生活」所提到的 9 大情境

圖源：YouTube

根據作者的研究，影片中所有的科技技術現在都已經出了實驗室，進入實用階段，到了 2030 年，它們應該都會被大量的應用在我們的生活中，如同影片中的呈現。　到時候，企業如果沒有做好準備，未來的商機，就僅會屬於現在或即將開始行動，將完成華麗變身的公司。

數位轉型，就是讓公司準備在未來生存，甚至更加成就，如果現在不準備，未來就不會準備好。但是要準備什麼，往哪個方向準備，就必須針對公司現狀、可能方向、人才做好盤點，這也是作者裴有恆的上一本書《AIoT 數位轉型策略與實務——從市場定位、產品開發到執行，升級企業順應潮流》提到了人才選擇的英國優勢 Strengthscope 測評及其對應輔導的工具可以協助企業強化的輔導。

12.3 結論

數位轉型絕不是買工具或軟體做到數位化就行了，先做到數位優化，接下來要針對未來做對應的數位轉型。

這樣的數位轉型正在進行中，要達到未來公司想前往的境界，就要先定位自己想做的方向，然後依此設計對應的策略，有了策略再來找尋可以協助自己的夥伴公司（相關的公司可以參考之前的案例公司，或是接下來第 13 章所提到的合作夥伴），一起努力才有機會達成。

中小企業在智慧工業數位轉型上可考慮的合作夥伴

13.1 找可以合作的解決方案廠商合作

提到數位轉型，現在已經有很多解決方案，但是對中小企業可能費用太高，一般我會建議先確定方向，訂定策略，如果不知道如何確定方向，可以參考本書作者裴有恆的另一本書《AIoT 數位轉型策略與實務——從市場定位、產品開發到執行，升級企業順應潮流》來研究，裡面有很詳盡的步驟與表格，協助完成；或是找裴有恆老師輔導，協助找出方向。

在確定方向之後，就必須找到適合的廠商夥伴協助實做，這樣的廠商一定要有適當的方案，例如前面所說的新漢集團、新呈工業的數位轉型及方案公司至德科技都是很好的工廠聯網智慧化的選擇，而新呈工業做的數位轉型工具在附錄 B 可以完整閱讀。另外，震旦雲也是協助中小企業在人力資源系統上做數位優化的很好選擇。

除了它們，接下來深入介紹另外幾家廠商：慧穩科技、先知科技、谷林運算，以及智慧價值 這幾家有取得經濟部工業局技術服務機構服務能量登錄證書的公司。

13.2 慧穩科技

慧穩科技選擇了將 AI 影像辨識導入工廠，從紡織業、高爾夫球公司，一路過關斬將，目前已經有超過十個落地專案，並且與超過十個領域、三十間廠商合作過概念驗證。

使用 AIoT 來做數位轉型，很多企業想做的常常是使用影像辨識來做瑕疵檢測及工廠安全的處理，而中華亞太智慧物聯發展協會成員慧穩科技是具備此方面人工智慧能力的廠商。

慧穩科技提供了智慧工廠 AI 影像辨識方案，協助客戶建立 AI「正循環」：提供資料清洗、標記整理、AI 訓練建模與軟硬體整合一條龍服務，持續運用影像辨識最新演算法並且實質落地與實用化，優化對應之機器學習及神經網路等模型，而能在速度與準確度上兼顧。目前已切入公司與行業有高爾夫球公司、紡織製造業、石化產業、鋼鐵業的瑕疵檢測，與半導體產業的工廠安全管理。

慧穩科技創辦人林耿呈總經理的中央大學博士論文就是運用人工智慧進行影像分類與辨識，創業之後專注於提供深度學習影像辨識技術結合 B2B 服務模式。於 2016 年會同具備專長於半導體與軟硬體系統整合，同時也是台灣人工智慧學校台北區經理人班第二期的陳逸華副總經理共同創辦了這家公司。

在 2016 年創立時，慧穩科技除了在 AI 運用於各領域探尋外，也執行了政府的 SBIR 計畫「深度學習運用於先進駕駛輔助系統之前方影像辨識系統」。而在考量需求與立即效益，慧穩科技選擇了將 AI 影像辨識導入工廠，從紡織業、高爾夫球公司，一路過關斬將，目前已經有超過十個落地專案，並且與超過十個領域、三十間廠商合作過概念驗證，可說是經驗豐富，而這些落地專案的共同特點都是使用攝影機提供快速即時的影像，然後即時做到 AI 影像辨識。

到目前為止，慧穩科技已經具備了三個台灣專利：智慧多功能行車輔助駕駛紀錄方法及系統（I619099）、超廣深度立體影像系統及方法（I619372），以及運用深度學習技術之智慧影像資訊及大數據分析系統及方法（I647626），而在今年更針對 AI 運用於專業領域進行專利上的布局，已在台灣申請 2 項發明專利，預計接下來在美國與其他各國申請專利，可見其在此方面的實力強大。

以高爾夫球工廠為例，慧穩科技解決方案的檢測流程是將待測球體送到檢測機中，做三百六十度旋轉拍攝，再透過 AI 影像辨識瑕疵，最後再將球做分類。但一顆高爾夫球可能存在著 28 種不同的瑕疵，瑕疵本身類別需要定義，還有其大小範圍也須判斷，於是透過前期與合作廠商協同合作，蒐集相關數據、想像資料，透過利基的 Domain know-how 來標記，才能建立模型。

深耕資料與實際上線 1~2 年，這套系統每天可以檢查 10 萬顆球，人力優化下降達 30%~50%，品質提升超過 10 倍。其漏檢率（不好的沒檢出率）0.02%~0.04%，過殺率（好的被判為不好率）5%~15%。

慧穩科技在演算法研發上更加提昇，特別研發出小樣本就可以針對紡織用品進行瑕疵辨識，這對多樣性高的紡織業特別有效益，而在中部的隱形冠軍工廠鞋織帶系統導入慧穩科技的解決方案，達到的成效人力優化 10%~50%，品質提升 10%~15%，漏檢率 1~2%，過殺率 2%~3%。

圖 13.1 慧穩科技的鞋織帶檢測

圖源：慧穩科技提供

另外在中部記憶體大廠應用慧穩科技的解決方案結合精誠資訊系統整合下，共同開發在半導體污水工廠安全監控，辨識正確率達 97%~99%，並且有效的監控與提醒操作人員的動作，有效提昇安全監工。

圖 13.2　慧穩科技的安全監控示意圖

圖源：慧穩科技提供

能有這樣的成績，是因為了解客戶痛點：對企業而言在工廠內導入 AI 影像檢測，在導入前有 AI 人才不足、AI 基礎建設不足、AI 投資金額過高、資料不足、問題定義不清楚，以及無從驗證 AI 的問題，真的導入之後，企業又有沒有能力維運的問題，所以慧穩科技提供了一整套如下圖的方案，再加上這幾年 AI 落地的經驗，慧穩將於 2021 年推出平台化的服務，致力於讓客戶可以簡單且快速自行擁有 AI 與維運 AI。

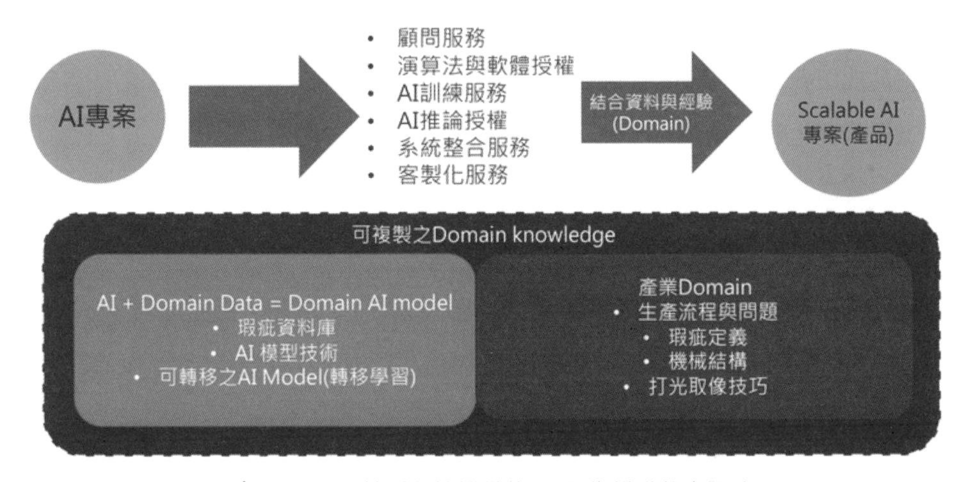

圖 13.3　慧穩科技提供的 AI 影像辨識整套服務

圖源：慧穩科技提供

慧穩科技也是精誠集團發起的 AI 新創加乘器計畫（A+ Generator Program，AGP）的 AGP2 新團隊成員，同時也是精誠資訊業務拓展上的夥伴，而因此因緣下去年獲得精誠資訊的商業策略上的投資。

13.3 先知科技

先知科技成立於 2009 年，為國立成功大學研發團隊 Spin-off 的衍生公司，願景為成為提供領先全球「製造智慧化」的服務業者。先知科技的總經理高季安為人工智慧學校南部分校校友、獲得國立成功大學製造資訊與系統研究所博士，之前在台灣積體電路製造股份有限公司十四廠及製造技術中心任職。有多次獲獎紀錄：民國一百年國家發明創作獎獲得發明獎銀牌、全國團結圈中小企業組獲得銅塔獎、全國團結圈至善圈獲得銀塔獎、台積電 2008 Fab14 創新獎，以及台積電 2004 創新與客戶夥伴獎。高季安將人工智慧學校所學、過去在台積電的經驗及成功大學研發團隊所得應用在智慧製造上。

先知科技核心技術為工業 4.0 與大數據（Big Data）在製造業的六大應用：

1. 機台與信息自動化（Tool & Info Automation, IOT）
2. 資料搜集與儲存（Data Collection and Storage）
3. 數據視覺化與監控（Data Visualization）
4. 資料特徵萃取（Data Retrieving）
5. 資料分析（Data Analysis）
6. 預測與大數據應用（Big Data Application）

先知科技這些服務的目標是協助客戶提升機台生產力、達成機台健康、品質控管與人員生產力提升。以需求發展流程的角度可以表示為下圖：

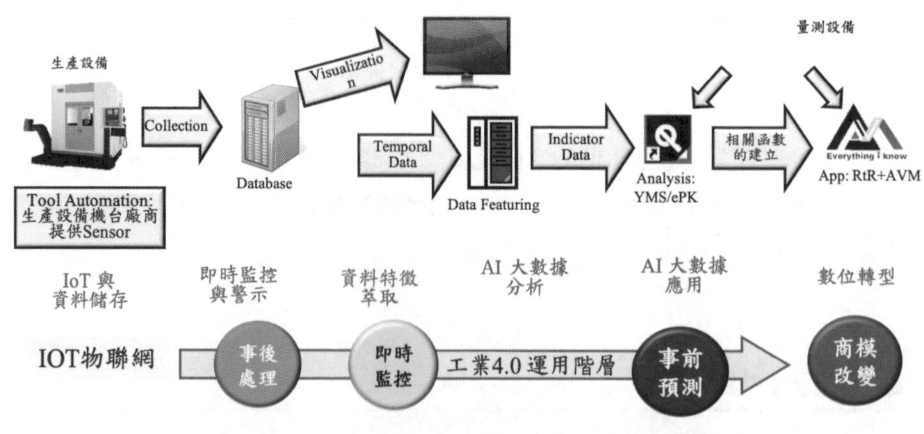

圖 13.4　先知科技的服務（以需求發展流程表示）

圖源：先知科技提供

先知科技已經先後為扣件產業業者、鑽石工具製造業者、半導體業者，以及連接器業者（新呈工業）輔導，針對其中有 AIoT 服務的扣件業〇〇工業與連接器業者新呈工業，以下會做更進一步地闡述。

針對扣件業者〇〇工業，先知科技協助導入了 IIoT 建置，並做好設備預防保養 AI 運用，計畫成果達成建立機台感知系統、建立機聯網及可視化架構、建立 AI 監控模組、整合工廠營運資訊系統，以及建立智能化營運機制，細節如下圖所示：

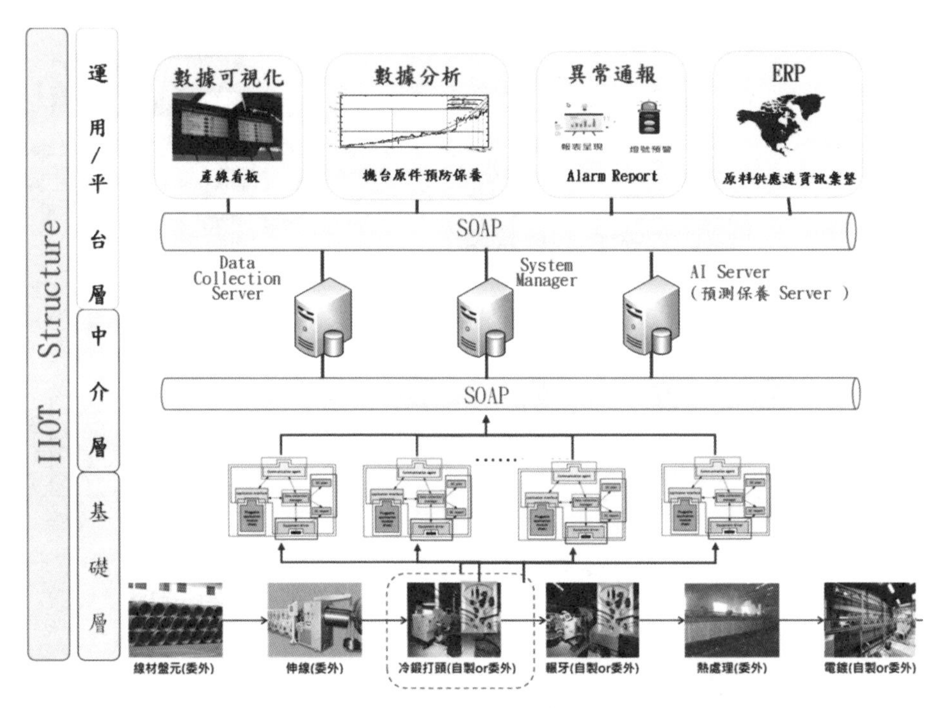

圖 13.5　先知科技的扣件案例結構圖

圖源：先知科技提供

而達成三大效果

1. 提升產品良率，讓產品不良率下降 50%，減低損失金額達每年 240 萬元。

2. 降低庫存成本 5%，達每年 240 萬元。

3. 提升設備綜合效率 OEE（Overall Equipment Efficiency）從 72% 變 75%，提升 3%，增加產值達 1,620 萬元。

而針對連接器業者新呈工業股份有限公司，透過之前就完成的機器聯網輔導專案，把需要的數據收集到，再依此分析以提供 AIoT 智慧生產管理以及智慧故障預警的輔導服務，服務架構如下圖所示：

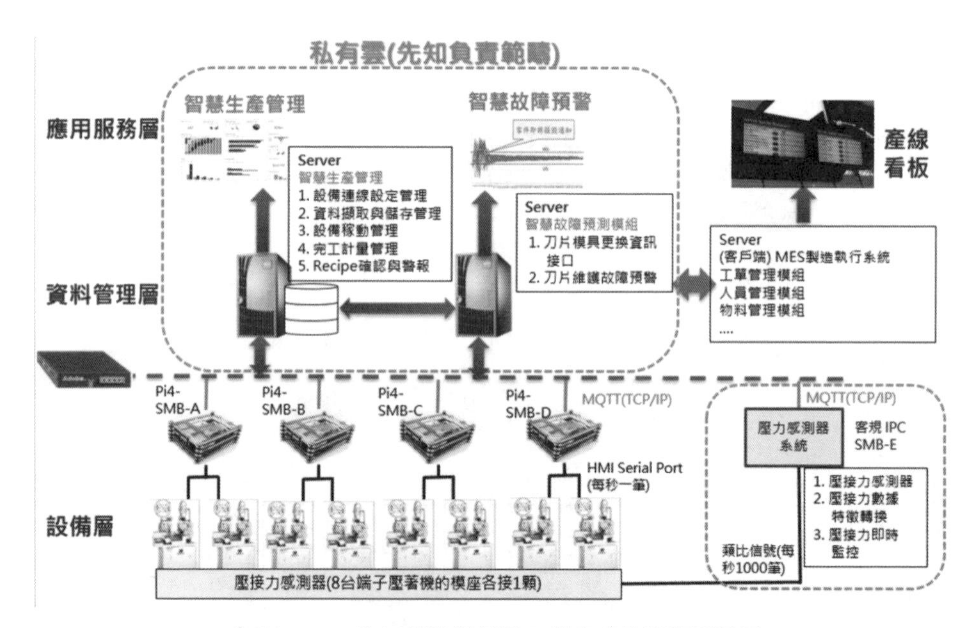

圖 13.6　先知科技幫新呈工業完成的服務層級圖

圖源：先知科技提供

這個專案達成三大效果

1. 減少退貨處理成本，每年由 6 萬降至 2 萬以下。
2. 提高產品良率由 80% 提升至超過 90%。
3. 縮短維護設備導致停機的時間由每年 48 小時無預警停機降至 15 小時以下。

由先知科技的這些輔導成果可知，導入機聯網，以人工智慧協助分析，可以達成智慧生產管理，提高良率與降低庫存，減少損失；還有智慧故障預警，這可以減少無預警停機時間，減少工廠困擾，增加客戶訂單達成率，這些都是中小企業想利用數位優化以達成的方式。

13.4 谷林運算

政府為了提振中小企業數位轉型的能力和意願，在 2021 年開始倡導企業上雲，而谷林運算就是提供這類服務的專業廠商。

谷林運算打造的「GoodLinker 企業雲端戰情室」提供了建構於 AWS 雲端服務的工廠設備聯網服務，包括邊緣運算主機、機台稼動率監控、面板監控方案、塔燈方案、動作監控方案、溫濕度環境監控方案、能源監控方案等。這些方案的系統都需要運用雲端運算能力，以及收集數據儲存在雲端的資料庫中。它所提供的服務讓企業可以很容易又省錢的做到工廠內機器聯網，也就是所謂的機聯網，然後利用收集到即時數據建立自己的戰情室，了解所有生產機器的狀況好做安排決策。

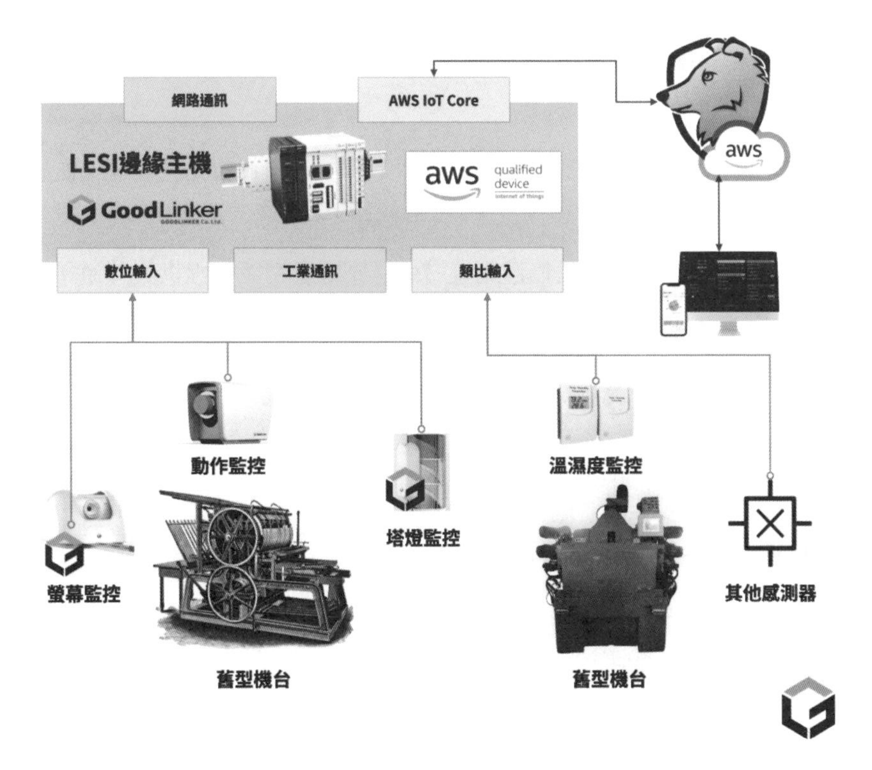

圖 13.7　GoodLinker 企業雲端戰情室幫舊型機台做到聯網

圖源：谷林運算提供

GoodLinker 企業雲端戰情室有以下特點：[1]

1. 可靠的自動化解決方案適合各種行業
2. 顯示可視化的生產線數據和歷史記錄
3. 跨域整合的多設備管理平台，無需固定 IP
4. 儀表板 SCADA 網頁版服務、APP 行動版服務
5. 易於使用的自定義規則編輯器，用於警報通知管理
6. 雲端自動更新到最新的軟體韌體版本
7. LESI 邊緣運算主機為 AWS IoT Core 物聯網設備認證
8. 可接各類數位訊號、類比訊號感測器
9. 支援 Modbus RTU/ Modbus TCP/ OPC UA 等工控協議
10. 最快一日軟硬體急速導入完成

這套系統特別適合三種客戶：

1. **中小微企業**：因為設備數量較少或品牌不一，透過客製化開發連線監控軟體成本不划算。
2. **老舊設備**：這些設備通常無通訊接口或是原廠當初並無提供對外通訊協議規劃或相關文件，透過原廠客製化改機費用高昂。
3. **無通訊功能的保固設備**：一般若機台無通訊功能時可由電控端進行改造，但侵入原廠機台電控端常有機台保固的權責問題，需承擔較大的風險。

谷林運算的企業雲端戰情室已經應用在各個行業：

1. CNC 加工行業 - 翌朔股份有限公司：做到
    i. 機台生產狀態監視
    ii. 機台狀態塔燈監視

1 詳見谷林運算官網

iii. 稼動率分析報表

iv. 遠端監控

v. 加工件數分析紀錄

vi. 製程時間分析表

vii. 機台當機即時通知

2. 3D 列印行業 - 極印快速成型股份有限公司：做到

i. 提升 3D 列印工廠運作效率

ii. 成型件數分析報表

iii. 成型時間分析報表

iv. 稼動率分析報表

v. 成型完成通知

vi. 機台當機即時通知

3. 鑄造行業 - 欣明鑄造股份有限公司：做到

i. 專業顧問評估鑄造廠適用區域

ii. 稼動率分析報表

iii. 遠端監控

iv. 面板監控異常通知

v. 產線停機通知

vi. 供砂轉盤異常通知

4. 電鍍行業 - 世于有限公司：做到

i. 專業顧問評估電鍍廠適用區域

ii. 稼動率分析報表

iii. 遠端監控

iv. 電鍍槽時間掌控

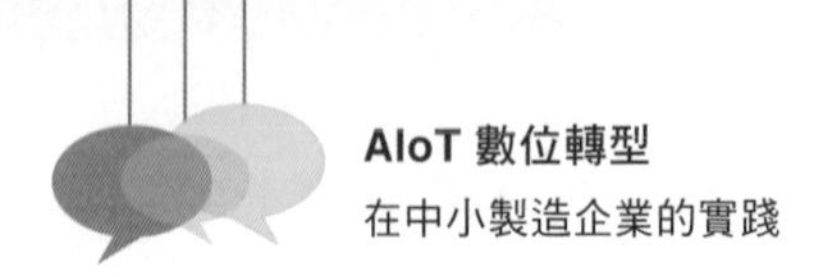

v. 機台運作次數紀錄

vi. 電流異常監控

vii. 人機畫面監控

5. 紡織染整行業 - 義裕染整廠股份有限公司：做到

i. 專業顧問評估布料染整廠適用區域

ii. 稼動率分析報表

iii. 遠端監控

iv. 加工件數分析記錄

v. 製程時間分析表

6. 橡膠成型行業 - 東徽有限公司：做到

i. 專業顧問評估橡膠壓出成型廠適用區域

ii. 減少生產過量問題

iii. 稼動率分析報表

iv. 遠端監控

v. 成型件數分析紀錄

vi. 成型時間分析報表

vii. 異常停機通知

7. 塑膠行業 - 百盛鐵氟龍股份有限公司：做到

i. 提升 CNC 工廠運作效率

ii. 稼動率分析報表

iii. 遠端監控

iv. 加工件數分析紀錄

v. 製程時間分析表

vi. 機台當機即時通知

谷林運算的「GoodLinker 企業雲端戰情室」服務加上它的相關設備，可以幫助企業很快做到機聯網，然後做到各種狀態檢視、遠端監控與各類分析紀錄與報表，停機、當機的即時通知，並搭配專業顧問評估降低導入門檻，是很多中小微企業適合的解決方案。

13.5 智慧價值

智慧價值（AI Value）股份有限公司創立於 2019 年春，是一間以研發能力為核心的新創公司，於 2021 年取得經濟部工業局 AI 技服能量登錄認證（AI 人工智慧行業應用能力服務），陪伴客戶找出企業 AI 化最適解方。同時提供企業一站式服務，透過系統整合「巨量資料應用」與「人工智慧」的應用力，滿足企業數位轉型與 AI 化的需求。

透過協助不同領域的客戶進行 AI 與巨量資料應用的整合開發，其中包括製造業、服務業、科技業、零售業等 20 餘家企業、以及與美國新創合作研發，跨域投入 AIOT 應用服務模組。包含管理決策系統、機器人客服系統、RPA（Robotic Process Automation）文件自動轉換、智慧農業平台管理等，智慧價值在合作過程時獲得資策會、工研院資通所與工研院大數據中心、悠遊卡子公司點鑽等國內知名單位的肯定。

智慧價值開發了以下幾種系統：

1. 企業數據中台引擎，結合 AI 應用與產業數據整合，已導入餐飲及零售業，目前積極與神通電腦集團洽談合作事宜，以結合該公司力推的 Sugar CRM 系統串接 ERP 與 CRM 之資料，共同打造製造業合用的數據中台。
2. AI 應用導入的部份，曾以 OCR（光學字元辨識）+NLP（自然語言處理）的方式整合 AI，協助燈飾與散熱片製造業客戶，將客戶的訂單與圖檔等文件以分群訓練，最終再用 RPA 模擬人的操作將分類好的資料回填到表格中，協助客戶大量節省了 60% 人工鍵入資料的工作量。

3. 以 NLP + 自行開發的 3D 社群網絡引擎，提供 AI 語意分析及 3D 視覺化應用，將之應用於多元領域，包括協助客戶建置 3D 化的知識圖譜與 IOT 物聯網的設備節點圖，以及產業生態鏈分析的視覺表達，目前正積極與工研院材料所洽談合作，延伸應用於工業的原物料製程分析上。

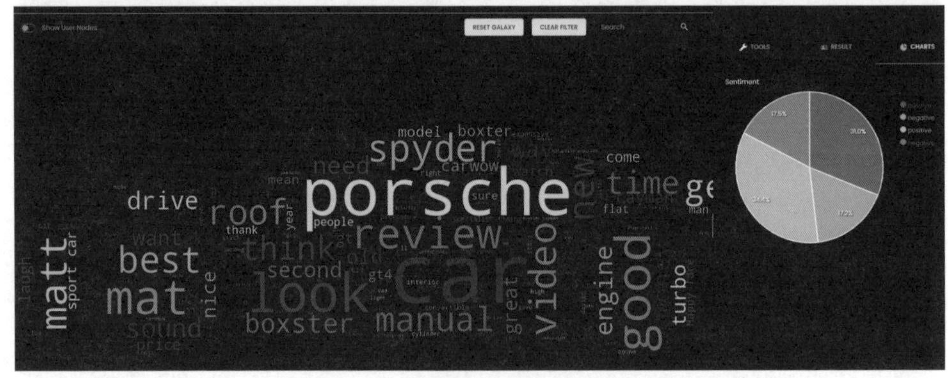

圖 13.8　智慧價值的 AI 分析圖例

圖源：智慧價值提供

4. 自行開發的「IOT 智慧工站生產戰情系統」協助勞力密集的製造業，讓企業決策過程，從一天以上的資訊整理作業，變成零時差的即時呈現。

5. 自動取得生產線數據，替代了原先需要手動抄寫或 QR CODE 掃瞄的動作，產線不必大改就能無痛數位化，只需 2 周至 1 個月就能於產線中快速導入完成，且毋須大幅改變產線既有作業模式，達到產線數據自動收集機制，以及異質數據即時交互分析、並結合即時生產戰情儀表板，對生產線的狀況即時掌握，成為管理與優化生產流程的重要依據。

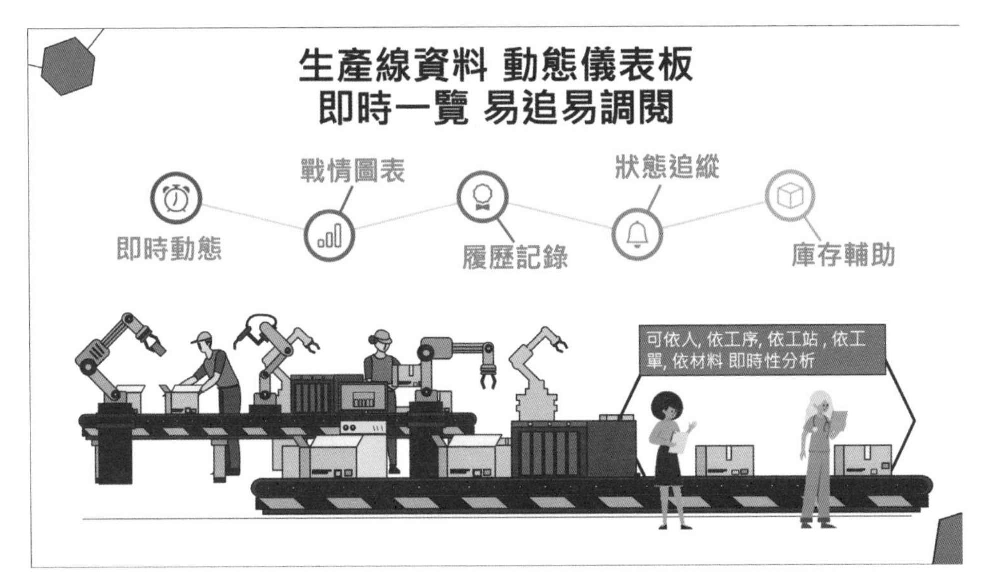

圖 13.9　智慧價值的生產線資料動態儀表板 / 客戶：高柏科技

圖源：智慧價值提供

在幫助製造業無痛升級轉型過程中，切入製造業生產線而能提供資料自動蒐集、資料分析、即時資訊儀表板的突破性使用價值。智慧價值以「較軟體大廠更為划算的定價」、「教育導入期程縮減」、「不影響作業流暢」為公司三大具體目標，積極解決傳產數位落地痛點。期盼以新創的 AIoT 創新能量，帶給傳產更高的價值創造！

13.6 結論

這裡介紹的可以尋找的夥伴，是我擔任中華亞太智慧物聯發展協會理事長時期的會員，因為近身觀察，了解他們，所以在此可以推薦。

中小企業在智慧製造上的數位優化與轉型，如果預算充足，可以找全面方案的新漢集團的子公司新漢智能，並且依需求導入方案，如果預算非常有限，又想找便宜一站式解決方案，現在就是沒有，這時候像至德科技、慧穩科技、先知科技、智慧價值，以及谷林運算這樣的新創公司就是可以考量合作的解決方案提供者，價格不貴，又可以立刻開始改善工廠效率。而如果預算不足，卻要一直等一站式解決方案，可能最後等到的是被完成數位優化的競爭對手超過，不可不慎。

55種商業模式列表說明[1]

1　資料來源：「航向成功企業的55種商業模式」一書

根據「航向成功企業的 55 種商業模式：是什麼？為什麼？誰在用？何時用？如何用？」，作者歸納現有找出的成功商業模式為 55 種，接下來利用表 A.1 說明：

表 A.1　55 種商業模式

模式	說明	案例
1. 附帶銷售 Add-on	核心產品定價極具競爭力，但被有諸多付費項目產品供挑選，因此消費者挑得越多，付得越多，往往最後超出消費者原來的預算。	汽車銷售陽春版，而任何多餘的 Dealer Option 功能都要另外加錢。
2. 聯盟 Affiliation	協助別人賣東西，再從中獲利。其中常見的手法有「根據銷售量付費、或是「依顯示次數付費」。但因為本身不需要另外做行銷，卻能觸及更廣的潛在客群。	美國的亞馬遜網路銷售平台之前提出結盟契約。
3. 合氣道 Aikido	合氣道是日本武術，借對手之力還治其人，實務上是提供與對手路線殊異的產品，這樣吸引口味不同的消費者。	任天堂的 Wii 讓女性及小孩開始玩電動玩具。
4. 拍賣 Auction	透過拍賣的制度，將商品賣給出價最高者。價格是賣到消費者能接受的最高價格。	雅虎奇摩拍賣以拍賣二手產品為主要業務。
5. 以物易物 Barter	一種不涉及金錢的商品交易。	在社群媒體推文獲免費小禮品。
6. 自動提款機 Cash Machine	消費者就該筆消費採取任何行動時，必須先行付款。	電信商提供的預付卡，必須先儲值，才能開始使用。
7. 交叉銷售 Cross-Selling	同時販賣其他商家的產品服務。	金控的銀行不只賣基金也賣保險。
8. 群眾募資 Crowdfunding	基於對理念的認同，產品或服務向大眾募資。	群眾募資平台 Flying V 對台灣的群眾募資
9. 群眾外包 Crowdsourcing	將工作外包給有意願的群眾，往往透過網路招募，選出者有成果會獲得報酬。	P&G 以 Innocentive 平台提出難題招募有能力解決的科學家。
10. 顧客忠誠方案 Customer Loyalty	透過獎勵方案等加值方法，促使顧客回流，主要目的是提高顧客忠誠度。	航空業的顧客忠誠方案（如飛行哩程換機票）

模式	說明	案例
11. 數位化行銷 Digitization	將產品、服務轉至線上。	維基百科將百科全書搬到線上。
12. 直銷 Direct Selling	產品不透過中間商，直接賣到消費者手中。	戴爾電腦之前在美國賣電腦的模式
13. 電子商務 E-commerce	產品服務只透過網路銷售，因此可以消除實體店面的經營成本。	PCHOME 商店街的電子商務模式
14. 體驗行銷 Experience Selling	藉由客戶的額外體驗以提高商品價值，價格也相對提高。	星巴克強調咖啡的現煮研磨及數位體驗。
15. 固定費率 Flat Rate	無論使用多少，商品價格是一定的。	吃到飽餐廳提供固定價格可以吃多種餐點，在時間內吃多少都可以。
16. 共同持分 Fractional Ownership	一群人共同擁有某樣資產，消費者得享有所有權，不必獨自負擔全部資金。	NetJets 於 1960 年代建立民航機共同持份，客戶買下持份，分配一定飛行時數。
17. 特許加盟 Franchising	授權者把旗下的品牌名稱、商品，以及企業識別授權給獨立加盟者，而加盟者要負責在當地經營。	台灣的家樂福是統一企業對法國家樂福的特許加盟。
18. 免費及付費雙級制 Freemium	免費提供的是基本款，為了吸引廣大的消費者，部分的消費者因為其使用需求付費升級進階品。	iCloud 免費為 5GB 雲端空間，月付 30 元有 50GB 雲端空間。
19. 從推到拉 From Push to Pull	公司為了專注顧客所需，採取分散式策略，讓製程富有彈性，能夠迅速回應客戶。	豐田汽車以生態系 Just In Time 方式迅速回應客戶。
20. 供應保證 Guaranteed Availability	藉由零停工或超低停工承諾，與顧客建立長久關係。	震旦雲在服務協議 SLA 中訂定服務指標為系統可用性 99.85 %，年度停機不能超過 4 次的合約。
21. 隱性營收 Hidden Revenue	不是靠商品出售，而靠第三方資金挹注，提供低價或免費產品，再靠廣告收入獲利。	臉書提供的社群服務就是這種模式。

模式	說明	案例
22. 要素品牌 Ingredient Branding	將其他供應商生產的品牌要素置入某樣產品中，之後該產品的行銷訴求，會強調內部含有該要素。	Intel CPU 搭配各品牌電腦都會強調「Intel Inside」。
23. 整合者 Integrator	此類模式的公司，掌握了價值注入流程中的多個步驟，包括創造價值的資源與能力，因而效能提升。	Zara 整合價值做快時尚。
24. 獨門玩家 Layer Player	僅鑽研一項價值注入步驟，僅鑽研一項價值注入步驟，但可提供給多個價值鏈。	Amazon Web Service 的雲端服務
25. 顧客資料效益極大化 Leverage Customer Data	藉著蒐集顧客資訊供內部或第三方使用，創造出新的價值。	Google 用資訊蒐集分析後提供更好的服務。
26. 授權經營 Licensing	發展智慧財產，再授權給其他廠商，收授權費。	ARM 提供智慧財產權給晶片廠商設計晶片。
27. 套牢 Lock-in	消費者使用品牌廠商的產品，要轉換到其他競爭品牌，轉換成本非常高。	微軟的 Windows、Office 以及現在的 Azure
28. 長尾 Long Tail	營收主要憑藉利基產品的「長尾」效應，個別銷量雖小，毛利不高，但因為種類繁多，供應數有一定，加種起來也能貢獻可觀的利潤。	蘋果公司 iPhone 及 iPad 的 App Store 的廠商眾多，但大部分 App 的收入不高，但蘋果公司的收入因為他們很高。
29. 物盡其用 Make More of It	公司專業技能與其他資產，不僅用於生產自家產品，也可以做為產品售出。	Amazon Web Service 的雲端服務
30. 大量客製化 Mass Customization	針對消費者的需求，在大量生產情況下獲得滿足，價格也很有競爭力。	Levis 牛仔褲的接受客戶訂製的新服務
31. 最陽春 No Frills	創造價值聚焦在最起碼的必要功能，只要求能傳播最核心的價值主張。	西南航空只提供飛航的廉價服務（特別是沒有飛機餐）。
32. 開放式經營 Open Business	與經營生態中的夥伴合作，成為價值創造的主要泉源。	P&G 對外尋求產品創意，與合作夥伴互惠。

模式	說明	案例
33. 開放原始碼 Open Source	軟體的原始碼並非獨家，任何人都可使用。	IBM 大力贊助開放原始碼社群，並積極發展和他們的關係，以一起推出好服務。
34. 指揮家 Orchestrator	把焦點放在價值鏈的核心能力，其他環節就外包出去。	Nike 把製造外包給寶成等其他廠商。
35. 按使用付費 Pay Per Use	實際用度以表追蹤，消費者根據使用程度付費。	谷歌按點擊次數計費的搜尋廣告
36. 隨你付 Pay What You Want	付款金額全在人心，甚至不給也行，某些狀況規定最低限額或建議售價。	例如小費，網紅打賞都是。
37. 夥伴互聯 Peer to Peer	私人間互相交易，組織居中負責交易效率及安全。也就是 P2P。	例如鄉民貸
38. 成效式契約 Performance-based Contracting	價格根據產品表現或服務水準。	全錄提供印表機，客戶按影印張數付費。
39. 刮鬍刀組 Razor and Blade	基本品價格低於成本、甚至免費；而基本品須搭配使用的附帶品價格不菲，為主要營收來源。	PS2 遊戲機的售價比成本低，靠遊戲分潤賺錢。
40. 以租代買 Rent Instead of Buy	消費者選擇用租賃方式取代整個購買，無須負擔所有費用。	格上租車的汽車租賃模式
41. 收益共享 Revenue Sharing	與利害關係人：個人、群體、或公司互相合作，分享收入。打造策略聯盟。	蘋果公司的 App Store 或 iTune Store
42. 逆向工程 Reverse Engineering	取得對手產品，加以拆解分析，然後依此做出類似或相容的產品，因此省下鉅額研發費用。	中國的華晨汽車與 BMW 合資，而後推出自己車輛。
43. 逆向創新 Reverse Innovation	由新興市場設計推出的簡單廉價產品，賣回至工業化國家。跟傳統由工業化國家設計研發，在依新興市場需求調整上市不同。	GE 在中、印市場研發出低價連到筆記型電腦就可運作的心電圖機器，之後賣回歐美國家大賣。
44. 羅賓漢 Robin Hood	賣富人價格遠比「窮人」高許多。	Toms 鞋子賣出一雙鞋之後，會送出一雙鞋給非洲窮人。

模式	說明	案例
45. 自助服務 Self-service	將一部份產品價值創造（特別是效益低、成本高的部分）交給客戶，換取較低價格。顧客獲得效率、省下時間。	宜家家居的讓客戶自助找自己要的家具。
46. 店中店 Shop in Shop	把門市融入能因此加分的別家賣家，房東賣場受益於顧客增加及租金收入。	蘋果公司的專賣櫃設在燦坤 3C 賣場中。
47. 解決方案供應者 Solution Provider	特定領域中，提供整套解決方案的商品，而客戶只要面對單一窗口，就可以為客戶處理這方面的所有問題。	蘋果的 iTune 音樂下載服務是可以下載各大音樂廠商的音樂的。
48. 訂閱 Subscription	客戶先付款，可固定收到商品。	訂定數位時代雜誌付費後就可以在每月初收到雜誌。
49. 超級市場 Supermarket	賣場中販賣多樣產品，價格低廉，且多樣性吸引大量消費人潮。	家樂福這樣的大賣場賣很多實惠的東西。
50. 鎖定窮人 Target the Poor	目標客層放在金字塔底端，提供他們買得起產品，即使利潤微薄，但是因為量大而達到可觀銷量。	印度的塔塔 Nano 汽車價格低廉，就是為了讓印度窮人也買得起。
51. 點石成金 Trash to Cash	二手產品匯集後，賣到另一個地方，或在生成新東西，獲利來自幾近於零的採購價格。	二手衣整理後販售。
52. 雙邊市場 Two-sided Market	以平台扮演幾種顧客群之間的橋樑，當群體數或群組個數越多，平台價值越大	臉書的社群經營，一般會員越多，廣告主越有意願下廣告。
53. 極致奢華 Ultimate Luxury	聚焦金字塔頂端，產品跟一般產品不同，目標是吸引這類貴客，透過超高品質，或是獨享特權。	藍寶基尼跑車是專門賣給金字塔頂端的客戶。
54. 使用者設計 User Design	消費者既是顧客，也是消費者。例如讓消費者參與設計，發揮創意的平台。	樂高讓消費者參與設計，獲得社群大眾投票青睞的產品，則進入大量生產。
55. 白牌 White Label	讓其他企業把產品掛上自己的品牌，以自家生產態勢行銷，而同樣產品常常賣到不同市場，打著不同商標。	神達電腦的設計代工 ODM 產品

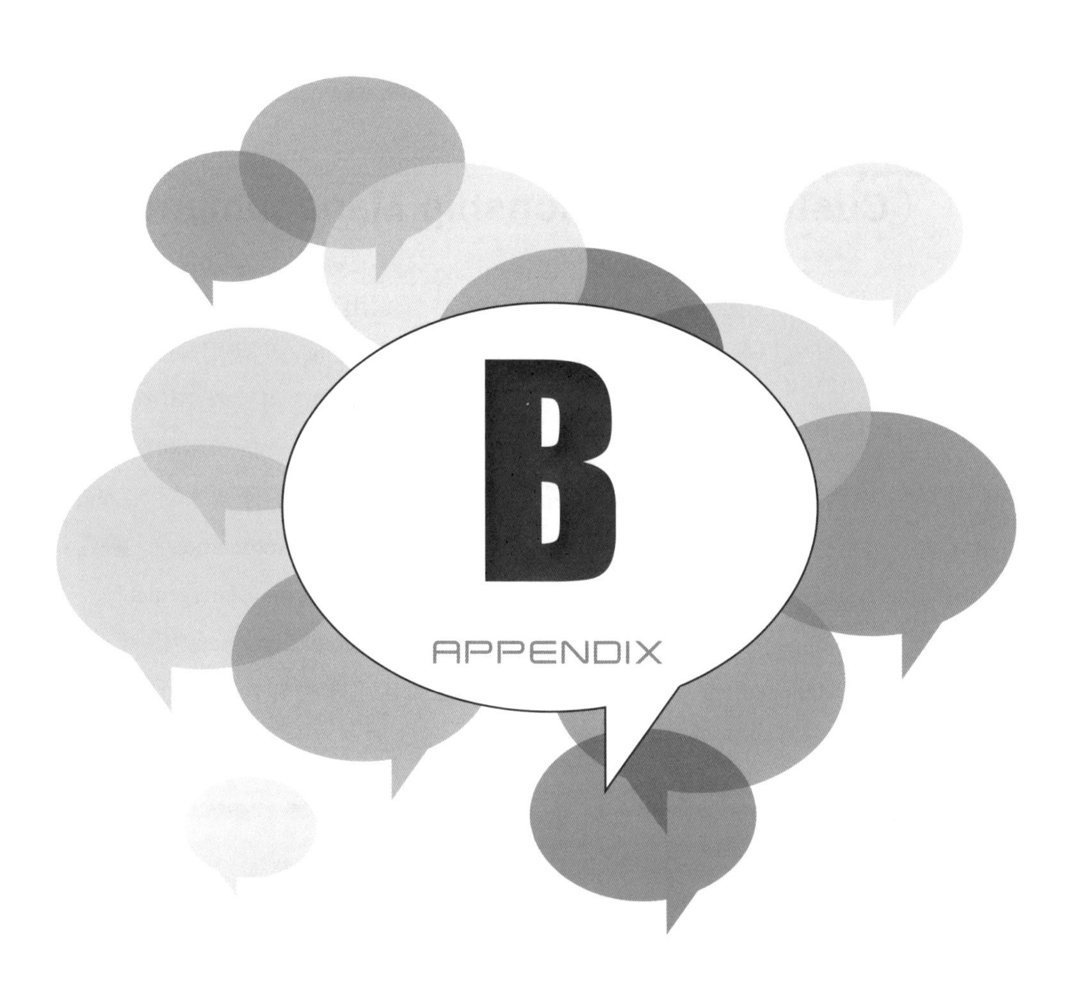

新呈工業數位轉型工具的詳細介紹

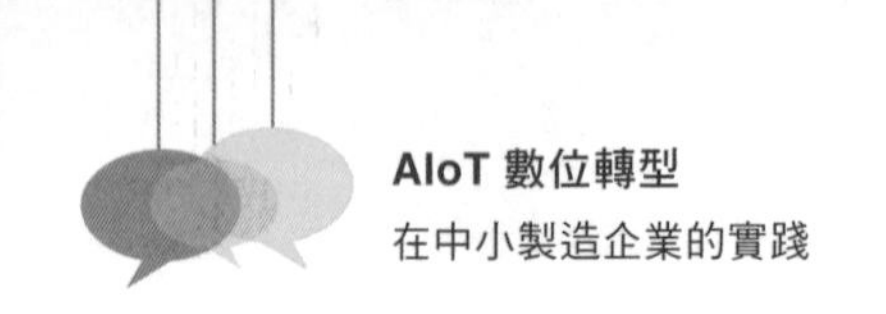

B.1 客戶關係管理 CRM
（Customer Relationship Management）

新呈使用 Zoho CRM，據了解當初比較了七八家，所選出 C/P 值相對高的廠家。公司除了將 CRM 當作業務團隊的管理，每周業務報表的介面，更使用 Sales IQ，將其一段程式碼嵌入在網頁內，一旦有訪客瀏覽網頁，Sales IQ 可以得知訪客是從哪裡來，如台中、高雄、新加坡、美國、加拿大…等，甚至會分析訪客購買的比例，還可以透過後台見面與瀏覽器前面訪客對話，讓網頁不再是死冰冰的。Zoho CRM 並不只有這功能，包含了銷售人員自動化（Sales Force Automation）、顧客旅程編排（Journey Orchestration）、A/B test、流程管理（Process Management）、全通路（Omnichannel）、行銷自動化（Marketing Automation）、分析工具（Performance Management）等許多項目。新呈也將未來陸續導入行銷自動化與顧客旅程編排。

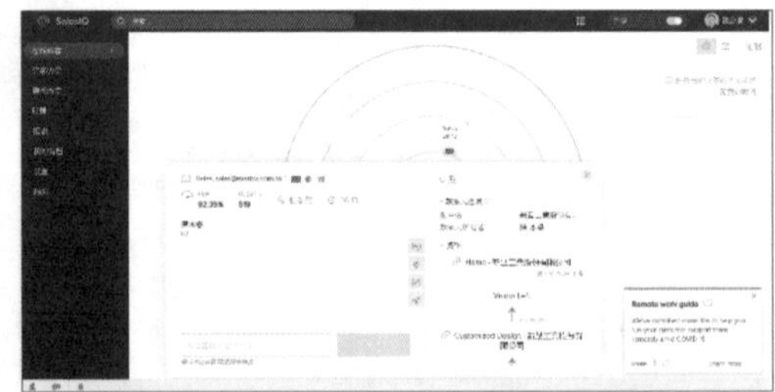

圖 B.1　客戶關係 CRM

圖源：新呈工業提供

B.2 雲端 CAD（Cloud CAD）

雲端 CAD（Cloud CAD）是為了因應，客戶經常性無法正確描述需求、圖面和 BOM 必須人工建立、電連接器和電線電纜加工的相依性不同特別設計出來，讓客戶與工程人員有一個便利及專業的工具，得以快速精確的開發產品。雲端 CAD 畫面有著新呈不斷增加的零件圖庫，並且零件庫與 ERP 物料有相連結，顧客或工程可以透過選拉方式完成圖面與工單，這類似於西門子 NX 或達梭系統的 PDM。

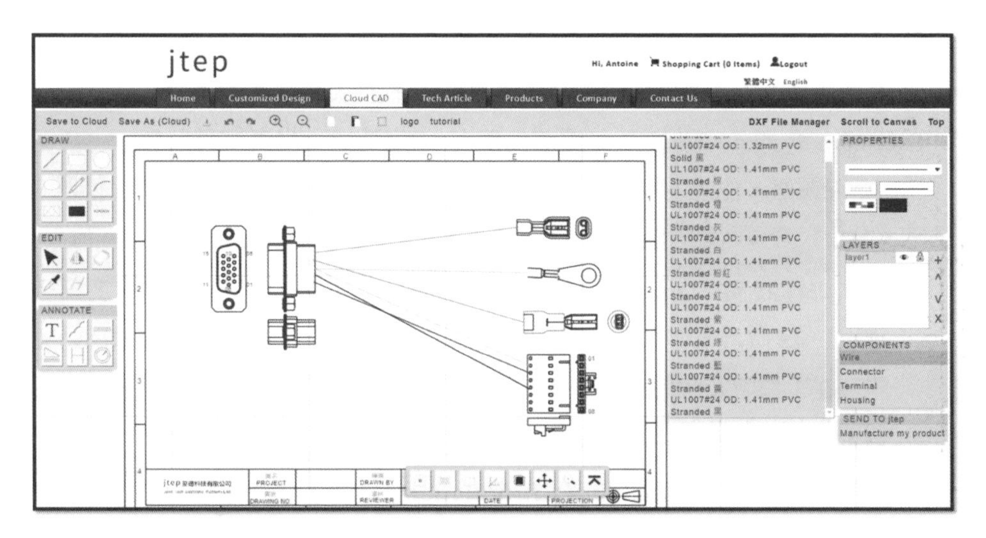

圖 B.2 雲端 CAD

圖源：新呈工業提供

B.3 雲端 MES（Cloud Manufacturing Execution System）

雲端 MES（Cloud MES）也是為了掌握生產線上的資訊而開發，早在十年前利用可連網小型數字鍵盤取得生產履歷，現在在作業人員的生產履歷則是使用手機畫面輸入，資料得以更豐富，同仁使用自己手機更習慣，另外也透過機連網取得設備即時生產資訊，寫入生產參數，取代紙張紀錄，取得資深同仁的知識儲存在資料庫。新呈工業導入 MES 有執行以下之任務。

- **MES 核心功能**：新呈工業自行開發的 MES 是根據 MESA 組織（Manufacturing Execution System）在 1977 年定義的應有 11 項功能，生產排程狀態、生產派工、生產履歷、作業人員管理、維護管理、品質管理、數據蒐集、製程管理、效率分析、資源狀態管理、文件管理等。
    - **生產排程狀態（Operations/Detailed Scheduling）**：在製造部門各課也擺上一 48 吋液晶電視，透過樹梅派的連結 MES 系統顯示生產製造即時資訊，在工作時及時顯現作業同仁和設備正在製作哪張工單、哪家客戶、哪個工序，並透過原本設定的標準工時計算預計完工時間和個人績效。
    - **生產派工單元（Dispatching Production Units）**：新呈 MES 除了可以自行輸入排程派工，更可以使用智慧排程人工智慧派工。
    - **生產履歷（Product Tracking & Genealogy）**：MES 收集線廠生產資訊儲存在資料庫，可以透過操作介面即時了解產品生產過程，是誰、是哪台設備加工而成。
    - **作業人員管理（Labor Management）**：MES 存取現場資訊後，可以在現場看板上即時顯示每個作業同仁的績效，依據工序標準工時來計算，搭配人力資源激勵制度，電腦系統每天自動儲存績效，在三節之前人資主管會主動截錄每個人前四個月整體效益顯示，好讓資深與資淺、單功能與多能工差異給予不同獎金。

- **維護管理（Maintenance Management）**：機器設備之感測器資料（如：振動感測器、溫溼度感測器等）結合 MES 系統，讓企業主可以直接得知。
- **品質管理（Quality Management）**：MES 系統除了記錄 IPQC、自主保養等資料，更連接電氣測試機，一旦有要測試產品透過手機 App 將其測試參數寫入電氣測試機，每次電氣測試都一筆一筆紀錄，搭配電氣測試人員記錄，可以顯示此批產品良品多少，不良品多少，測試數量多少等紀錄，一旦有任何問題都可以透過報表方式顯示。
- **數據蒐集（Data collection Acquisition）**：MES 不僅需要蒐集生產現場生產設備資料，也需要蒐集現場環境因素，如設備耗電量、廠區環境溫度與濕度、壓接時的壓力曲線等。
- **製程管理（Process Management）**：製造過程中資源是否有有效運用，如生產線的平準化、標準工時設定、看板管理，都是透過 MES 系統管控。
- **績效分析（Performance Analysis）**：MES 擷取現場資訊後透過分析手法，將 OEE 顯示在數位戰情室供現場主管參考，並透過每個月月會比較和討論是否有進步。

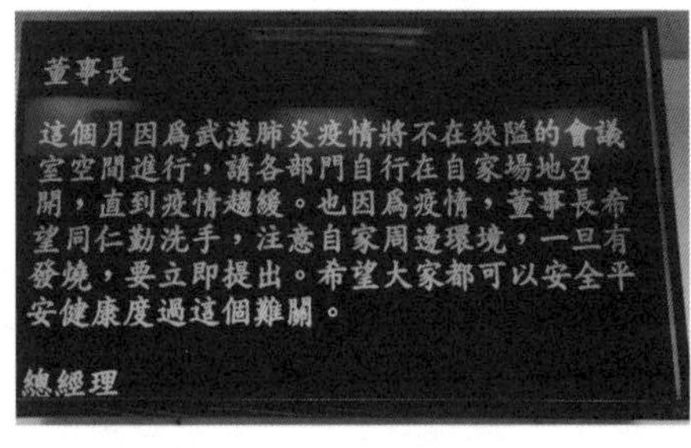

圖 B.3　績效圖

圖源：新呈工業提供

- **資源狀態管理（Resource Allocation & Status）**：從系統上可以了解工廠內部現在所有資源使用狀態，如哪個部門哪台設備正在使用、製作哪張工單、開工多久、多久沒開工，作業同仁正在製作哪張工單，模治具哪一副正在使用中，完全掌握廠內所有生產相關資源的狀態。
- **文件管制（Document Control）**：現場生產製造有需多必要紀錄文件，如生產設備參數設定、模具架設參數紀錄、異常紀錄等等，這些都是 MES 必須管制的項目之一。

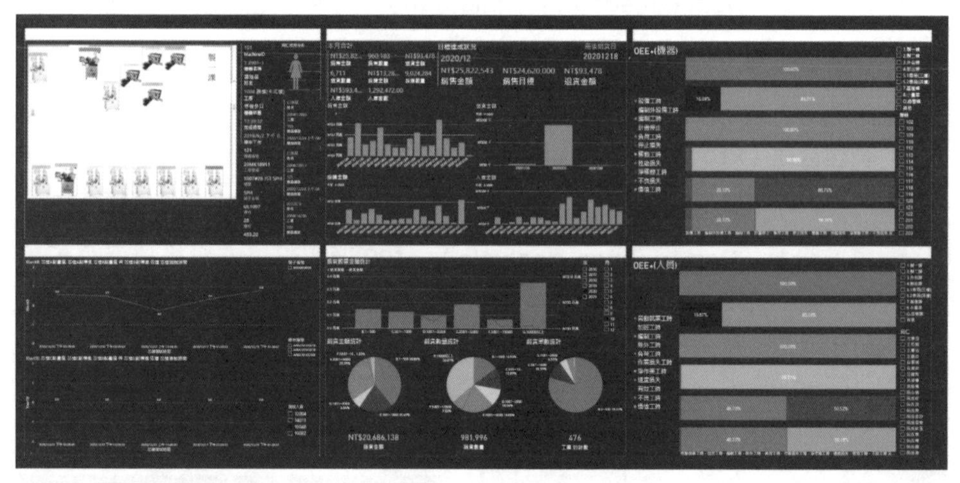

圖 B.4　文件管制例圖

圖源：新呈工業提供

- **生產製造量測資訊**：結合數位量測台，每一批架設模具的自主檢查是否有執行，都一一顯示在電視螢幕上。如果未檢測，電視上會出現紅色「未檢測」字樣。
- **品保部門**：利用 MES 系統紀錄 IPQC 的資訊紀錄，如果有製造過程作業異常也是可以透過手機拍照記錄，讓資訊連結無時差和斷鏈。
- **數位戰情室**：生產線上的數據經由 Power BI，再加上串接 ERP 系統，可以即時顯示在螢幕與手機上，經營者可以隨時隨地即時收到銷售業績、個別產業銷售狀態、產品銷售到哪些地區實況、廠區設備運作和直接人員作業、設備即時生產狀況、勞動力 OPE（Overall Personal Effectiveness）、設備 OEE（Overall Equipment Effectiveness）、架設模具量測 SPC、並結合 ERP 與委外加工系統資料庫連結計算出 ABC（Active Based Costing）等，透過整理編排讓高階主管可以隨時隨觀看的數位戰情室。

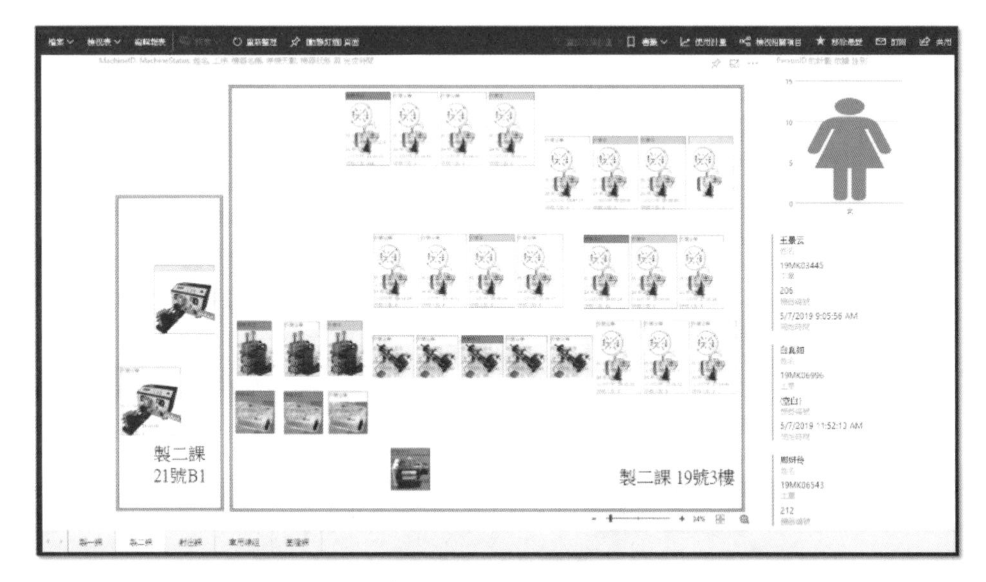

圖 B.5　戰情室顯示

圖源：新呈工業提供

- **現場生產資訊與排程交流**：MES 的生產狀態回饋給智慧排程，讓智慧排程可以在每四小時重新安排工作給設備和作業同仁派工。
- **生產履歷**：MES 取得生產線上資訊，可以在系統報表中顯示產品生產從領料→生產→測試→出貨過程中，經過哪些設備和人員加工。
- **異常管理紀錄**：有任何異常可以將其記錄進資料庫，並且串接相關工單
- **機連網**：新呈工業雖然老舊設備多，也透過一些技巧將其舊設備上網，例如透過擷取設備顯示面板的線纜，即時將生產資訊與工單連結存入資料庫和顯示在

戰情室中；更使用 AI 將顯示面板上的照片參數辨識為數字結合工單儲存在資料庫中。

- **公佈欄**：新呈所開發的 MES 也被坐為與現場溝通的橋樑，隨時可以變更，讓第一線員工可以立即了解高階主管想法，例如每個月的總經理一封信，董事長的話等。

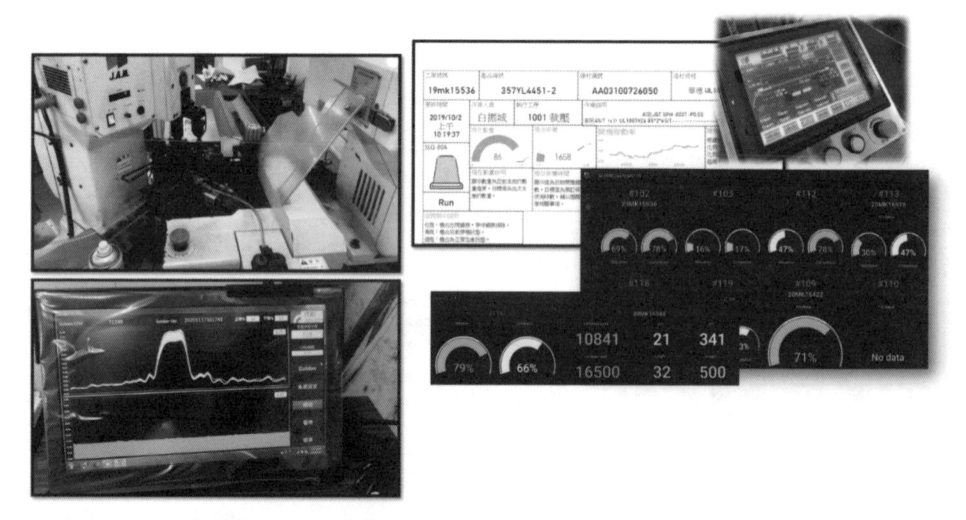

圖 B.6　機聯網

圖源：新呈工業提供

B.4 智慧排程（AI Schedule Planning）

智慧排程是一個演算法，透過 MES 上的標準工時、架模時間、來料時間、開工日、生產工序、公司行事曆、人員行事曆、機台保養、搬運時間、運輸時間、人員職能、跨部門調配人力、模具、配件、治具、工序不同、工段併行、客戶等級、機台條件、彈性調動（分批出貨）（現場分批）、一人顧多機台（以機台為主資料輸入）、外包加工、加工戶、物料延遲、不同生產樣態（流水線，零工）等參數為基礎運算，產生設備和作業同仁的工作甘特圖，派工給設備和作業同仁，並且每四小時與 MES 溝通了解生產線上狀況即時重新運算派工。

圖 B.7　智慧排程

圖源：新呈工業提供

B.5 企業資源規劃 ERP（Enterprise Resource Planning）

新呈工業導入正航廠牌的 ERP 系統已經十多年，在公司作為業務、訂單、帳務、BOM、MRP 物料需求、工單開立、人力資源、倉儲管理為主。為了管理委外加工，客訴管理等，以 ERP 資料庫為主另外開發外掛系統管理。MES 則以 ERP 為中心取得工單與 BOM 相關資訊。

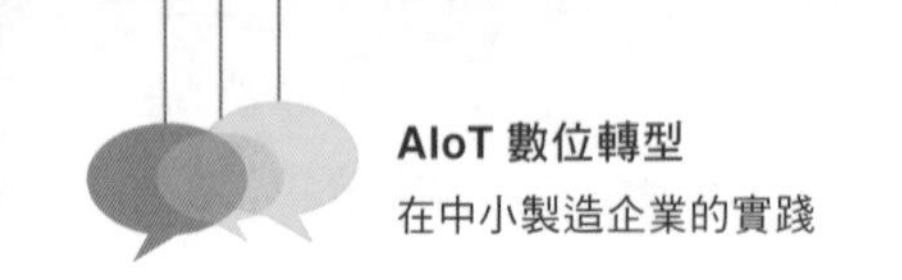

B.6 流程機器人 RPA（Robotic Process Automation）

RPA 流程機器人是近年來較夯的系統，他不是一個實體的機器人，而是在電腦作業系統裡面，有一個軟體自動執行一般行政業務手動密集、低效率、低產值的庶務工作，釋放人才知識創造更有價值活動。RPA 可以透過學習非專業程式設計師撰寫流程腳本（Process Script）控制電腦鍵盤與滑鼠，在企業內部資訊系統中相互切換，如同電腦裡面有位機器人操作人員輸入達到目的地。新呈工驗現階段導入協助公司的流程有：

- **客戶採購單轉鍵入 ERP 訂單**：客戶透過 email 傳送過來的採購單，透過 RPA 的分析取得產品料號、訂單數量、採購金額等資訊自動輸入到 ERP 系統的訂單。
- **客戶承認書建立**：承認書為產品之物料規格、材質證明、相關說明等資料集結為一檔案給客戶。
- **供應商物料單價更新**：供應商根據金屬和石油漲幅全面調整單價，因為物料數量頗多，加上必須及時更新以免業務報價錯誤，透過 RPA 可以快速正確的全面性更新。
- **每周考績收集**：RPA 收集 MES 上所有作業同仁的效率，集結為報表給人資統計作為激勵的依據之一。
- **採購單催料**：RPA 每日展開 ERP 系統，將其第三天需要入料的廠商找出，並發出 email 通知提醒。

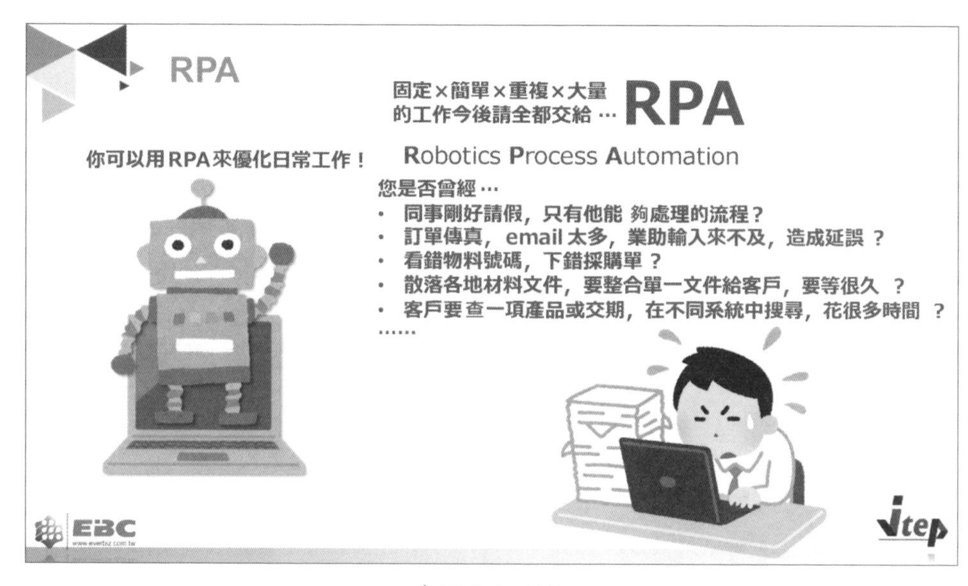

圖 B.8. RPA

圖源：新呈工業提供

B.7 微軟 Microsoft Office 365

微軟於 2015 年所推出的 Office 365 主打雲端，除了既有 Word、Excel、Outlook、PowerPoint、OneNote、OneDrive，新增了 Teams、SharePoint、Planner、Form、Power Automation（2020 改名、改名前是 Flow）、Bookings、Yammer、Power BI 等等，還有很多第三方的 APP。公司除了使用既有 Office 的功能，也透過 Teams 管理工程部門、業務部門、品保部門的溝通，搭配 Planner 的專案管理，總經理在專案的時程與控管可以即時了解各專案進度，每位同仁都可以在 Office 365 之下了解專案需求、進度、協調意見、自己應該完成的進度等等；總經理更使用 Yammer 作為內部讀書會知識和好文分享的橋梁；使用 Power Automation 將 Outlook 行事曆串接到 Google 日曆；PowerApps 上開發固定資產盤點、業務需求單；Power BI 將 ERP、MES 等資料顯示為即時的數位戰情室。在底下要特別說明 Planner、Teams 和 Power BI。

Planner：總經理一旦在公司所起的專案，負責的單位就在 Planner 上建立相對應的案件，並在會議之後訂定相關時程，並且將人員加入。Planner 會秀出所有相關人員所設定的時程，以甘特圖展開，讓相關人員可以填寫紀錄未開始、進行中、已完成好來追蹤，也可以透過上面介面將相關資料放入。一旦時間接近 Planner 會主動發布 email 通知相關人員時程接近。這樣簡易的專案管理和倆好的溝通就在 Office 365 上完成。

▲圖 B.9　使用到 Microsoft Office365 的 Planner 的作法例

圖源：新呈工業提供

Teams：是最佳的溝通工具，不僅可以串接 Planner、SharePoint、OneDrive 公用檔案外，還可以作為視訊會議，任何在專案或部門下的溝通資料都不會消失，並且可以與不同 App 作為串接，例如 Power BI 的儀表板。

Power BI：可以說是最好用的 BI 工具，透過私有雲方式存取到新呈地端資料庫，將其統計分析做出數位戰情室，透過互動式方式塞選不同資料分析顯示圖表，其中有廠區即時狀態、數位量測台的 SPC、OPE、OEE 等不同分析圖表，讓決策者有更清晰的頭腦下決策。

Power Apps：可以開發跨平台、領域和公司的手機 App，新呈某一家客戶 2021 將要開發一 App 請公司檢測人員在檢測當下可以即時記錄與拍照，另外公司也開發一固定資產盤點的 App。

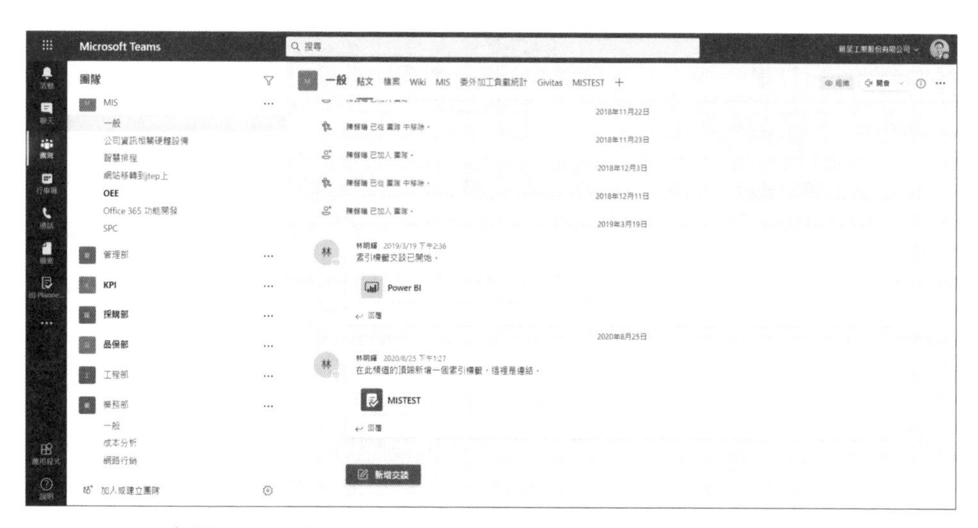

圖 B.10　使用到 Microsoft Office365 的 PowerBI 的作法例

圖源：新呈工業提供

B.8 叡揚資訊 Vitals ESP/DMS

工廠營運不只有現場的資訊，很多導入 ISO 系統的公司，在說寫作一致下都會面臨到文件管理、流程管理、簽呈等，此時相關文件使用叡揚 Vitals ESP 作為 DMS 和 Workflow 簽呈系統管理，例如 SOP、改善提案、圖面版本控管等，讓文件可以有效控管。

B.9 IoT 系統

全自動裁切剝皮壓著機連網：2018 年之後購買的自動裁壓機都賦予連網功能，在那之前所購買的設備都是無法連網，透過政府補助款 SMB 計畫，將無法連網設備操作顯示面板打開，擷取 VGA 訊號取得生產數量、批量、參數、錯誤等數據儲存在資料庫，顯示在戰情室中。

壓力感測：透過政府 SMU 計畫與工研院合作，放置一顆壓力感測器在壓著模具（又稱為卡式模）的底座，監測沖壓過程中的壓力值，如果電線擺放位置有所偏誤造成壓力值超過預設範圍，Smart Box 就會即時警報，此時作業同仁就必須馬上去停機。此壓力裝置也將在 2021 年開始安裝在半自動壓接機台上，屆時也可以即時監控手工作業品質是否不良。

焊接溫度感測：在恆溫烙鐵的頭部有其一顆溫度感測器，可以隨時回報焊接當下溫度變化，透過數據收集建模分析焊接溫度、時間與焊接好壞的關係。

電氣測試機連結：電氣測試機對於線束至關重要，其功能在驗證加工後線位（Pin Out / Pin Position）、絕緣阻抗、導通阻抗、短斷路、高壓、搖擺等，過往這些測試前會透過一黃金樣品（Gold Sample）學習測試條件，測試後會透過一台印表機直接印出這批測試好壞。現在機連網，只要第一次將學習參數設定經過 MES 讀取存入資料庫，下次測試人員只要在手機裝置按下一個按鍵，就可以將之前測試條件設定進測試機，測試過程所有資訊也會更精確地留下紀錄，MES 上可以根據工單號碼將其測試報告列印出來。

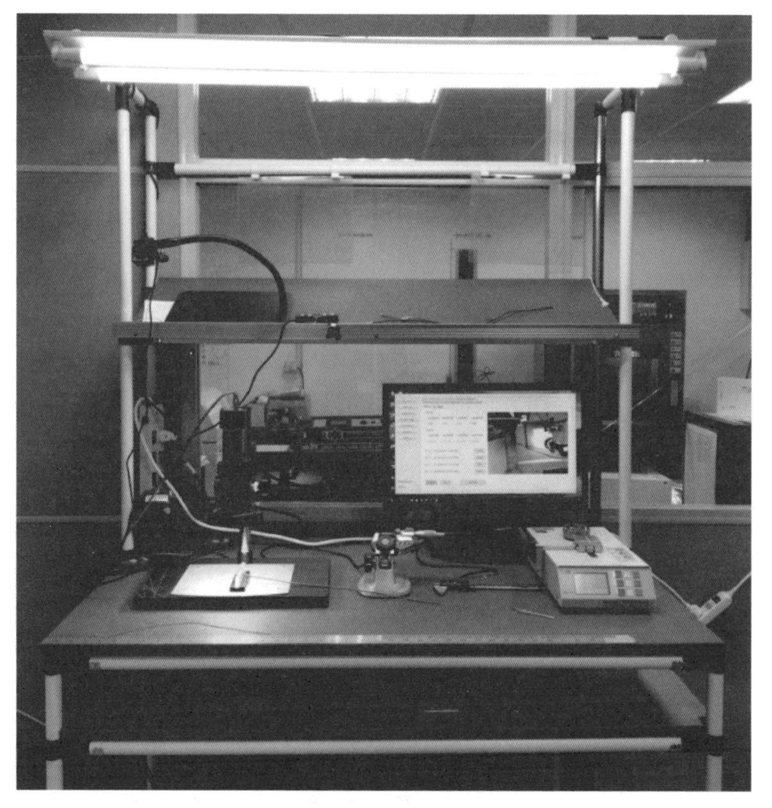

圖 B.11　數位量測台

圖源：新呈工業提供

數位量測台：壓接設備加工前都必須安裝設定一卡式模具（Applicator）將其端子（Terminal / Contact）與電線壓接一起，這加工必須設定其壓接的高度，壓得太深或太淺都是不合格，另外還要目視壓接好端子的外觀是否變形，也需要量測壓接後端子與電線結合的緊固力（拉力），過去這都是用游標卡尺量測好紀錄，往往會發生人員未量測，超過正常數值也放行等紀錄上的錯誤，於是將其所有量測工具數位化，放置在同一張桌檯，自行撰寫程式，只要量測人員量測好，透過一按鍵就可以將數據收集進入電腦，也利用數位顯微鏡將其外觀錄影紀錄，拉力測試機也透過電腦控制將其數值紀錄進入資料庫，更串接 MES 系統，在現場的看板中顯示「未量測」提醒。並將其資料透過管制圖顯示在數位戰情室上查看。

B.10 人工智慧 AI

人工智慧不僅是時下的主流，更是協助新呈諾大工程，舉凡智慧排程、瑕疵檢測、舊機台面板參數辨識、人臉辨識進出人員，這都在企業經營管理很有力的工具。

智慧排程：可以參考前幾節所寫的內容。

瑕疵檢測：新呈開發之瑕疵檢測，最主要是取代人眼辨識的辛苦、誤判、疲勞等問題，找出金屬端子沒有插入膠殼定位的不良品，這對於品保和公司品質有很大效益。

舊機台參數辨識：新呈廠內有十幾台射出成形機，全部無法連線，經過詢問一台設備更換可以連線電腦，需要 20 萬，無奈一台才 25 萬上下，可以說是換一台全新設備。所以開發出透過手機拍照，雲端 AI 辨識取得架模時候的測試參數。

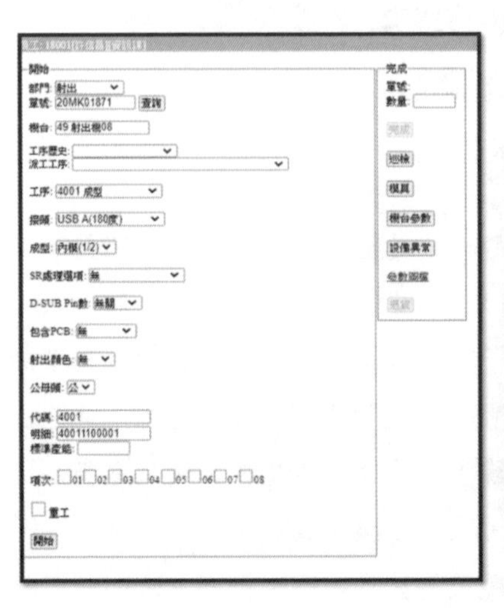

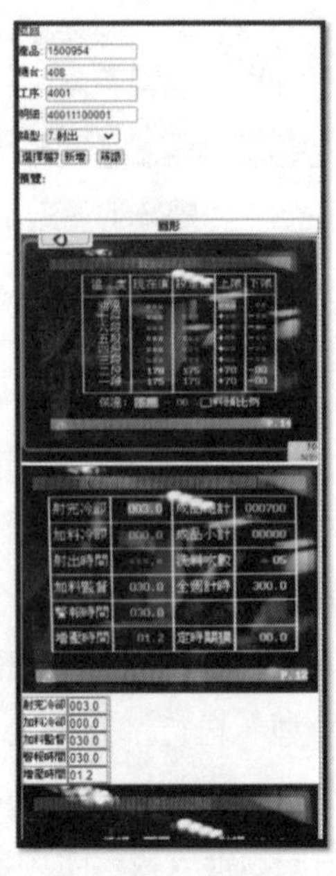

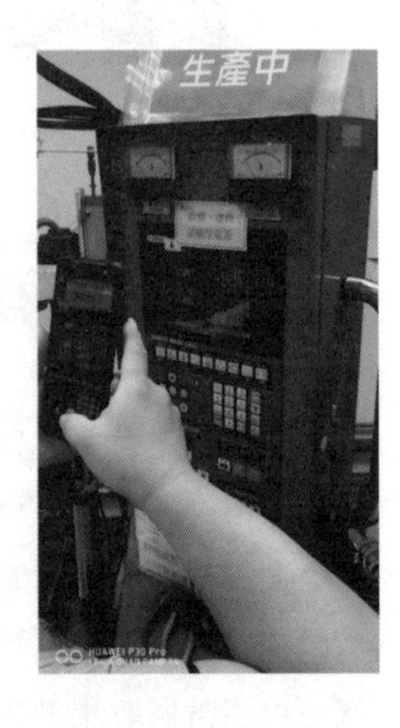

圖 B.12　利用人工智慧做到舊機台參數辨識

圖源：新呈工業提供

人臉辨識：人臉辨識並不像是其他企業拿來做員工出缺勤，主要功能是判定是否有不明人士記錄下來。如果有任何意外事件發生，馬上可以搶救，也可以透過歷史的回顧，是哪一個時間點上誰做了什麼等等。

圖 B.13　利用 AI 人臉辨識強化工廠環境安全

圖源：新呈工業提供

連接器辨識：線束產業並沒有一本書或學科教導機構或電子工程師應該如何挑選連接器，往往都是看到他牌或過往經驗來設計，往往需要詢問廠商連接器型號，好設計在產品上。大多數的人都會透過拍照請廠商告知，連接器規格、料號，好設計產品，如果廠商業務剛好有時間，那肯定可以馬上透過 email 或電話回覆，可惜莫非定理，這佔掉絕大多數設計的時間，因此新呈推出一款 AI App 讓使用者透過拍照便是出自己想要的產品料號，精準讓客戶取得資料，完成設計，速快完成需求設計。

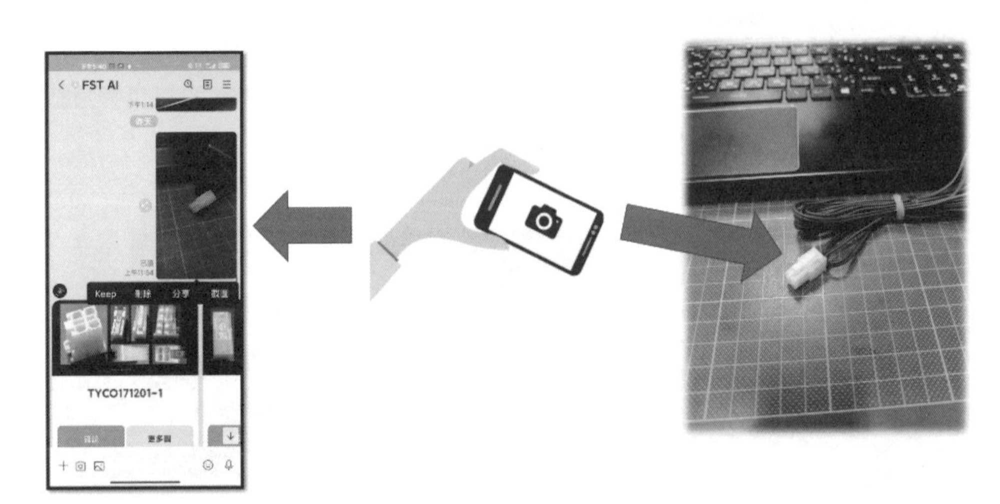

圖 B.14　連接器 AI 辨識

圖源：新呈工業提供

工業工程（IE）之績效監控：生產線上人員作業的手勢、動作、位置，AI 將計算出每把作業時間，並與 MES 溝通計算出每 Pcs 的標準工時，將延誤工時記錄下來，透過人工標記了解，作業上的浪費分類統計，最後將其資料和現場主管討論改善方案，讓生產線效率得以提升。

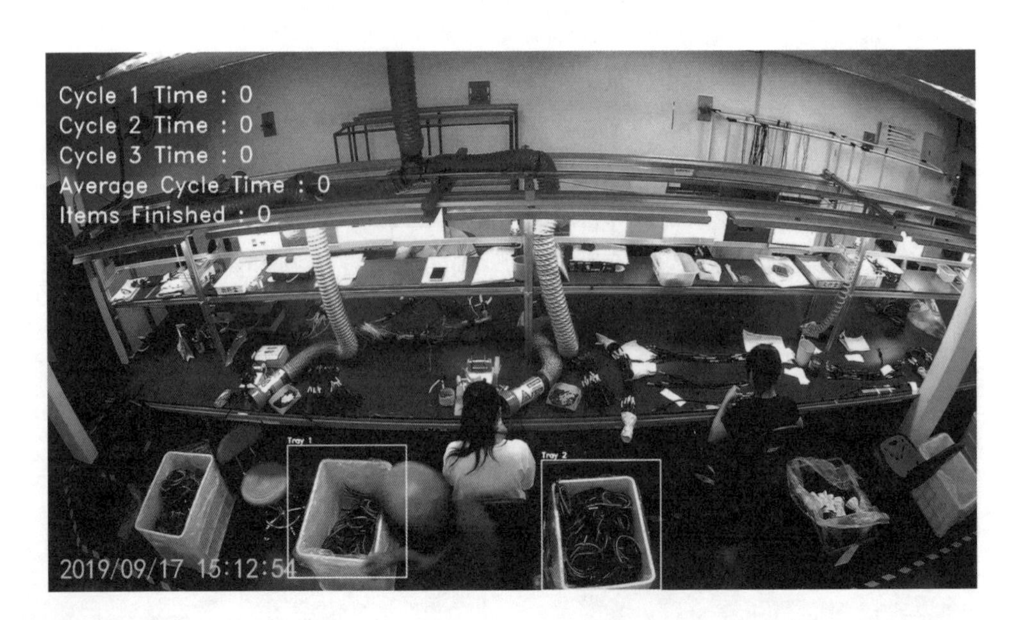

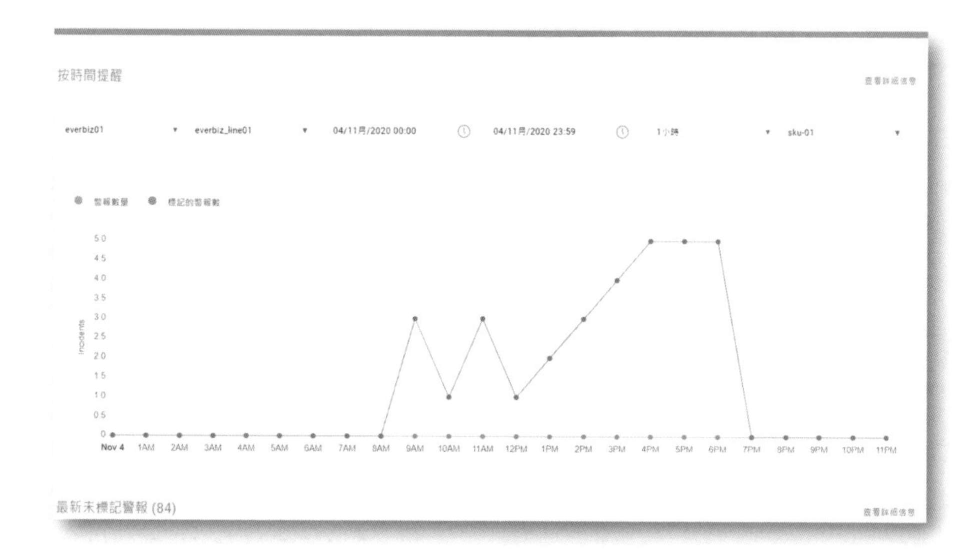

圖 B.15　AI 辨識績效監控

圖源：新呈工業提供

B.11 3D 列印

市面上經常看到的 USB、HDMI、RS232 等線束，在電連接器塑膠部份大多是埋入射出（Injection Molding），透過塑膠加熱熔融加壓，立式射出機將其射出包覆連接器金屬或塑膠。雖然模具費用相對於臥式便宜很多，但也是一筆費用；此外開模，至少要 10 個工作天的情況下，緊急打樣需要一周內完成，很難實現。所以新呈特別去市面上搜尋特殊 3D 列印材料，使其硬度可以讓射出機使用達到至少 10 模以上，對於緊急打樣的時程更加縮短。

B.12 亞馬遜雲端 AWS

雲端解決方案在外網速度越來越快時候已經漸漸被接受，現階段放在 AWS 上是雲端 CAD 的 SaaS 的服務，也正在規劃將其備份和備援納入，未來 5G 的訊號越來越完整之後也會將其更多的服務放上去。

B.13 客訴系統

系統主要追蹤控管客訴案，紀錄客訴原因和改善方式、追蹤是否結案、並將其客訴案串接 DMS 系統，讓 FQC 檢驗時候可以立即看到過往不良歷程加強檢驗，其理念是客戶可能會原諒你一次不良，絕對不會原諒重複的第二次不良。所以不僅品保檢驗可以看到，工單上也會註明此產品曾經何時，何位置，發生不良，讓產線得以了解，加強控管品質。

B.14 委外加工系統

公司主要生產為勞力密集，少量多樣，非常需要外部加工戶協助，為此開發出一套委外加工系統，管理加工戶聯絡資訊、發放的加工單價數量、紀錄不良數量、加工戶管理。

參考資料

1. AIoT 數位轉型策略與實務——從市場定位、產品開發到執行，升級企業順應潮流，裴有恆著 商周出版社
2. AIoT 人工智慧在物聯網的應用與商機，裴有恆著 碁峰資訊股份有限公司
3. 數位轉型力，詹文男、李震華、周維忠、王義智、數位轉型研究團隊著 商周出版社
4. 航向成功企業的 55 種商業模式，葛思曼、弗朗根柏格、賽克著，劉慧玉譯 橡實文化
5. Guideline Industrie 4.0，VDMA Verlag GmbH
6. next steps und das IIRA des IIC im Vergleich，M. Hankel 著，ZVEI: RAMI 4.0。
7. Geschäftsmodelle in Industrie 4.0 und dem Internet der Dinge，T. Kaufmann 著，Springer Vieweg。
8. Industrie 4.0: The Reference Architecture Model RAMI 4.0 and the Industrie 4.0 component，R. H. Udo Döbrich, Martin Hankel 著，Beuth Verlag。
9. Generic Procedure Model to Introduce Industrie 4.0 in Small and Medium-sized Enterprises，G. W. Yübo Wang, and Reiner Anderl 著，Proceedings of the World Congress on Engineering and Computer Science 2016 Vol II WCECS 2016, October 19-21, 2016, San Francisco, USA
10. 國家智能製造標準體系建設指南，中國工信部。
11. 智能製造大規模個性化訂製案例集，中國電子技術標準化研究院。
12. 工業賦能：深度剖析工業互聯網時代的機遇和挑戰，王建偉著　人民郵電出版社。
13. 中國製造 2025 解讀：從工業大國到工業強國，王喜文著　機械工業出版社。
14. 智能製造之路：數字化工廠，梁 . 陳明著　機械工業出版社
15. 鑄魂：軟件定義製造，趙敏、寧振波著　機械工業出版社
16. IIC_PUB_G1-IIRA-v1.9.pdf 美國工業網際網路聯盟官方文件

17. IIC_PUB_G2-Key_System_Concerns_2018_08_07.pdf 美國工業網際網路聯盟官方文件
18. IIC_PUB_T3-Industrial_Analytics_Framework_Oct_2017.pdf 美國工業網際網路聯盟官方文件
19. IIC_PUB_G4-Security Framework_V1.00_PB-3.pdf 美國工業網際網路聯盟官方文件
20. IIC_PUB_G5-Connectivity Framework_V1.01_PB_20180228.pdf 美國工業網際網路聯盟官方文件
21. 工業物聯網安全，斯拉瓦尼。巴爾查吉爾著，機械工業出版社
22. 工業互聯網，打破智慧與機器的邊界，機械工業出版社
23. Predix 工業互聯網平臺，奇異公司
24. doc_161208_Industrial_Value_Chain_Reference_Architecture.pdf 日本工業價值鏈促進會官方文件
25. Industrial_Value_Chain_Reference_Architecture_170424.pdf 日本工業價值鏈促進會官方文件
26. IVRA-Next_en.pdf 日本工業價值鏈促進會官方文件
27. 20190625-1515-Perspective-from-Japan-by-Akihisa-Ushirokawa.pdf 日本工業價值鏈促進會官方文件
28. ScenarioWG_2016.pdf 日本工業價值鏈促進會官方文件
29. 日本 Study Group on a New Governance Models in Society5.0 官方文件 Governance Innovation Redesigning Law & Architecture in the Age of Society 5_0。